"十四五"职业教育国家规划教材

U0346705

冲压工艺与模具设计

（第四版）

主　编　成　虹

副主编　胡志华

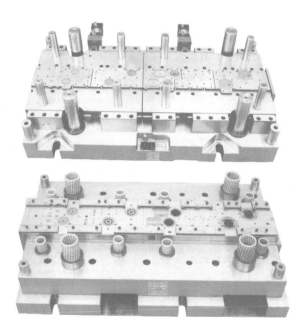

中国教育出版传媒集团

高等教育出版社·北京

内容提要

本书是"十四五"职业教育国家规划教材,是在普通高等教育"十五""十一五""十二五"国家规划教材基础上修订的。除绪论外,全书共 8 章,内容包括:冲压变形的基本原理;冲裁、弯曲、拉深、其他成形以及汽车覆盖件成形工艺和模具设计;多工位精密级进模的设计;冲压工艺规程的编制。本书在内容上注重理论联系实际,所选案例主要取自模具生产和使用企业,均采用最新标准和数据资料,具有较强的应用性、实用性。

为了便于教学互动,本书每章均有配套的思考题与习题,附录还提供课程教学指南以备参考。同时还配套有教学电子课件和丰富的教学动画,数字化教学资源可通过扫描书中二维码在线观看。

本书可作为高等职业院校、成人高校和大学应用型本科的模具设计与制造专业、材料成形及控制工程专业(模具方向)、机械制造专业的教学用书,也可供机械制造类其他专业的冲压模具课程使用,还可供从事模具设计与制造的有关工程技术人员和自学者参考。

授课教师如需要本书配套的教学课件等资源或其他需求,可发送邮件至邮箱 gzjx@ pub.hep.cn 联系获取。

图书在版编目(CIP)数据

冲压工艺与模具设计/成虹主编. --4 版. --北京:高等教育出版社,2021.11(2025.1 重印)

ISBN 978-7-04-055575-2

Ⅰ.①冲… Ⅱ.①成… Ⅲ.①冲压-生产工艺-高等职业教育-教材②冲模-设计-高等职业教育-教材 Ⅳ.①TG38

中国版本图书馆 CIP 数据核字(2021)第 023954 号

Chongya Gongyi yu Muju Sheji

策划编辑	吴睿韬	责任编辑	吴睿韬	封面设计	张 志	版式设计	马 云
插图绘制	黄云燕	责任校对	高 歌	责任印制	刘思涵		

出版发行	高等教育出版社	网　址	http://www.hep.edu.cn	
社　址	北京市西城区德外大街 4 号		http://www.hep.com.cn	
邮政编码	100120	网上订购	http://www.hepmall.com.cn	
印　刷	三河市华骏印务包装有限公司		http://www.hepmall.com	
开　本	787mm×1092mm 1/16		http://www.hepmall.cn	
印　张	20	版　次	2001 年 8 月第 1 版	
字　数	500 千字		2021 年 11 月第 4 版	
购书热线	010-58581118	印　次	2025 年 1 月第 3 次印刷	
咨询电话	400-810-0598	定　价	49.90 元	

本书如有缺页、倒页、脱页等质量问题,请到所购图书销售部门联系调换
版权所有　侵权必究
物 料 号　55575-A0

在党的二十大报告中提到"教育、科技、人才是全面建设社会主义现代化国家的基础性、战略性支撑,必须坚持科技是第一生产力、人才是第一资源、创新是第一动力"。同时提出:"高质量发展是全面建设社会主义现代化国家的首要任务",要"以中国式现代化全面推进中华民族伟大复兴"。

科技进步靠人才,人才培养靠教育。教材是教育过程中教师教学,学生学习的主要依据。教材承载着育人功能,教材的内容系统反映学科的科学技术。因此,本教材在编写过程中坚持以"培养什么人"为根本导向,服务国家发展战略,瞄准立国之本、强国之基的制造业高质量发展的主阵地、技术创新的主战场,及时在教材中体现新技术、新工艺、新规范,推进制造业高质量发展,夯实中国式现代化的物质技术基础。

模具作为特殊的工艺装备,在现代制造业中越来越重要。从人们日常生活中接触的汽车、手表、手机、各种电器产品到装备制造、国防军工产品都离不开使用模具成形加工的零件。模具关系着现代制造业的发展与进步,是现代制造业的重要基础工艺装备,更是企业效益的倍增器。

冲压技术是工业生产中应用最为广泛的材料成形技术。特别是随着《中国制造2025》向制造强国推进的战略实施,传统的冲压生产工艺、冲压模具设计的方法、模具结构已不能满足技术发展的需要。为了适应制造技术的转型发展以及面向现代模具设计与制造应用型人才培养的需求,我们修订了《冲压工艺与模具设计(第四版)》。本书收集了近年来国内外冲压工艺及模具设计在实际应用中的成熟技术和科研成果,吸收了目前国内外的先进技术资料、最新标准与方法。力求既适应当前我国国情又能与国际接轨,满足冲压技术转型升级发展的要求。

本书先后被遴选为"九五""十五""十一五""十二五""十四五"国家规划教材,也是编者团队多年来在冲压成形技术研究、生产实践和教学过程中积累的经验的总结。全书除绪论共8章。第1章介绍了金属塑性变形的基本概念、变形毛坯的力学特点、应力与应变之间的关系以及板料冲压成形性能和常用的冲压材料等。第2章至第5章,分别介绍冲裁工艺、弯曲工艺、拉深工艺及其他成形工艺,介绍了这些基本成形工艺的变形特点、生产中的应用,并详细讲解了其工艺计算、工艺设计、模具结构设计、模具材料等技术问题。第6章,简要介绍了汽车覆盖件冲压成形的特点、工艺设计以及覆盖件成形模具的典型结构和主要零件的设计要点。考虑到多工位精密级进模是近年来冲压工艺及冲压模具发展较快的一种高效率、高精度、低成本的冲压生产方式,广泛应用在批量生产的电子电器产品零件和汽车上各

种钣金零件的冲压生产中,第 7 章较为详细地介绍了多工位精密级进模的排样设计方法,凸模、凹模的设计要点和技术要求,各种使用在多工位级进模中的机构或装置,安全保护措施和级进模结构设计。第 8 章介绍冲压工艺规程的编制。

全书的各章节既独立又相互联系,既有理论分析又结合生产实际。书中选编了一些典型设计案例均来自国内知名模具企业,标准、数据资料采用最新版本,以提高应用性、实用性。本书内容力求适应应用型人才培养的教学要求,注重学习者工程能力和素质的培养。

本次修订强化了立德树人,德技并修的思想。本书还通过二维码链接拓展知识,展示爱国爱岗、家国情怀的科学家;精益求精、匠心筑梦的大国工匠;伟大时代的新技术、新工艺和我国向制造强国迈进的历史进程。从而积极引导学生在学习知识、培养技能的同时,树立正确的世界观、人生观和价值观。

模具是衡量一个国家制造业水平的重要标志,是工业之母,企业效益的倍增器,冲压模具在模具行业占据半壁江山。汽车、装备制造、航空航天、国防、日用五金、家用电器、电子信息产品及相关领域零部件的规模化、批量生产都离不开冲压模具。

本书对冲压工艺与模具设计方法、板料成型的基本原理都进行了详细的介绍。同时还针对信息技术、计算机技术、现代测量技术在冲压技术领域的渗透和交叉融合进行了介绍。此外,还介绍了精密级进模和汽车覆盖件模具的最新技术,以图文并茂的方式给读者以实际的指导。

本次修订工作由成都工业学院成虹、胡志华,成都巨峰玻璃有限公司成竹合作完成。成虹完成绪论、第 4 章、第 6 章~第 8 章,胡志华完成第 2 章、第 3 章,成竹完成第 1 章、第 5 章,并由成虹完成全书统稿工作。

本书在修订过程中得到了成都工业学院材料成型及控制工程教研室老师们和高等教育出版社的大力支持和帮助,参考了一些兄弟院校使用教材后的反馈意见,在此表示诚挚的感谢。同时要感谢成都宏明双新科技股份有限公司、重庆平伟科技集团为本书提供部分生产案例,还要感谢本书所引用文献和教学资源的作者,他们辛勤研究的成果为本书增添光彩。

由于作者的学识水平有限,疏漏与错误之处在所难免,敬请读者不吝赐教,并致以衷心的感谢。

编者
2023 年 6 月

第二版前言

本书是普通高等教育"十一五"国家级规划教材,是根据现代模具工业技术人员必须具备正确设计制造冲压模具和合理制定冲压工艺的知识、技术和能力的人才培养目标要求,在第一版基础上修订的。本书的教学参考时数为 80~100 学时。

本书是在原《冲压工艺与模具设计》(高等教育出版社 2002 年出版)的基础上,吸收各类教育近年来模具设计与制造专业的教学改革和课程建设的成果;企业对模具专业人才在冲压技术领域的知识、能力、素质的要求和著作者从事教学所累积的经验与体会修编的。

原书为 11 章。成都电子机械高等专科学校成虹编写绪论、第 2 章和第 9 章;南京工程学院贾俐俐编写第 1 章、第 4 章和第 7 章;上海应用技术学院张今渡编写第 3 章、第 10 章和第 11 章;重庆工业高等专科学校肖大志编写第 5 章、第 6 章和第 8 章。

本书第二版全部由成虹修编完成。修订后全书除绪论外共 8 章,主要介绍板料冲压成形工艺与冲压模具设计。第 1 章介绍板料冲压成形的基本原理与特点。第 2 章至第 4 章重点介绍冲裁、弯曲、拉深等成形工艺的特点、工艺计算、模具设计。第 5 章简述其他的一些塑性成形方法,如翻边、缩口、胀形等。随着我国成为世界制造业中心,电子信息技术中的电子元器件和汽车零部件越来越多的成为中国制造。电子元器件的精密级进冲压技术、汽车覆盖零件的成形技术需要大量的应用性、技能型人才。为了满足人才培养的要求,修编后的教材第 6 章较详细地介绍汽车覆盖件成形工艺及模具设计。第 7 章详细的介绍多工位精密级进模的设计。第 8 章介绍冲压工艺规程的编制。

本次修订的原则是以培养学生从事实际工作的基本能力和基本技能为目的,理论知识以必需、够用为度,并使理论知识的传授与模具设计、制造的实践相结合。内容要少而精,因此总篇幅在第一版的基础上有所压缩。修订后本书主要有以下特点:

1. 本书力求在阐明冲压工艺的基础上,让学生掌握正确设计冲压工艺和冲压模具结构的基本方法;掌握冲压工艺、冲压模具、冲压设备、冲压材料、冲压件质量和冲压件经济性之间的关系。

2. 本版教材在保留原教材特色基础上,结合生产实际和现代冲压技术,又选编了一些典型设计案例,增强教材的实用性和先进性。

3. 每章附有习题和思考题,以引导思维、掌握要点、培养能力。

4. 修编后的本书,为了帮助学习者的自学,培养学习者的能力;并与同行交流教学经验,本书附有教(助)学光盘。作用在于增加学生、读者的感性认识,提高学习效果。光盘的内容有电子教案、习题与解答和动画演示等。

本书由成都航空职业技术学院李学锋教授主审。本书在编写过程中得到了高等教育出版社的大力支持和帮助,并参考了一些兄弟院校的反馈意见,在此表示诚挚的感谢。

I

由于作者水平有限,书中和教(助)学光盘中难免会有错误和不足之处,恳请读者批评指正。

作　者

2006 年 2 月

目录

绪论 ……………………………… 1

0.1 冲压加工的特点及其应用 … 1

0.2 冲压工艺的分类 …………… 2

0.3 冲压技术的发展 …………… 5

0.4 学习要求和学习方法 ……… 6

第1章 冲压变形的基本原理 ……… 7

1.1 金属塑性变形的基本概念 … 7

1.2 金属塑性变形的力学基础 … 11

1.3 冲压成形时变形毛坯的力学
　　特点与分类 ……………… 18

1.4 板料冲压成形性能及冲压
　　材料 ……………………… 23

习题与思考题 …………………… 27

第2章 冲裁工艺和冲裁模设计 …… 28

2.1 冲裁变形分析 ……………… 29

2.2 冲裁模具的间隙 …………… 33

2.3 凸模与凹模刃口尺寸的
　　计算 ……………………… 37

2.4 冲裁力和压力中心的计算 … 43

2.5 排样设计 …………………… 46

2.6 冲裁工艺设计 ……………… 51

2.7 冲裁模的结构设计 ………… 56

2.8 冲裁模主要零部件的结构
　　设计与标准的选用 ……… 65

2.9 精密冲裁工艺与精冲模具
　　简介 ……………………… 85

习题与思考题 …………………… 96

第3章 弯曲工艺和弯曲模具设计 …… 98

3.1 弯曲变形过程分析 ………… 99

3.2 弯曲卸载后弯曲零件的
　　回弹 ……………………… 104

3.3 弯曲成形工艺设计 ………… 110

3.4 弯曲模的典型结构设计 …… 120

习题与思考题 …………………… 130

第4章 拉深工艺和拉深模具设计 … 132

4.1 拉深变形过程分析 ………… 133

4.2 直壁旋转体零件拉深工艺
　　设计 ……………………… 141

4.3 非直壁旋转体零件拉深
　　成形特点 ………………… 154

4.4 盒形件拉深 ………………… 156

4.5 拉深工艺设计 ……………… 163

4.6 拉深成形模具设计 ………… 167

习题与思考题 …………………… 176

第5章 其他成形工艺和模具设计 … 177

5.1 胀形 ………………………… 177

5.2 翻边 ………………………… 184

5.3 缩口 ………………………… 192

5.4 旋压 ………………………… 196

习题与思考题 …………………… 197

第6章 汽车覆盖件成形工艺和模具
　　设计 ……………………… 198

6.1 覆盖件的结构特征与成形
　　特点 ……………………… 199

I

6.2 覆盖件冲压成形工艺
设计 …………………… 203
6.3 覆盖件成形模具的典型结构
和主要零件的设计 ……… 210
习题与思考题 …………………… 224

第7章 多工位精密级进模的设计 … 225
7.1 概述 …………………… 225
7.2 多工位精密级进模的排样
设计 …………………… 227
7.3 多工位精密级进模主要
零部件的设计 ………… 243
7.4 多工位精密级进模的安全
保护 …………………… 272
7.5 多工位精密级进模自动送料

装置 …………………… 278
7.6 多工位精密级进模的典型
结构 …………………… 280
习题与思考题 …………………… 291

第8章 冲压工艺规程的编制 ……… 293
8.1 冲压工艺规程编制的主要
内容和步骤 …………… 293
8.2 典型冲压件冲压工艺设计
实例 …………………… 300
习题与思考题 …………………… 306

附录 …………………………… 307

参考文献 ……………………… 309

绪　论

学习目标

通过绪论的学习了解我国冲压技术的前世今生,回顾我国现代冲压技术的发展历程,从自力更生、白手起家,到制造业大国,迈向制造业强国。从而,树立科学精神、劳动精神、拼搏精神。通过与世界模具强国的比较,认识我国模具领域与世界模具强国存在的差距,激发学生奋发图强的意志,认识专业,关注模具发展方向,增强创新自信。在奋进新时代的背景下,以开拓创新的理念,树立为中华民族的伟大复兴而奋斗的信念,实现个人价值与社会价值的统一。

同时,通过绪论的学习,熟悉冲压的基本概念和实现冲压生产的必备要素,掌握冲压工艺的分类,了解模具工业在制造业中的重要作用。

冲压加工是利用安装在压力机上的模具,对放置在模具内的板料施加变形力,使板料在模具内产生变形,从而获得一定形状、尺寸和性能的产品零件的生产技术。由于冲压加工常在室温下进行,因此也称冷冲压。冲压成形是金属压力加工方法之一,是建立在金属塑性变形理论基础上的材料成形工程技术。冲压加工的原材料一般为板料或带料,故也称板料冲压。冲压工艺是指冲压加工的具体方法(各种冲压工序的总和)和技术经验;冲压模具是指将板料加工成冲压零件的特殊专用工具。

要实现冲压技术的可持续发展并保证冲压产品的生产质量,冲压加工应具备人、机床、材料、模具和环境五个必备要素(人、机、料、模、环),如图0.0.1所示。

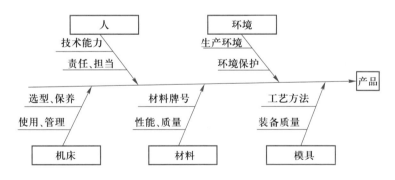

图 0.0.1　冲压加工的五个必备要素

0.1　冲压加工的特点及其应用

冲压生产靠模具和压力机完成加工过程,与其他加工方法相比,在技术和经济方面有如下特点:

1

（1）冲压件的尺寸和形状及其精度由模具来保证，具有一模一样的特征，所以质量稳定，互换性好。

（2）由于利用模具加工，所以可获得其他加工方法所不能或难以制造的壁薄、重量轻、刚性好、表面质量高、形状复杂的零件。

（3）冲压加工一般不需要加热毛坯，也不像切削加工那样，大量切削金属，所以它不但节能，而且节约金属。

（4）普通压力机每分钟可生产几十件冲压件，而高速压力机每分钟可生产几百甚至上千件。所以它是一种高效率的加工方法。

由于冲压工艺具有上述突出的特点，因此在国民经济各个制造领域广泛应用。例如，航空航天、机械、电子信息、交通工具、兵器、日用电器及轻工等产业都要应用冲压加工。不但产业界广泛用到它，而且每一个人每天都直接与冲压产品发生联系。冲压可制造钟表及仪器中的小型精密零件，也可制造汽车、拖拉机的大型覆盖件。冲压材料可使用黑色金属、有色金属以及某些非金属材料。

冲压也存在一些缺点，主要表现在冲压加工时的噪声、振动两种公害。这些问题并不完全是冲压工艺及模具本身带来的，而主要是由于传统的冲压设备落后所造成的。随着科学技术的进步，这两种公害一定会得到解决。

0.2　冲压工艺的分类

生产中为满足冲压零件形状、尺寸、精度、批量大小、原材料性能的要求，冲压加工的方法是多种多样的。按变形性质分类，冲压工艺可分为分离工序与成形工序两大类。分离工序又可分为落料、冲孔和剪切等，目的是在冲压过程中使冲压件与板料沿一定的轮廓线相互分离，见表0.2.1。成形工序可分为弯曲、拉深、翻孔、翻边、胀形、缩口等，目的是使冲压毛坯在不破坏的条件下发生塑性变形，并转化成所要求的制件形状，见表0.2.2。立体塑性成形工序见表0.2.3。

动画

分离工序
切断

分离工序
落料

表0.2.1　分 离 工 序

工序名称	工序简图	工序特征	模具简图
切断		用剪刀或模具切断板料，切断线不是封闭的	
落料	工件	用模具沿封闭线冲切板料，冲下的部分为工件	

续表

工序名称	工序简图	工序特征	模具简图
冲孔	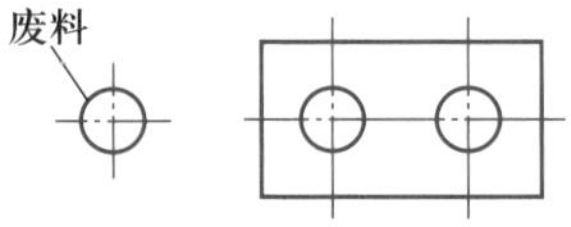	用模具沿封闭线冲切板料，冲下的部分为废料	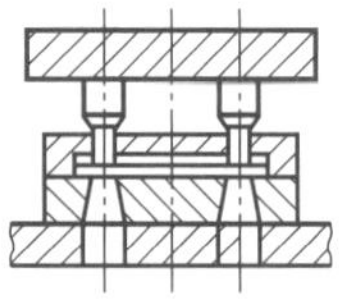
切口（舌）	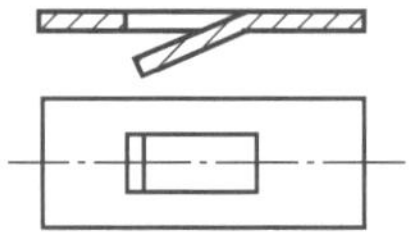	用模具将板料局部切开而不完全分离，切口部分材料发生弯曲	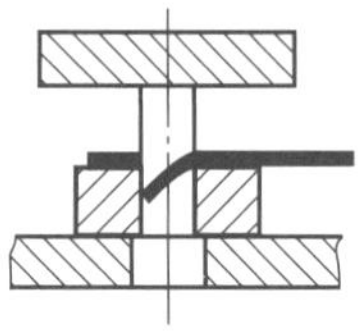
切边	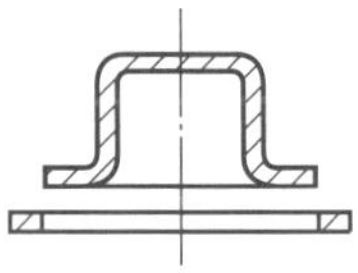	用模具将工件边缘多余的材料冲切下来	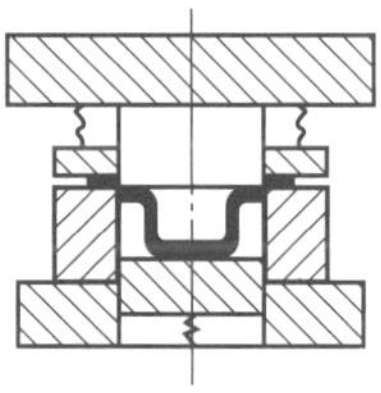

动画

分离工序 冲孔

分离工序 切口（舌）

分离工序 切边

表 0.2.2 成形工序

工序名称	工序简图	工序特征	模具简图
弯曲	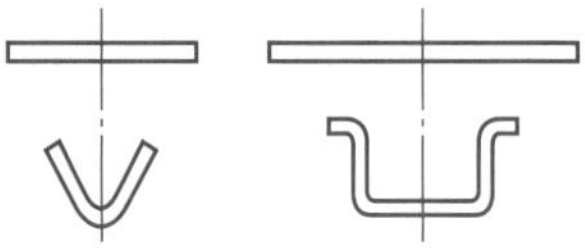	用模具使板料弯成一定角度或一定形状	
拉深	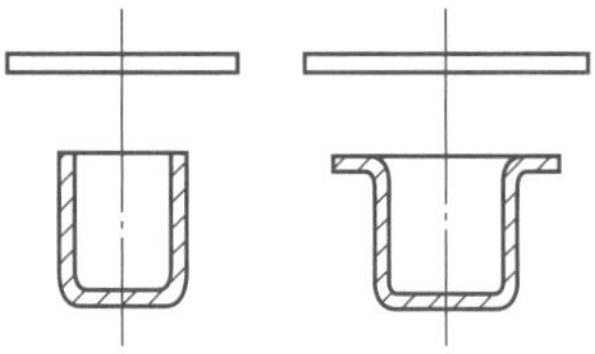	用模具将板料冲压成任意形状的空心件	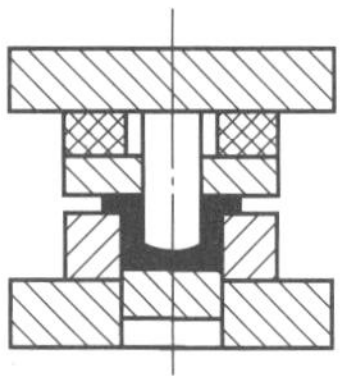
起伏（压肋）	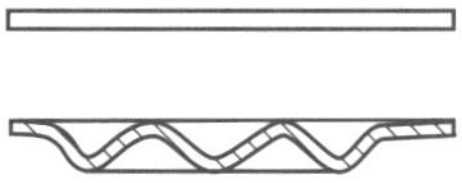	用模具将板料局部压制成凸起和凹进形状	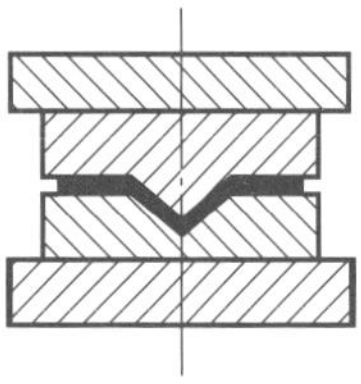

动画

成形工序 弯曲

成形工序 拉深

成形工序 起伏（压肋）

工序名称	工序简图	工序特征	模具简图
翻边	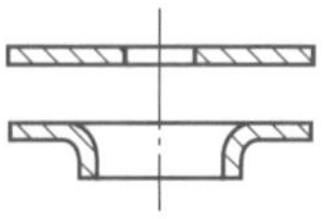	用模具将板料上的孔或外缘翻成直壁	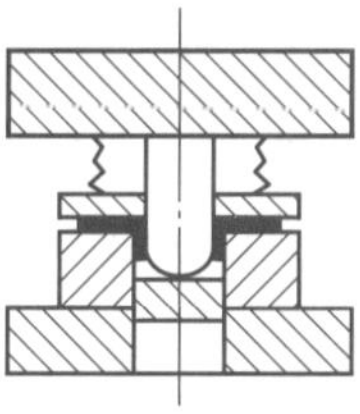
缩口	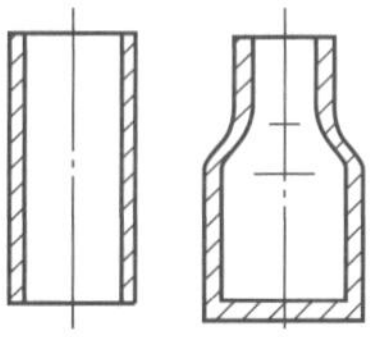	用模具对空心件口部施加由外向内的径向压力,使局部直径缩小	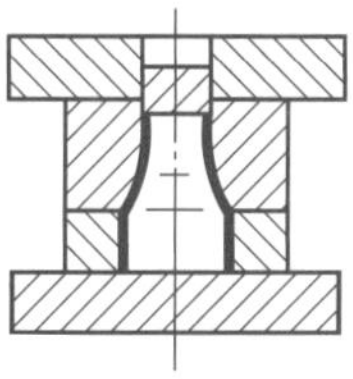
胀形	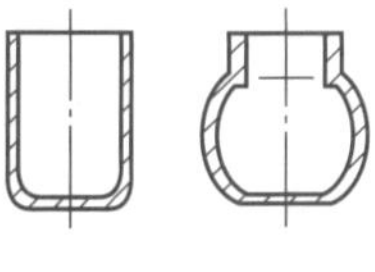	用模具对空心件施加向外的径向力,使局部直径扩张	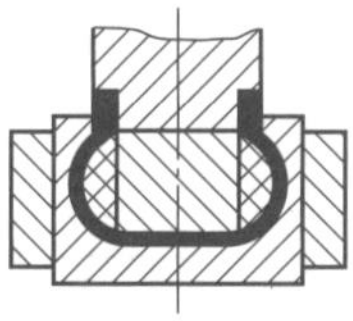
整形	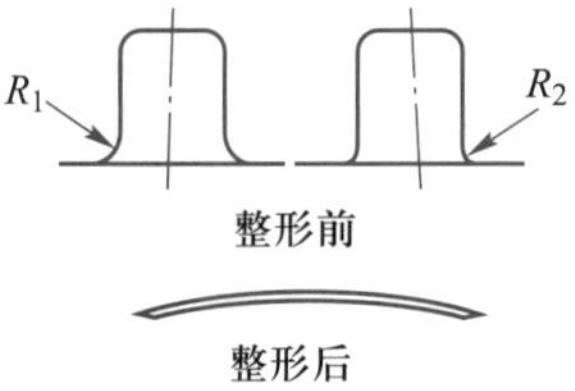 R_1 R_2 整形前 整形后	用模具将工件不平的表面压平;将原先的弯曲零件或拉深件 R_1 压制到要求尺寸 R_2	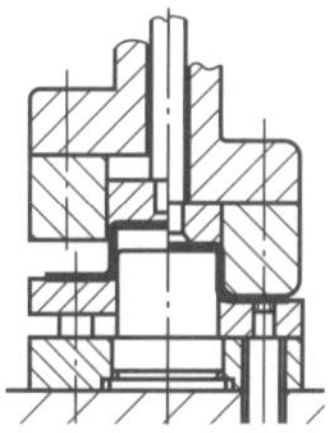
校平		用模具将工序件不平整和弯弯的缺陷消除	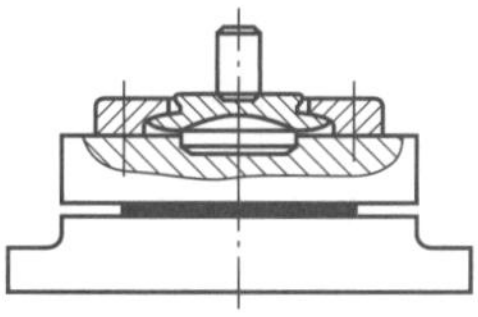
旋压	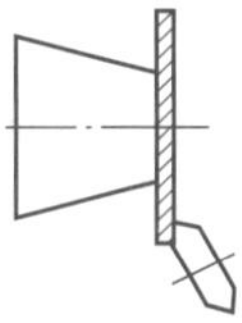	用旋轮使旋转状态下的坯料逐步成形为各种旋转体空心件	

动画

成形工序
翻边(内孔)

成形工序
翻边(外缘)

成形工序
缩口

成形工序
胀形

成形工序
校平

成形工序
旋压

表 0.2.3　立体塑性成形工序

工序名称	工序简图	特点及应用范围
冷挤压	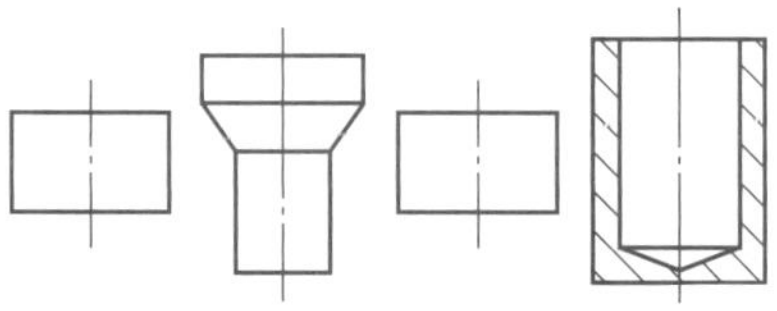	对放在模腔内的坯料施加强大压力,使冷态下的金属产生塑性变形,并将其从凹模孔或凸、凹模之间的间隙挤出,以获得空心件或横截面积较小的实心件
冷镦（冷锻）	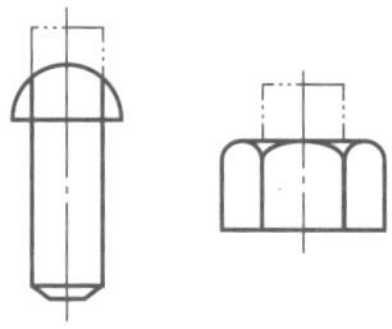	用冷镦模使坯料产生轴向压缩,使其横截面积增大,从而获得螺钉、螺母类的零件
压印（花）	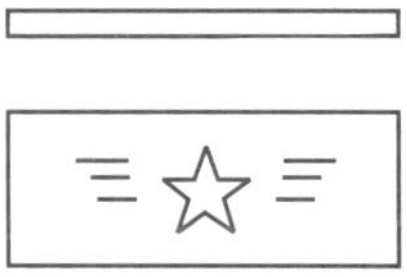	压印是强行局部排挤材料,在工件表面形成浅凹花纹、图案、文字或符号,但在压印表面的背面并无对应于浅凹花纹的凸起

动画

立体成形工序冷挤压

立体成形工序冷镦

立体成形工序压印

0.3　冲压技术的发展

随着科学技术的不断进步和工业生产的迅速发展,冲压工艺和冲模技术也在不断地革新和发展。冲压加工技术今后的发展方向和动向主要有以下方面:

（1）工艺分析计算的现代化。冲压技术与现代数学、计算机技术联姻,对复杂曲面零件(如汽车覆盖件)进行计算机模拟和有限元分析,达到预测某一工艺方案对零件成形的可能性与成形过程中将会发生的问题,供设计人员进行修改和选择。这种设计方法是将传统的经验设计升华为优化设计,缩短了模具设计与制造周期,节省了昂贵的模具试模费用等。

（2）模具计算机辅助设计、制造与分析(CAD/CAM/CAE)的研究和应用,将极大地提高模具制造效率,提高模具的质量,使模具设计与制造技术实现 CAD/CAM/CAE 一体化。

（3）冲压生产的自动化。为了满足大批量生产的需要,冲压生产已向自动化、无人化方向发展。现已实现了利用高速冲床和多工位精密级进模实现单机自动冲压,其每分钟可冲压几百乃至上千次。大型零件的生产已实现了多机联合生产线,从板料的送进到冲压加工、最后检验可全由计算机控制,极大地减轻了工人的劳动强度并提高了生产效率。目前冲压生产已逐步向无人化生产形成的柔性冲压加工中心发展。

（4）为适应市场经济需求,大批量与多品种小批量共存。发展适宜于小批量生产的各种简易模具、经济模具和标准化且容易变换的模具系统。

0.4 学习要求和学习方法

通过本课程的学习、课程设计和实验的训练,将使学生初步掌握冲压成形的基本原理;掌握冲压工艺过程和冲压模具设计的基本方法;具有拟定中等复杂程度冲压件的工艺过程和设计中等复杂程度冲压模具的能力;能够运用所学基本知识,分析和解决生产中常见的冲压产品质量、工艺及模具方面的技术问题;能够合理选用冲压设备和自动冲压的辅助设备;了解冲压成形新工艺、新模具结构及其冲压工艺的发展动向。

由于冲压工艺与模具设计属于应用技术科学,是一门实践性和应用性很强的课程。该课程以金属学与热处理、机械设计基础、金属塑性成形原理以及许多其他技术学科为基础,与冲压设备、模具制造工艺密切联系,因此在学习本门课程时应注意与这些课程的衔接。对初学者来说,应首先对冲压生产现场有初步的感性知识,才能在学习时联系生产实际,从而对课程引起兴趣和加深理解。

习题与思考题

0.1 结合绪论的学习,查阅相关文献,谈谈如何理解"模具工业的发展水平从某种意义上来说代表着一个国家的工业发展水平"?为什么说"模具是工业之母"?

0.2 在冲压生产中有五个必备的要素,其中有环境保护。如何看待经济发展与环境保护之间的关系。

打造中国制造
的升级"模具"

第1章

冲压变形的基本原理

学 习 目 标

通过本章的学习,使学生具备研究冲压变形的思维方法,养成在科研与工程实践中严谨务实的工作态度。了解金属塑性变形的基本概念;影响金属塑性与变形抗力的主要因素;主应力、主应变状态图和塑性变形时应力与应变的关系;熟悉冲压变形时变形毛坯的分区与变形区应力应变特点;掌握伸长类变形和压缩类变形的特点及影响其极限变形程度的因素。

1.1 金属塑性变形的基本概念

金属在外力作用下产生形状和尺寸的变化称为变形,变形分为弹性变形和塑性变形。而冲压加工就是利用金属的塑性变形成形制件的一种金属加工方法。要掌握冲压成形加工技术,首先应了解金属塑性变形的基本原理。

1.1.1 塑性变形的物理概念

所有的固体金属都是晶体,原子在晶体所占的空间内有序排列。在没有外力作用时,金属中原子处于稳定的平衡状态,金属物体具有自己的形状与尺寸。施加外力,就会破坏原子间原来的平衡状态,造成原子排列畸变,引起金属形状与尺寸的变化,如图 1.1.1 所示。假若卸去外力,金属中原子立即恢复到原来稳定平衡的位置,原子排列畸变消失且金属完全恢复自己的原始形状和尺寸,这样的变形称为弹性变形,如图 1.1.1b 所示。增大外力,原子排列的畸变程度增加,移动距离有可能大于受力前的原子间距离,这时晶体中一部分原子相对于另一部分产生较大的错动,如图 1.1.1c 所示。外力卸去以后,原子间的距离虽然仍可恢复原状,但错动了的原子并不能再回到其原始位置,如图 1.1.1d 所示,金属的形状和尺寸也都发生了永久改变。这种在外力作用下产生的不可恢复的永久变形称为塑性变形。

金属受外力作用时,原子总是离开平衡位置而移动。因此,在塑性变形条件下,总变形既包括塑性变形,也包括卸去外力后消失的弹性变形。

1.1.2 塑性变形的基本方式

金属塑性变形是金属在外力的作用下金属晶格先产生晶格畸变,外力继续增大时,产生晶格错动,而这种错动在晶体中通常表现为滑移和孪动两种形式。

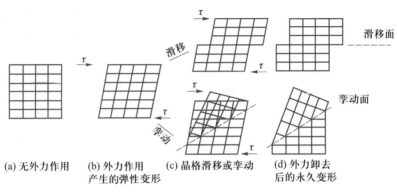

图 1.1.1　原子排列畸变

1. 滑移

当作用在晶体上的切应力达到一定数值后,晶体一部分沿一定的晶面,向着一定的方向,与另一部分之间做相对移动,这种现象叫滑移,如图 1.1.1 所示。金属的滑移面一般都是晶格中原子分布最密的面,滑移方向则是原子分布最密的结晶方向,因为沿着原子分布最密的面和方向滑移的阻力最小。金属晶格中,原子分布最密的晶面和结晶方向愈多,产生滑移的可能性愈大,金属的可塑性就愈好。晶格的滑移可通过位错理论来解释。滑移时并不需要整个滑移面上的全部原子一齐移动,而只是在位错中心附近的少数原子发生移动。

2. 孪动

孪动也是在一定的切应力作用下,晶体的一部分相对另一部分,沿着一定的晶面和方向发生转动的结果。已变形部分的晶体位向发生改变,与未变形部分以孪动面对称(图 1.1.1)。

孪动与滑移的主要差别是:① 滑移过程是渐进的,而孪动过程是突然发生的;② 孪动时原子位置不会产生较大的错动,因此晶体取得较大塑性变形的方式主要是滑移作用;③ 孪动后,晶体内部出现空隙,易于导致金属的破坏;④ 孪动所要求的临界切应力比滑移要求的临界切应力大得多,只有滑移过程很困难时,晶体才发生孪动。

3. 晶间变形

滑移和孪动都是发生在单个晶粒内部的变形,称为晶内变形。工业生产中实际使用的金属则是多晶体。多晶体中的每个单晶体(晶粒)要受到四周晶粒的牵制,变形不如自由单晶体单纯,可塑性也不易充分发挥,会造成变形不均匀。多晶体的变形方式除晶粒本身的滑移和孪动外,还有在外力作用下晶粒间发生的相对移动和转动而产生的变形,即晶间变形。凡是加强晶间结合力、减少晶间变形、有利于晶内发生变形的因素,均有利于晶体进行塑性变形。当多晶体间存有杂质时,会使晶间结合力降低,晶界变脆不利于多晶体进行塑性变形;当多晶体的晶粒为均匀球状时,由于晶粒界面对于晶内变形的制约作用相对较小,也具有较好的可塑性。

1.1.3　金属的塑性与变形抗力

1. 塑性及塑性指标

所谓塑性,是指固体材料在外力作用下发生永久变形而不破坏其完整性的能力。塑性不仅与材料本身的性质有关,还与变形方式和变形条件有关。所以,材料的塑性不是固定不变的,不同的材料在同一变形条件下会有不同的塑性,而同一种材料,在不同的变形条件下,会表现不同的塑性。塑性反映金属的变形能力,是金属的一种重要加工性能。

塑性指标是衡量金属在一定条件下塑性高低的数量指标。它是以材料开始破坏时的塑性变形量来表示,可借助于一些试验方法测定。常用的塑性指标有:

拉伸试验所得的伸长率:

$$\delta = \frac{L_k - L_0}{L_0} \times 100\% \tag{1.1.1}$$

断面收缩率:

$$\psi = \frac{A_0 - A_k}{A_0} \times 100\% \tag{1.1.2}$$

式中,L_0、A_0 分别为拉伸试样原始标距长度(mm)和原始截面积(mm^2);L_k、A_k 分别为试样断裂后标距间长度(mm)和断裂处最小截面积(mm^2)。

除了拉伸试验外,还有艾利克森试验、弯曲试验(测定板料胀形和弯曲时的塑性变形能力)和镦粗试验(测定材料锻造时的塑性变形能力)等。需要指出,各种试验方法都是在特定的状况和变形条件下测定金属的塑性变形能力。它们说明在某种受力状况和变形条件下,这种金属的塑性比那种金属的塑性高还是低,或者对某种金属来说,在什么样的变形条件下塑性好,而在什么样的变形条件下塑性差。

2. 变形抗力

塑性成形时,使金属发生变形的外力称为变形力,而金属抵抗变形的反作用力,称为变形抗力。变形力和变形抗力大小相等方向相反。变形抗力一般用单位接触面积上的反作用力来表示。在某种程度上,变形抗力反映了材料变形的难易程度。它的大小,不仅取决于材料的流动应力,而且还取决于塑性成形时的应力状态、摩擦条件以及变形体的几何尺寸等因素。

塑性和变形抗力是两个不同的概念,前者反映塑性变形的能力,后者反映塑性变形的难易程度,它们是两个独立的指标。通常会认为塑性好的材料,变形抗力低,塑性差的材料变形抗力高,但实际情况并非如此。如奥氏体不锈钢在室温下可经受很大的变形而不被破坏,说明这种钢的塑性好,但变形抗力却很高。

1.1.4 影响金属塑性和变形抗力的主要因素

影响金属塑性和变形抗力的主要因素有两个方面,其一是变形金属本身的晶格类型、化学成分和组织状态等内在因素;其二是变形时的外部条件,如变形温度、变形速度和变形的力学状态等。因此,只要有合适的内、外部条件,就有可能改变金属的塑性行为。

1. 化学成分和组织对塑性和变形抗力的影响

化学成分和组织对塑性和变形抗力的影响非常明显也很复杂。下面以钢为例来说明。

(1)化学成分的影响:在碳钢中,铁和碳是基本元素。在合金钢中,除了铁和碳外还包含硅、锰、铬、镍、钨等。在各类钢中还含有一些杂质,如磷、硫、氮、氢、氧等。

碳对钢的性能影响最大。碳能固溶到铁里形成铁素体和奥氏体固溶体。它们都具有良好的塑性和低的变形抗力。当碳的含量超过铁的溶碳能力,多余的碳便与铁形成具有很高的硬度而塑性几乎为零的渗碳体,对基体的塑性变形起阻碍作用,降低塑性,提高抗力。可见含碳量越高,碳钢的塑性成形性能就越差。

合金元素加入钢中,不仅改变了钢的使用性能,而且改变了钢的塑性变形性能。其主要的表

现为:塑性降低,变形抗力提高。这是由于合金元素溶入固溶体(α-Fe 和 γ-Fe),使铁原子的晶体点阵发生不同程度的畸变;合金元素与钢中的碳形成硬而脆的碳化物(碳化铬、碳化钨等);合金元素可改变钢中相的组成,造成组织的多相性等,这些都能使钢的抗力提高,塑性降低。

杂质元素对钢的塑性变形一般都有不利的影响。磷溶入铁素体中,使钢的强度、硬度显著增加,塑性、韧性明显降低,在低温时,造成钢的冷脆性。硫在钢中几乎不溶解,与铁形成塑性低的易溶共晶体 FeS,热加工时出现热脆开裂现象。氢溶解于钢中会引起"氢脆"现象,使钢的塑性大大降低。

(2) 组织的影响:钢在规定的化学成分内,由于组织的不同,塑性和变形抗力亦会有很大的差别。单相组织比多相组织塑性好,抗力低。多相组织由于各相性能不同,使得变形不均匀,同时基本相往往被另一相机械地分割,故塑性降低,变形抗力提高。

晶粒的细化有利提高金属的塑性,但同时也提高了变形抗力。这是因为在一定的体积内细晶粒的数目比粗晶数目要多,塑性变形时有利于滑移的晶粒就较多,变形均匀地分散在更多的晶粒内,另外晶粒越细,晶界面越曲折,对微裂纹的传播越不利。这些都有利于提高金属的塑性变形能力。另一方面晶粒多,晶界也愈多,滑移变形时位错移动到晶界附近将会受到阻碍并堆积,若要位错穿过晶界则需要很大的外力,从而提高了塑性变形抗力。

另外钢的制造工艺,如冶炼、浇注、锻轧、热处理等都影响着金属的塑性和变形抗力。

2. 变形温度对塑性和变形抗力的影响

变形温度对金属及合金的塑性有很大的影响。就多数金属及合金而言,随着温度的升高,塑性增加,变形抗力降低。这种情况可以从以下 4 个方面进行解释。

(1) 温度升高,发生回复和再结晶。回复使金属的加工硬化得到一定程度的消除,再结晶能完全消除加工硬化,从而使金属的塑性提高,变形抗力降低。

(2) 温度升高,原子热运动加剧,动能增大,原子间结合力减弱,使临界切应力降低,不同滑移系的临界切应力降低速度不一样。因此,在高温下可能出现新的滑移系。滑移系的增加,提高了变形金属的塑性。

(3) 温度升高,原子的热振动加剧,晶格中原子处于不稳定状态。此时,如晶体受到外力作用,原子就会沿应力场梯度方向,由一个平衡位置转移到另一个平衡位置,使金属产生塑性变形。这种塑性变形的方式称为热塑性,也称扩散塑性。

(4) 温度升高,晶界强度下降,使得晶界的滑移容易进行。同时,由于高温下扩散作用加强,使晶界滑移产生的缺陷得到愈合。

由于金属及合金的种类繁多,上述结论并不能概括各种材料的塑性和变形抗力随温度的变化情况。可能在温升过程中的某些温度间,往往由于过剩相的析出或相变等原因,而使金属的塑性降低和变形抗力增加(也可能降低)。

3. 变形速度对塑性和变形抗力的影响

变形速度是指单位时间变形物体应变的变化量。塑性成形设备的加载速度在一定程度上反映了金属的变形速度,它对塑性有两个方面的影响。

(1) 变形速度加大时,要同时驱使更多的位错更快地运动,金属晶体的临界切应力将提高,使变形抗力增大;当变形速度加大时,塑性变形来不及在整个变形体内均匀地扩展,此时,金属的变形主要表现为弹性变形。根据胡克定律,弹性变形量越大,则应力越大,变形抗力也就越大。另外,变形速度增加后,变形体没有足够的时间进行回复和再结晶,而使金属的变形抗力增加,塑

性降低。

（2）在高变形速度下，变形体吸收的变形能迅速地转换为热能（热效应），使变形体温升高（温度效应）。这种温度效应一般来说对塑性的增加是有利的。

常规的冲压设备工作速度都较低，对金属塑性变形的性能影响不大。考虑变形速度因素，主要基于零件的尺寸和形状。对大型复杂的零件成形，变形量大且极不均匀，易局部拉裂和起皱，为了便于塑性变形的扩展，有利于金属的流动，宜采用低速的压力机或液压机。小型零件的冲压，一般不考虑变形的速度对塑性和变形抗力的影响，主要从生产效率来考虑。

1.2　金属塑性变形的力学基础

金属板料冲压工艺的目的，是使毛坯的形状和尺寸发生变化并成为成品或半成品零件。在这个过程中毛坯的变形都是模具对毛坯施加外力所引起内力或由内力直接作用的结果。一定的力的作用方式和大小都对应着一定的变形，所以为了研究冲压时毛坯的变形性质和变形规律，为了控制变形的发展，首先应了解金属塑性变形时力的作用性质和力的大小。

引起毛坯变形的内力有强弱之分，它的作用集度用应力表示。应力是指作用于毛坯单位面积上的内力。应力被理解为一个极小面积上的内力与该面积比值的极限，即

$$\sigma = \lim_{\Delta S \to 0} \frac{\Delta F}{\Delta S} = \frac{dF}{dS} \tag{1.2.1}$$

式中，ΔF 为极小面积 ΔS 上的总内力；应力的单位为 MPa，1 MPa = 10^6 N/m²。

在金属塑性变形过程中，塑性加工能否实现，加工效率、加工材料的利用率以及加工产品的质量都与应力和应变有关。因此，了解塑性加工过程中成形工件内各点的应力与应变状态，以及产生塑性变形时各应力之间的关系、应力与应变之间的关系是十分重要的。

1.2.1　一点的应力、应变状态

板料冲压时，毛坯变形区内各点的受力和变形情况都是不同的。为了解毛坯的变形规律，需要研究变形体内各点的应力状态、应变状态以及产生变形时它们之间的关系。

1. 一点的应力状态

一点的应力状态是指通过变形体内某点的微元体所有截面上的应力的有无、大小、方向等情况。如图 1.2.1a 所示受力物体中任意一点 Q，用微分面切取一个正六面体，正六面体各面素与坐标平面平行，每个面素上的应力矢量可以分解为与坐标轴平行的 3 个分量：一个正应力和两个切应力。3 个微分面上共有 9 个应力分量，如图 1.2.1b 所示。因此，一点的应力状态可用 9 个应力分量（3 个正应力、6 个切应力）来表示。由于微元体处于平衡状态，没有转动，根据切应力互等定理：$\tau_{xy} = \tau_{yx}$，$\tau_{yz} = \tau_{zy}$，$\tau_{xz} = \tau_{zx}$，实际上只需要 6 个应力分量，即 3 个正应力和 3 个切应力就可以确定该点的应力状态。

需要指出，图 1.2.1b 中的坐标系 x、y、z 的方向是任意的。如果坐标系选取的方向不同，那么，虽然该点的应力状态并没有改变，但是用来表示该点应力状态的 9 个应力分量就会与原来的数值不同。可以证明，存在这样一组坐标系，使得微元体表面只有正应力，没有切应力。这组坐标系的坐标轴称为应力主轴。沿应力主轴作用的正应力称为主应力，主应力所作用的面及作用

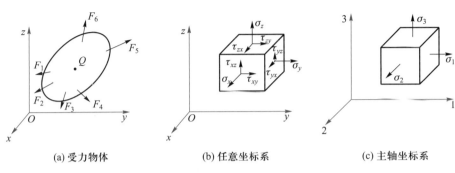

(a) 受力物体　　　　　(b) 任意坐标系　　　　　(c) 主轴坐标系

图 1.2.1　一点的应力状态

方向分别称为主平面和主方向,如图 1.2.1c 所示。它们一般按代数值的大小依次用 σ_1、σ_2、σ_3 表示,即 $\sigma_1 \geqslant \sigma_2 \geqslant \sigma_3$。以主应力表示点的应力状态称为主应力状态。定性说明一点应力作用情况的示意图称为主应力状态图。主应力状态图共有 9 种,如图 1.2.2 所示。主应力状态图虽然只有 9 种,但主应力的数值可以是任意的。

在一般情况下,微元体的三个主方向都有应力,这种应力状态称为三向主应力状态。若其中某一主平面的主应力为零(如图 1.2.1 中 σ_2),此时只有 σ_1、σ_3,该应力状态为平面主应力状态。在板料冲压成形时,由于厚度方向的应力与其他两个方向的应力比较,往往可以忽略不计,可以把厚度方向应力看作零,此时应力状态可视为平面应力状态,平面应力问题为研究板料冲压成形问题提供了方便。若其中有两个主平面的主应力为零(如图 1.2.1 中 σ_1、σ_2),该应力状态为单向主应力状态。在主应力状态图中,作用于微元

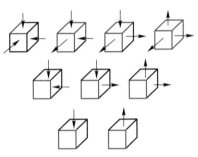

图 1.2.2　9 种主应力状态图

体的压应力数量越多,对塑性变形越有利,材料越能充分发挥其塑性。

2. 塑性变形时的体积不变定律

金属材料在塑性变形时,体积变化很小,可以忽略不计。因此,一般认为塑性变形时体积不变。设长方体试样的原始长、宽、厚分别为 l_0、b_0、t_0,在均匀的塑性变形后变成为 l、b、t,根据体积不变条件,则

$$\frac{lbt}{l_0 b_0 t_0} = 1$$

等式两边取对数,得

$$\ln\frac{l}{l_0} + \ln\frac{b}{b_0} + \ln\frac{t}{t_0} = 0 \tag{1.2.2}$$

以真实应变的形式表示,即为

$$\varepsilon_1 + \varepsilon_2 + \varepsilon_3 = 0 \tag{1.2.3}$$

该方程反映了三个主应变值之间的关系,并说明:

(1) 塑性变形时,只有形状及尺寸的改变,而无体积的变化;

(2) 不论应变状态如何,其中必有一个主应变的符号与其他两个主应变的符号相反,该主应

变绝对值最大,称为最大主应变;

(3) 当已知两个主应变的数值时,第三个主应变即可算出。

根据上述结论,对任何一种几何形状物体的塑性变形,其变形方式只有 3 种,与此相对应可能的主应变状态图也只有 3 种,如图 1.2.3 所示。

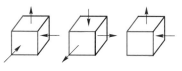

图 1.2.3　3 种主应变状态图

1.2.2　金属塑性变形时的屈服准则

当物体受单向应力作用时,只要其主应力达到材料的屈服极限,该点就进入塑性状态。而对于复杂的三向应力状态,就不能仅根据某一个应力分量来判断该点是否达到塑性状态,而要同时考虑其他应力分量的作用。只有当各个应力分量之间符合一定的关系时,该点才开始屈服,这种关系就称为塑性条件,或称屈服准则。

1. 屈雷斯加(H. Tresca)屈服准则

屈雷斯加于 1864 年提出:当材料中的最大切应力达到某一定值时,材料即行屈服。因此,该准则又称为最大切应力屈服准则。其数学表达式为

$$\tau_{max} = \frac{1}{2}(\sigma_{max} - \sigma_{min}) = K \tag{1.2.4}$$

当 $\sigma_1 \geqslant \sigma_2 \geqslant \sigma_3$ 时,式(1.2.4)可写成

$$\tau_{max} = \frac{1}{2}(\sigma_1 - \sigma_3) = K \tag{1.2.5}$$

需要注意,屈雷斯加准则中并未考虑中间主应力的影响。

2. 密席斯(von Mises)屈服准则

密席斯于 1913 年提出了另一屈服准则:当材料中的等效应力达到某一定值时,材料就开始屈服。由单向拉伸试验可确定该值,该值为材料的屈服点 σ_s。其数学表达式为

$$\sigma_i = \sqrt{\frac{1}{2}\left[(\sigma_1 - \sigma_2)^2 + (\sigma_2 - \sigma_3)^2 + (\sigma_3 - \sigma_1)^2\right]} = \sigma_s \tag{1.2.6}$$

$$(\sigma_1 - \sigma_2)^2 + (\sigma_2 - \sigma_3)^2 + (\sigma_3 - \sigma_1)^2 = 2\sigma_s^2 \tag{1.2.7}$$

大量试验表明,绝大多数金属材料,密席斯准则较屈雷斯加准则更接近于试验数据。这两个屈服准则实际上相当接近,在有两主应力相等的应力状态下两者还是一致的。为了使用上的方便,工程上常用屈服准则通式(1.2.8)来判别变形状态:

$$\sigma_1 - \sigma_3 = \beta\sigma_s \tag{1.2.8}$$

式中,β 为与中间主应力 σ_2 有关的系数,$\beta = 1 \sim 1.155$,其值见表 1.2.1。

3. 屈服准则的几何表示

在主应力空间中,屈服准则的数学表达式表示一个空间曲面,如图 1.2.4a 所示。

当 $\sigma_3 = 0$,把屈服准则绘在 $\sigma_1 - \sigma_2$ 的坐标系中,得到的封闭曲线为屈服轨迹,如图 1.2.4b 所示。密席斯准则为一个椭圆,屈雷斯加准则为一个六边形。将两准则屈服轨迹进行对比,在 6 个内接点上,两准则的应力是一致的,在其他情况下,两者有差别,密席斯准则需要较大的应力才能使材料屈服,最大差别在 D、B、L、J、H、F 6 个点,为 15.5%。

表 1.2.1 β 值

应力应变状态	中间主应力(σ_2)	应力取例	β
单向拉伸	$\sigma_2 = \sigma_3 = 0, \sigma_1 > 0$	软凸模胀形(中心点) 翻边(边缘)	1.0
单向压缩	$\sigma_2 = \sigma_1 = 0, \sigma_3 < 0$		
双向等拉	$\sigma_2 = \sigma_1 > 0, \sigma_3 = 0$		
双向等压	$\sigma_2 = \sigma_3 < 0, \sigma_1 = 0$		
纯剪	$\sigma_2 = 0, \sigma_1 = -\sigma_3$	宽板弯曲	1.155
平面应变	$\sigma_2 = (\sigma_1 + \sigma_3)/2$		
其他应力应变状态(如平面应力状态)	σ_2 不属于以上状态	缩口、拉深	≈ 1.1

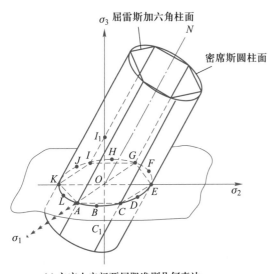

(a) 主应力空间两屈服准则几何表达

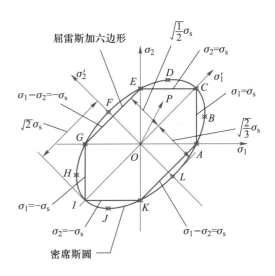

(b) 平面应力状态($\sigma_3 = 0$)两屈服准则几何表达

图 1.2.4 屈服准则的几何表示

1.2.3 塑性变形时应力与应变关系

物体受力产生变形,应力与应变一定存在着某种关系。物体弹性变形时,应力与应变的关系是线性的、可逆的,弹性变形是可以恢复的,与加载历史无关。即一点的应变状态仅取决于该点的应力状态,而与已经历的变形过程无关。相较于弹性变形,塑性变形时应力与应变的关系是非线性的、不可逆的、应力与应变不能简单叠加。如图 1.2.5 所示为单向拉伸应力-应变曲线。材料屈服后,应力与应变不再是线性关系,继续加载时,应力与应变的关系沿 *ABC* 曲线变化;而在 *C* 点卸载时,应力与应变关系沿 *CD* 线变化;卸载后再加载时,应力与应变关系沿 *DC* 线上升,与初始

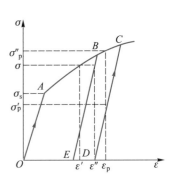

图 1.2.5 单向拉伸
应力-应变曲线

加载时所经历的 $OABC$ 路线不同,变形过程是不可逆的。且在同一应力 σ 时,因加载历史不同,应变也不同,可能是 ε'(沿 OAB 加载),也可能是 ε''(沿 EB 加载);反之,对应于同一个应变 ε_p,应力可能是 σ'_p 或 σ''_p。这就难以在应力和应变之间找到一种确定的关系。

为揭示塑性变形时的应力与应变的关系,塑性加工理论中通常考虑用增量理论来建立起每一瞬间的应变增量与相应应力的关系。其表达式为

$$\frac{\mathrm{d}\varepsilon_1 - \mathrm{d}\varepsilon_2}{\sigma_1 - \sigma_2} = \frac{\mathrm{d}\varepsilon_2 - \mathrm{d}\varepsilon_3}{\sigma_2 - \sigma_3} = \frac{\mathrm{d}\varepsilon_3 - \mathrm{d}\varepsilon_1}{\sigma_3 - \sigma_1} = 常数 \tag{1.2.9}$$

式(1.2.9)也可用塑性变形时应变增量正比于应力偏量表示

$$\frac{\mathrm{d}\varepsilon_1}{\sigma_1 - \sigma_m} = \frac{\mathrm{d}\varepsilon_2}{\sigma_2 - \sigma_m} = \frac{\mathrm{d}\varepsilon_3}{\sigma_3 - \sigma_m} = 常数 \tag{1.2.10}$$

式中,$\mathrm{d}\varepsilon_1$、$\mathrm{d}\varepsilon_2$、$\mathrm{d}\varepsilon_3$ 为三个主应变增量;σ_m 为平均应力,$\sigma_m = (\sigma_1 + \sigma_2 + \sigma_3)/3$。

增量理论在计算上引起的困难很大,尤其材料有冷作硬化时,计算就更复杂了。为了简化计算,在简单加载情况下(各应力分量都按同一比例增加),可得出全量理论,表达式为

$$\frac{\varepsilon_1 - \varepsilon_2}{\sigma_1 - \sigma_2} = \frac{\varepsilon_2 - \varepsilon_3}{\sigma_2 - \sigma_3} = \frac{\varepsilon_3 - \varepsilon_1}{\sigma_3 - \sigma_1} = 常数 \tag{1.2.11}$$

式(1.2.11)也可改写为

$$\frac{\varepsilon_1}{\sigma_1 - \sigma_m} = \frac{\varepsilon_2}{\sigma_2 - \sigma_m} = \frac{\varepsilon_3}{\sigma_3 - \sigma_m} = 常数 \tag{1.2.12}$$

由式(1.2.11)可见,全量理论表达的应力应变关系为主应力差与主应变差成比例(比值为正)。全量应变理论仅仅表示了塑性变形终了时的主应变与主应力之间的关系,但它不能反映出变形过程中应力与应变的变化过程所产生的影响。

增量理论表示塑性变形的某一瞬间应变增量与主应力之间的关系,经过积分可把变形过程的特点反映出来,更接近于实际情况。增量理论具有普遍性,但在实用上不够方便。全量理论是在增量理论的基础上得到的,对于简单加载是正确的;对于非简单加载的大变形问题,只要变形过程中主轴方向的变化不是太大,应用全量理论也不会引起太大的误差;再加上使用上的方便,因此,在冲压工艺中就常常应用全量理论。

全量理论的应力应变关系式(1.2.11)和式(1.2.12)是对塑性加工中各种工艺参数进行计算的基础。除此之外,还可利用它们对某些冲压成形过程中毛坯的变形和应力的性质作出定性的分析和判断。例如:

(1) 在球应力状态,有 $\sigma_1 = \sigma_2 = \sigma_3 = \sigma_m$,由式(1.2.12)可得 $\varepsilon_1 = \varepsilon_2 = \varepsilon_3 = 0$。这说明在球应力状态下,毛坯不产生塑性变形,仅有弹性变形存在。

(2) 在平面变形时,如设 $\varepsilon_2 = 0$,根据体积不变定律,$\varepsilon_1 + \varepsilon_2 + \varepsilon_3 = 0$,则有 $\varepsilon_1 = -\varepsilon_3$,利用式(1.2.12),可得 $\sigma_2 - \sigma_m = 0$,即有 $\sigma_2 = \sigma_m$。这说明在平面变形时,在主应力与平均应力相等的方向上不产生塑性变形,而且这个方向的主应力即为中间主应力,其值是另外两个主应力的平均值,$\sigma_2 = (\sigma_1 + \sigma_3)/2$。宽板弯曲时,宽度方向的变形为零,即属于这种情况。

(3) 平板毛坯胀形时,在产生胀形的中心部位,其应力状态是两向等拉,厚度方向应力很小,可视为零。即有 $\sigma_1 = \sigma_2 > 0$,$\sigma_3 = 0$,属平面应力状态。利用式(1.2.12)可以判断变形区的变形情况,这时 $\varepsilon_1 = \varepsilon_2 = -0.5\varepsilon_3$,在拉应力作用方向上为伸长变形,而在厚度方向为压缩变形,其值为每

个伸长变形的 2 倍。由此可见,胀形区变薄是比较显著的。

（4）当毛坯变形区三向受压（$0>\sigma_1>\sigma_2>\sigma_3$）时,由式（1.2.12）的分析可知,在最大压应力 σ_3（绝对值最大）方向上的变形一定是压缩变形,而在最小压应力 σ_1（绝对值最小）方向上的变形必为伸长变形。

由（3）（4）可见,判断毛坯变形区在哪个方向伸长,在哪个方向缩短,不是单纯根据应力的性质。换句话说,拉应力方向不一定是伸长变形、压应力方向不一定是压缩变形,而是要根据主应力的差值才能判定。

当作用毛坯变形区内的拉应力的绝对值为最大时,在这个方向上的变形一定是伸长变形（如胀形、翻边等）,一般以变形区板材变薄为特征;当作用于毛坯变形区内的压应力的绝对值为最大时,在这个方向上的变形一定是压缩变形（如拉深、缩口等）,一般以变形区板厚增加为特征。

1.2.4　硬化与硬化曲线

1. 硬化

在冲压生产中,毛坯形状的变化和零件形状的形成过程通常在常温下进行。金属材料在常温下的塑性变形过程中,由于冷变形的硬化效应引起的材料力学性能的变化,结果使其强度指标（σ_s、σ_b）随变形程度加大而增加,同时塑性指标（δ、ψ）降低。因此,在进行变形毛坯内各部分的应力分析和各种工艺参数的确定时,必须考虑到材料在冷变形硬化中的屈服强度（或称变形抗力）的变化。材料不同,变形条件不同,其加工硬化的程度也就不同。材料加工硬化不仅使所需的变形力增加,而且对冲压成形有较大的影响,有时是有利的,有时是不利的。例如在胀形工艺中,板材的硬化能够减少过大的局部集中变形,使变形趋向均匀,增大成形极限;而在内孔翻边工序中,翻边前冲孔边缘部分材料的硬化,容易导致翻边时产生开裂,则降低了极限变形程度。因此,在对变形材料进行力学分析,确定各种工艺参数和处理生产中的实际问题时,必须了解材料的硬化现象及其规律。

2. 硬化曲线

表示变形抗力随变形程度增加而变化的曲线称为硬化曲线,也称实际应力曲线或真实应力曲线,它可以通过拉伸等试验方法求得。实际应力曲线与材料力学中的工程应力曲线（也称假想应力曲线）是有所区别的,假想应力曲线的应力指标是采用假想应力来表示的,即应力是按各加载瞬间的载荷 F_p 除以变形前试样的原始截面积 S_0 计算（$\sigma=F_p/S_0$）。没有考虑变形过程中试样截面积的变化,这显然是不准确的;而实际应力曲线的应力指标是采用真实应力来表示的,即应力是按各加载瞬间的载荷 F_p 除以该瞬间试样的截面积 S 计算（$\sigma=F_p/S$）。实际应力曲线与假想应力曲线如图 1.2.6 所示。从图中可以看出,实际应力曲线能真实反映变形材料的加工硬化现象。

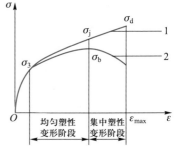

图 1.2.6　实际应力曲线与假想应力曲线
1—实际应力曲线;2—假想应力曲线

如图 1.2.7 所示为常用冲压板材硬化曲线。从曲线的变化规律来看,几乎所有的硬化曲线都具有一个共同的特点,即在塑性变形的开始阶段,随变形程度的增大,实际应力剧烈增加;当变形程度达到一定值以后,变形的增加不再引起实际应力值的显著增加。也就是说,随变形程度的增大,材料的硬化强度 $\mathrm{d}\sigma/\mathrm{d}\varepsilon$（或称硬化模数）逐渐降低。

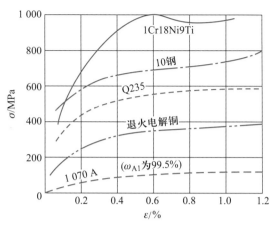

图 1.2.7　常用冲压板材硬化曲线

不同的材料硬化曲线差别很大,而且实际应力与变形程度之间的关系又很复杂,所以不可能用同一个数学公式精确地把它们表示出来,这就给求解塑性力学问题带来了困难。为了实用上的需要,应将实际材料的硬化曲线进行适当的简化,变成既能写成简单的数学表达式,又只用少量试验数据就能确定下来的近似硬化曲线。在冷冲压成形中常用直线表示硬化曲线:

$$\sigma = \sigma_0 + D\varepsilon \qquad (1.2.13)$$

式中,σ_0 为近似的屈服极限,也是硬化曲线在纵坐标轴上的截距。D 是硬化直线的斜率,称硬化模数,表示材料硬化强度的大小。或用幂函数形式表示为

$$\sigma = C\varepsilon^n \qquad (1.2.14)$$

式中,C 为与材料有关的系数;n 为硬化指数。

硬化指数 n 是表明材料冷变形硬化的重要参数,对板料的冲压性能以及冲压件的质量都有较大的影响。硬化指数 n 大时,表示冷变形时硬化显著,对后续变形工序不利,有时还应增加中间退火工序以消除硬化,使后续变形工序得以进行。但是 n 值大时也有利的一面,如对于以伸长变形为特点的成形工艺(胀形、翻边等),由于硬化引起的变形抗力的显著增加,可以抵消毛坯变形处局部变薄而引起的承载能力的减弱。因而,可以制止变薄处变形的进一步发展,而使之转移到别的尚未变形的部位,这就提高了变形的均匀性,使变形的制件壁厚均匀,刚性好,精度也高。部分板材的 n 值和 C 值见表 1.2.2,n 值不同时的硬化曲线如图 1.2.8 所示。

表 1.2.2　部分板材的 n 值和 C 值

材料	C 值/MPa	n 值	材料	C 值/MPa	n 值
08F 钢	708.76	0.185	Q235	630.27	0.236
H62	773.38	0.513	10 钢	583.84	0.215
H68	759.12	0.435	20 钢	709.06	0.166
QSn6.5-0.1	864.4	0.492	LF2	165.64	0.164
08Al(ZF)	553.47	0.252	LF12M	366.29	0.192
08Al(HF)	521.27	0.247	T2	538.37	0.455
1Cr18Ni9Ti	1093.61	0.347	SPCC(日本)	569.76	0.212
L4M	112.43	0.286	SPCD(日本)	497.63	0.249

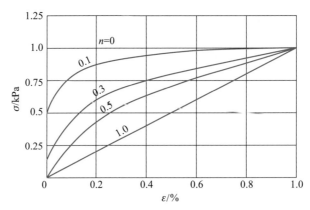

图 1.2.8　n 值不同时的硬化曲线

1.3　冲压成形时变形毛坯的力学特点与分类

1.3.1　变形毛坯的分区

板料在进行各种冲压成形时,可以把变形毛坯分为变形区和不变形区。变形区是正在进行特定变形的部分;不变形区可能是已变形的部分,或待变形的部分,也可能是在冲压成形全过程中都不参与变形的部分,还有在变形过程中起传力作用的部分。如图 1.3.1 所示为基本冲压成形工序拉深、翻边和缩口变形过程中毛坯各区的分布,划分情况见表 1.3.1。

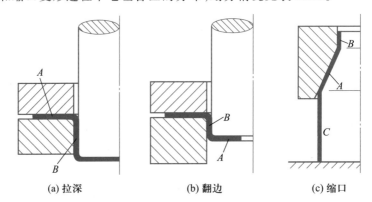

(a) 拉深　　　　　　　　(b) 翻边　　　　　　　　(c) 缩口

图 1.3.1　基本冲压成形工序拉深、翻边和缩口变形过程中毛坯各区的分布

表 1.3.1　冲压成形毛坯各区划分情况

冲压方法	变形区	不变形区		
		已变形区	待变形区	传力区
拉深	A	B	无	B
翻边	A	B	无	B
缩口	A	B	C	C

从本质上看,冲压成形就是毛坯变形区在其主应力作用下产生应变的过程。毛坯变形区的受力情况和变形特点是决定冲压成形性质的主要依据。

1.3.2 变形区的应力、应变特点

绝大多数板料冲压变形都是平面应力状态。一般在板料表面上不受力或受数值不大的力,所以可以认为在板厚方向上的应力数值为零。使毛坯变形区产生塑性变形应力是在板料平面内相互垂直的两个主应力。除弯曲变形外,在大多数情况下都可以认为这两个主应力在厚度方向上的数值是不变的。因此,可以把所有冲压变形方式按毛坯变形区的受力情况(应力状态)和变形特点从变形力学的角度归纳为以下 4 种情况。

1. 冲压毛坯变形区受两向拉应力的作用

在轴对称变形时,可以分为以下两种情况:

$$\sigma_r > \sigma_\theta > 0,且\ \sigma_t = 0$$

$$\sigma_\theta > \sigma_r > 0,且\ \sigma_t = 0$$

式中,σ_r、σ_θ 和 σ_t 分别为径向、切向和厚度应力。

这两种情况的冲压应力处于图 1.3.2a 中的 GOH 和 AOH(第 I 象限)范围内,冲压变形则处于图 1.3.2b 的 AON 及 AOC 范围内,与此相对应的变形是平板毛坯的局部胀形、内孔翻边、空心毛坯的胀形等伸长类变形。

2. 冲压毛坯变形区受两向压应力的作用

在轴对称变形时,可以分为以下两种情况:

$$\sigma_r < \sigma_\theta < 0,且\ \sigma_t = 0$$

$$\sigma_\theta < \sigma_r < 0,且\ \sigma_t = 0$$

这两种情况的冲压应力中处于图 1.3.2a 中的 COD 及 DOE(第 III 象限)范围内,冲压变形则处于图 1.3.2b 中的 GOE 及 GOL 范围内,与此相对应的变形是缩口变形等压缩类变形。

3. 冲压毛坯变形区受异号应力的作用,且拉应力的绝对值大于压应力的绝对值

在轴对称变形时,可以分为下面两种情况:

$$\sigma_r > 0 > \sigma_\theta,\sigma_t = 0\ 及\ |\sigma_r| > |\sigma_\theta|$$

$$\sigma_\theta > 0 > \sigma_r,\sigma_t = 0\ 及\ |\sigma_\theta| > |\sigma_r|$$

这两种情况的冲压应力处于图 1.3.2a 中的 GOF 及 AOB 范围内,而冲压变形处于图 1.3.2b 中的 MON 及 COD 范围内,与此相对应的冲压变形是扩孔等伸长类变形。

4. 冲压毛坯变形区受异号应力的作用,且压应力的绝对值大于拉应力的绝对值

在轴对称变形时,可以分为以下两种情况:

$$\sigma_r > 0 > \sigma_\theta,\sigma_t = 0\ 及\ |\sigma_\theta| > |\sigma_r|$$

$$\sigma_\theta > 0 > \sigma_r,\sigma_t = 0\ 及\ |\sigma_r| > |\sigma_\theta|$$

这两种情况的冲压应力处于图 1.3.2a 中的 EOF 及 BOC 范围内,而冲压变形处于图 1.3.2b 中的 MOL 及 DOE 范围内,与此相对应的冲压变形是拉深等压缩类变形。

综合上面 4 种受力情况的分析结果,可以把全部冲压变形分为两大类别:伸长类变形与压缩

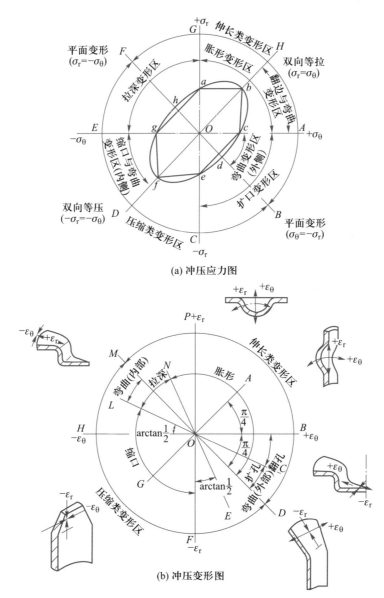

(a) 冲压应力图

(b) 冲压变形图

图 1.3.2　冲压应力与变形图

类变形。当作用于毛坯变形区内的拉应力的绝对值最大时,在这个方向上的变形一定是伸长变形,称这种冲压变形为伸长类变形。伸长类变形包括冲压变形图中的 *MON*、*NOA*、*AOB*、*BOC* 及 *COD* 等 5 个区。当作用于毛坯变形区内的压应力的绝对值最大时,在这个方向上的变形一定是压缩变形,称这种冲压变形为压缩类变形。压缩类变形包括冲压变形图中的 *MOL*、*LOH*、*HOG*、*GOE* 及 *EOD* 等 5 个区。

伸长类成形的极限变形参数主要决定于材料的塑性,并且可以用板材的塑性指标直接或间接地表示。多数试验结果证实,平板毛坯的局部胀形深度、圆柱体空心毛坯的胀形系数、圆孔翻边系数、最小弯曲半径等都与伸长率有明显的正比关系。

压缩类成形的极限变形参数(如拉深系数等),通常都是受毛坯传力区的承载能力的限制,有时则受变形区或传力区的失稳起皱的限制。

由于两类成形方法的极限变形参数的确定基础不同,所以影响极限变形参数的因素和提高极限变形参数的途径和方法也不一样。

1.3.3 冲压成形中的变形趋向性及其控制

在冲压过程中,成形毛坯的各个部分在同一个模具的使用下,却有可能发生不同形式的变形,即具有不同的变形趋向性。这时候,毛坯的各个部分是否变形和以什么方式变形,以及能不能借助于正确地设计冲压工艺和模具来保证,在进行和完成预期变形的同时,排除其他一切不必要的和有害的变形等,则是获得合格的高质量冲压件的根本保证,也是对冲压过程中变形趋向性及其控制方法进行研究的目的所在。

变形区发生塑性变形所必需的力,是由模具通过传力区获得的。而同一个毛坯的变形区和传力区都是相毗邻的(如图1.3.1所示),所以在变形区与传力区的分界面上作用的内力的性质与大小一定是完全相同的。在同一个内力的作用下,变形区和传力区都有可能产生塑性变形。由于它们可能产生的塑性变形的方式不同,而且也由于变形区和传力区之间的尺寸关系不同,通常总是有一个区需要比较小的塑性变形力,首先进入塑性状态,产生塑性变形。因此,可以认为这个区是相对的弱区。为保证冲压过程的顺利进行,要保证在该道冲压工序中应该变形的部分——变形区成为弱区,以便在把塑性变形局限于变形区的同时,排除在传力区产生任何不必要的塑性变形的可能。根据上述的道理,可以得出一个重要的结论:在冲压过程中,需要最小变形力区是个相对的弱区,而且弱区必先变形,因此变形区应为弱区。

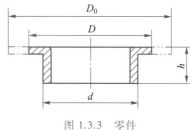

图 1.3.3 零件

在设计工艺过程、选定工艺方案、确定工序和工序间尺寸时,也应遵循"弱区必先变形,变形区应为弱区"的原则。如图1.3.3所示的零件,当$D-d$较大,h较小时,可用带孔的环形毛坯用翻边方法成形;但是当$D-d$较小,h较大时,如用翻边方法成形,则不能保证毛坯外环是需要变形力较大的强区,以及翻边部分是变形力较小的弱区条件。所以在翻边时,毛坯的外径必然收缩,使翻边成形成为不可能实现的工艺方法。在这种情况下,就必须改变原工艺过程为拉深后切底和切外缘的工艺方法,或采用加大外径到D_0(如虚线所示)经翻边成形后再冲切外圆到D的工艺过程。

在实际生产当中,用来控制毛坯的变形趋向性的措施有以下方面。

1. 合理确定毛坯尺寸

变形毛坯各部分的相对尺寸关系,是决定变形趋向性的最为重要的因素,所以在设计工艺过程时,一定要合理地确定初始毛坯的尺寸和中间毛坯的尺寸,保证变形的趋向符合于工艺的要求。如图1.3.4a所示的毛坯,由于其尺寸D_0与d_p的相对关系不同,具有三种可能的变形趋向。因此,应根据冲压件的形状,合理地确定毛坯的尺寸,用以控制变形的趋向,获得所要求的零件形状和尺寸精度。

改变毛坯的尺寸,可得到如图1.3.4所示三种变形中的一种。当D_0/d_p与d_0/d_p都较小时,宽度为D_0-d_p的环形部分成为弱区,于是得到毛坯外径收缩的拉深变形;当D_0/d_p与d_0/d_p都比较大时,宽度为d_p-d_0的环形部分成为弱区,于是得到毛坯内孔扩大的翻边变形;当D_0/d_p很大,而d_0/d_p很小或等于零时(不带内孔的毛坯),虽然毛坯外环的拉深变形与中部的翻边变形的变形阻力增大了,但是毛坯的中部仍是相对的弱区,产生的变形是中部的胀形。胀形时,毛坯的

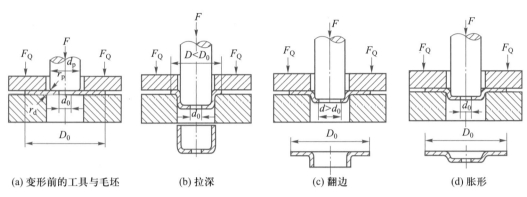

(a) 变形前的工具与毛坯　　(b) 拉深　　　　　(c) 翻边　　　　　(d) 胀形

图 1.3.4　平板环形毛坯的变形趋向

外径尺寸不发生变化,或者变化很小,成形仅靠毛坯厚度的变薄实现。如图 1.3.4 所示毛坯的相对尺寸与变形趋向之间的关系见表 1.3.2。

表 1.3.2　平板环形毛坯的变形趋向

尺寸关系	成形方式(变形趋向)	备注
$D_0/d_p < 1.5 \sim 2$, $d_0/d_p < 0.15$	拉深	
$D_0/d_p > 2.5$, $d_0/d_p > 0.2 \sim 0.3$	翻边	要得到图 1.3.4c 所示的零件,d_0/d_p 的值必须加大,否则内孔会开裂
$D_0/d_p > 2.5$, $d_0/d_p < 0.15$	胀形	$d_0/d_p = 0$ 时,是完全胀形

以变形毛坯尺寸关系对变形趋向性进行控制的实例很多,如图 1.3.5 所示为钢球活座套的冲压工艺过程,共包括落料、拉深、冲孔、翻边等 4 道冲压工序。在第 2 道工序拉深时,毛坯的外缘是弱区,所以塑性变形发生在毛坯的外缘部位,并使其外径由 $\phi59$ 减到 $\phi52$,当冲 $\phi24$ 内孔以后,使毛坯的中间部分由强区变成弱区,并使原来是弱区的外缘部分转变成为相对的强区,其结果变形区由毛坯的外部转移到毛坯的中间部分,从而保证了第 4 道工序内孔翻边变形的进行。

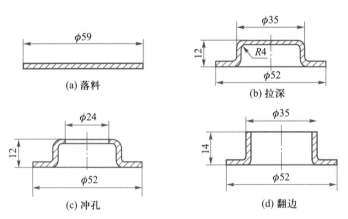

(a) 落料

(b) 拉深

(c) 冲孔

(d) 翻边

图 1.3.5　钢球活座套的冲压工艺过程

2. 正确设计模具工作部分形状和尺寸

改变模具工作部分的几何形状和尺寸也能对毛坯的变形趋向性起控制使用。例如增大凸模

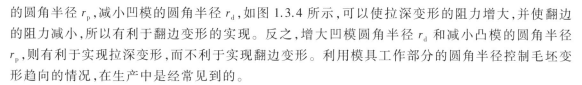

的圆角半径 r_p,减小凹模的圆角半径 r_d,如图 1.3.4 所示,可以使拉深变形的阻力增大,并使翻边的阻力减小,所以有利于翻边变形的实现。反之,增大凹模圆角半径 r_d 和减小凸模的圆角半径 r_p,则有利于实现拉深变形,而不利于实现翻边变形。利用模具工作部分的圆角半径控制毛坯变形趋向的情况,在生产中是经常见到的。

3. 改变毛坯与模具表面的摩擦条件

改变毛坯与模具接触表面之间的摩擦阻力,借以控制毛坯变形的趋向,也是生产中时常采用的一个方法。例如,加大图 1.3.4 中所示的压边力 F_Q 的作用使毛坯和压边圈及凹模面之间的摩擦阻力加大,结果不利于拉深变形,而有利于翻边和胀形变形的实现。反之,增加毛坯与凸模表面的摩擦阻力,减小毛坯与凹模表面的摩擦阻力,都有利于拉深变形。所以,对变形毛坯的润滑以及对润滑部位的选择,也都是对毛坯变形趋向起相当重要作用的因素。如拉深毛坯的单面润滑就是这个道理。

4. 其他工艺措施

采用局部加热或局部深冷的办法,降低变形区的变形抗力或提高传力区的强度,都能达到控制变形趋向性的目的,可使一次成形的极限变形程度加大,提高生产效率。

1.4 板料冲压成形性能及冲压材料

1.4.1 板料的冲压成形性能

板料的冲压成形性能是指板料对各种冲压加工方法的适应能力。如便于加工,容易得到高质量和高精度的冲压件,生产效率高(一次冲压工序的极限变形程度和总的极限变形程度大),模具消耗低,不易产生废品等。板料的冲压成形性能是一个综合性的概念,冲压件能否成形和成形后的质量取决于成形极限(抗破裂性)、贴模性和形状冻结性。

成形极限是指板料成形过程中能达到的最大变形程度。在此变形程度下材料不发生破裂。可以认为,成形极限就是冲压成形时,材料的抗破裂性。板料的冲压成形性能越好,板料的抗破裂性也越好,其成形极限也就越高。

板料的贴模性是指板料在冲压成形过程中取得模具形状的能力。形状冻结性是指零件脱模后保持其在模内获得的形状的能力。影响贴模性的因素很多,成形过程发生的内皱、翘曲、塌陷和鼓起等几何缺陷都会使贴模性降低。影响形状冻结性的最主要因素是回弹,零件脱模后,常因回弹过大而产生较大的形状误差。

材料冲压成形性能中的贴模性和形状冻结性是决定零件形状和尺寸精度的重要因素,而成形极限是材料将开始出现破裂的极限变形程度。破裂后的制件是无法修复使用的。因此生产中以成形极限作为板料冲压成形性能的判定尺度,并用这种尺度的各种物理量作为评定板料冲压成形性能的指标。

1.4.2 板料冲压成形试验方法

板料冲压性能试验方法通常分为三种类型:力学试验、金属学试验(统称间接试验)和工艺试验(直接试验)。其中常用的力学试验有简单拉伸试验和双向拉伸试验,用以测定板料的力学

性能指标,而这些性能与冲压成形性能有着密切的关系;金属学试验用以确定金属材料的硬度、表面粗糙度、化学成分、结晶方位与晶粒度等;工艺试验也称模拟试验,是用模拟生产实际中的某种冲压成形工艺的方法测量出相应的工艺参数,试件的应力状态和变形特点与相应的冲压工艺基本一致,试验结果能反映出金属板料对该种冲压工艺的成形性能。例如,Swift 的拉深试验测出极限拉深比 LDR;TZP 法(拉深力对比试验),测出拉深力的 T 值;艾利克森试验测出极限胀形深度 E_r 值;K.W.I 扩孔试验测出极限扩孔率 λ 等。有关的试验方法参见金属板料试验标准。

1.4.3 金属板料的力学性能与冲压成形性能的关系

金属板料的力学性能是用板料试样做单向拉伸试验得出的,由于试验的目的不同,该方法和材料力学中评审材料强度性能的拉伸试验有所不同。试验方法和步骤按国家标准 GB/T 228.1—2010《金属材料拉伸试验 第 1 部分:室温试验方法》的规定。如图 1.4.1a 所示为标准试样,如图 1.4.1b 所示为拉伸曲线。利用板料试样的单向拉伸试验可以得到与金属板材冲压成形性能相关的试验值。以下仅对其中 6 项力学性能指标进行说明。

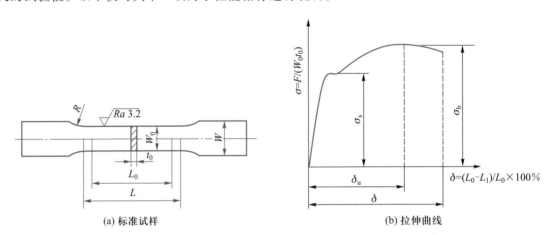

(a) 标准试样   (b) 拉伸曲线

图 1.4.1 拉伸试验用的标准试样和拉伸曲线

1. **屈服极限 σ_s**

试验证明,屈服极限 σ_s 小,材料容易屈服。同时,变形抗力小,成形后回弹小,贴模性和形状冻结性能好。但在压缩类变形时,易起皱。

2. **屈强比 σ_s/σ_b**

屈强比 σ_s/σ_b 对板料冲压成形性能影响较大,σ_s/σ_b 小,板料由屈服到破裂的塑性变形阶段长(变形区间大),有利冲压成形。一般来讲,较小的屈强比对板料的各种成形工艺中的抗破裂性有利。而且成形曲面零件时,容易获得较大的拉应力使成形形状得以稳定(冻结),减少回弹。故较小的屈强比,回弹小,形状的冻结性较好。

3. **总伸长率 δ 与均匀伸长率 δ_u**

δ 是在拉伸试验中试样破坏时的伸长率,称为总伸长率,简称伸长率;δ_u 是在拉伸试验开始产生局部集中变形(刚出现细颈)时的伸长率,称为均匀伸长率,表示材料产生均匀的或稳定的塑性变形的能力。当材料的伸长变形超过材料局部伸长率时,将引起材料的破裂,所以 δ_u 也是一种衡量伸长变形时变形极限的指标。试验证明,伸长率或均匀伸长率是影响翻孔、扩孔成形性能的最主要指标。

4. 硬化指数 n

大多数金属板材的硬化规律接近于幂函数 $\sigma = C\varepsilon^n$ 的关系,式中指数 n 表示其硬化性能。n 值大,材料在变形中加工硬化严重,真实应力增大。在伸长类变形中,n 值大,变形抗力增长大,从而使变形均匀化,具有扩展变形区、减少毛坯局部变薄和增大极限变形参数等作用。尤其是对于复杂形状的曲面零件的拉深成形工艺,当毛坯中间部分的胀形成分较大时,n 值的上述作用对冲压性能的影响更为显著。

5. 板厚方向性系数 γ

板厚方向性系数 γ,也称为 γ 值,是板料试样拉伸试验中宽度应变 ε_b 与厚度应变 ε_t 之比,表达式为:

$$\gamma = \varepsilon_b / \varepsilon_t \tag{1.4.1}$$

γ 值的大小,表明板材在受单向拉应力作用时,板平面方向和厚度方向上的变形难易程度的比较。也就是表明在相同受力条件下,板材厚度方向上的变形性能和板平面方向上的差别。所以叫板厚方向性系数,也叫塑性应变比。$\gamma > 1$ 时,表明板材在厚度方向上的变形比较困难。在拉深成形工序中,加大 γ 值,毛坯宽度方向易于变形,切向易于收缩不易起皱,有利拉深成形。由于板料轧制时的方向性,在板平面各方向的 γ 值是不同的,因此,采用 γ 值应取各方向的平均值,即

$$\bar{\gamma} = (\gamma_0 + \gamma_{45} + \gamma_{90})/4 \tag{1.4.2}$$

式中,γ_0、γ_{90}、γ_{45} 分别为板料在纵向、横向和 45° 方向上的板厚方向性系数。

6. 板平面各向异性系数 $\Delta\gamma$

板料经轧制后,在板平面内也出现各向异性,因此沿各不同方向,其力学性能和物理性能均不同,冲压成形后使其拉深件口部不齐,出现"凸耳"。$\Delta\gamma$ 愈大,"凸耳"愈高,如图 1.4.2 所示。尤其在沿轧制 45° 方向与轧制方向形成的差异更为突出。

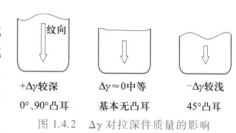

图 1.4.2　$\Delta\gamma$ 对拉深件质量的影响

板平面各向异性系数 $\Delta\gamma$,可用板厚方向性系数 γ 在沿轧制纹向 0° 方向的 γ_0、45° 方向的 γ_{45} 和 90° 方向的 γ_{90}(分别取其试样试验)之平均差别来表示,即

$$\Delta\gamma = (\gamma_0 + \gamma_{90} - 2\gamma_{45})/2 \tag{1.4.3}$$

由于 $\Delta\gamma$ 会增加冲压成形工序(切边工序)和材料的消耗,影响冲件质量,因此生产中应尽量设法降低 $\Delta\gamma$ 值。

1.4.4　常用的冲压材料及其性能

1. 常用的冲压材料

冲压常用材料,多为各种规格的板料、带料等。它们的尺寸规格,均可在有关的标准中查得。在生产中常把板料切成一定尺寸的料带或片料进行冲压加工。在大批生产中,可将带料在滚剪机上剪成所需宽度,用于自动送料的冲压加工。

冷冲压常用材料如下:

(1)黑色金属:普通碳素钢、优质碳素钢、碳素结构钢、合金结构钢、碳素工具钢、不锈钢、硅

钢、电工用纯铁等。

（2）有色金属：紫铜、无氧铜、黄铜、青铜、纯铝、硬铝、防锈铝、银及其合金等。在电子工业中，冲压用的有色金属，还有镁合金、钛合金、钨、钼、钽铌合金、康铜、铁镍软磁合金（坡莫合金）等。

（3）非金属材料：纸板、各种胶合板、塑料、橡胶、纤维板、云母等。

部分常用冲压材料的力学性能见表 1.4.1。

表 1.4.1 部分常用冲压材料的力学性能

材料名称	牌号	材料状态	抗剪强度 τ/MPa	抗拉强度 σ_b/MPa	伸长率 δ_{10}/%	屈服强度 σ_s/MPa
电工用纯铁 C<0.025%	DT1、DT2、DT3	已退火	180	230	26	—
普通碳素钢	Q195	未退火	260～320	320～400	28～33	200
	Q235		310～380	380～470	21～25	240
	Q275		400～500	500～620	15～19	280
优质碳素结构钢	08F	已退火	220～310	280～390	32	180
	08		260～360	330～450	32	200
	10		260～340	300～440	29	210
	20		280～400	360～510	25	250
	45		440～560	550～700	16	360
	65Mn	已退火	600	750	12	400
不锈钢	1Cr13	已退火	320～380	400～470	21	—
	1Cr18Ni9Ti	热处理退软	430～550	540～700	40	200
铝	L2、L3、L5	已退火	80	75～110	25	50～80
		冷作硬化	100	120～150	4	—
铝锰合金	LF21	已退火	70～110	110～145	19	50
硬铝	LY12	已退火	105～150	150～215	12	—
		淬硬后冷作硬化	280～320	400～600	10	340
纯铜	T1、T2、T3	软态	160	200	30	7
		硬态	240	300	3	—
黄铜	H62	软态	260	300	35	—
		半硬态	300	380	20	200
	H68	软态	240	300	40	100
		半硬态	280	350	25	—

2. 冲压用新材料及其性能

汽车、电子、家用电器及日用五金等工业的发展，极大地推动着现代金属薄板的制造生产，许多具有不同特性的冲压用板材不断出现。当代材料科学的发展，已经能够根据使用与制造的要求，设计并制造出新型材料。因此，很多冲压用的新型板材便应运而生。例如高强度钢板、耐腐蚀钢板、双相钢板、涂层钢板及复合板等。新型冲压板材的发展趋势见表 1.4.2。

表 1.4.2　新型冲压板材的发展趋势

内容	发展趋势	效果与目的
厚度	由厚到薄	产品轻型化、节能和降低成本
强度	由低到高	产品轻型化、提高强度
组织	由单相到双相、加磷、加钛	提高强度、伸长率和冲压性能
板层	由单层到涂层、叠合、复合层、夹层	耐腐蚀、外表外观好、冲压性能提高、抗振动、减噪声
功能	由单一到多个，由一般到特殊	实现新功能

（1）高强度钢板：高强度钢板是指对普通钢板加以强化处理而得到的钢板。通常采用的金属强化原理有：固溶强化、析出强化、细晶强化、组织强化（相态强化及复合组织强化）、时效强化、加工强化等。其中前 5 种通过添加合金成分和热处理工艺来控制板材性质。高强度钢板的高强度有两方面的含义：

① 屈服点高。屈服强度 σ_s 为 270~310 MPa，比一般镇静钢的屈服极限要高 50%~100%。

② 抗拉强度高。一般抗拉强度 σ_b>400 MPa，目前用于汽车零件的高强度钢板的抗拉强度可达 600~800 MPa，而对应的普通冷轧软钢板的抗拉强度只有 300 MPa。

应用高强度钢板，能减薄料厚，减轻冲压件的重量，节省能源和降低冲压产品成本。

由于高强度钢板的强化机制常常在一定程度上要影响其他的成形性能，如伸长率降低、回弹大、成形力增高、厚度减薄后抗凹陷能力降低等。因此，应开发先进的板料成形技术，以适应不同冲压成形（不同冲压件）要求的高强度钢板品种。

（2）耐腐蚀钢板：开发新的耐腐蚀钢板的主要目的是增强普通钢板冲压件的耐腐蚀能力。可分为两类：一类是加入新元素的耐腐蚀钢板，如耐大气腐蚀钢板等。我国研制的耐大气腐蚀钢板中，有 10CuPCrNi（冷轧）和 9CuPCrNi（热轧），其耐蚀性与普通碳素钢板相比可提高 3~5 倍；另一类耐腐蚀钢板是涂覆各种镀层的钢板，如镀铝钢板、镀锌铝钢板以及镀锡钢板等。

拓展知识
冲压用新材料及其性能

（3）更多拓展知识扫描二维码进行阅读。

习题与思考题

1.1　弹性变形与塑性变形有什么不同？简述塑性变形的机理。

1.2　当 σ_1>σ_2>σ_3>0 时，利用全量理论和体积不变定律分析以下两种情况：

（1）σ_1 方向上的变形是什么变形？σ_3 方向上的变形是什么变形？

（2）每个主应力方向与所对应的主应变方向是否一定一致？

1.3　扼要说明变形温度和变形速度对塑性和变形抗力的影响。

1.4　什么是主应力状态图、主应变状态图？主应力状态图有何作用？

1.5　材料的哪些力学性能对伸长类变形有很大影响？哪些对压缩类变形有很大影响？为什么？

1.6　什么是科学精神？我们在学习过程中如何培养和弘扬科学精神？

第2章
冲裁工艺和冲裁模设计

学习目标

通过本章的学习和配套的实验、实践环节,培养学生精益求精的科学探索精神以及工程实践意识;养成认真负责的工作态度,增强责任感,培养团队协同、开拓创新意识;了解冲裁变形机理,掌握冲裁件冲压工艺分析。能正确计算冲裁凸模和凹模的刃口尺寸,选择合理的冲裁间隙,确定冲压设备的吨位。能设计出满足冲裁技术经济性的合理冲裁排样工艺方案。

熟悉冲裁模分类及其典型结构特点,能在模具设计中正确选用定位、导向元件、压料卸料装置、推件装置;正确设计冲裁模及主要零部件结构。熟悉国家标准,并能根据设计要求合理选择模具标准件。熟悉不同模具零件材料的选用及模具零件主要的技术要求。

了解精密冲裁的应用和模具结构特点。

冲裁是利用模具使板料沿着一定的轮廓形状产生分离的一种冲压工序。根据变形机理的差异,冲裁可分为普通冲裁和精密冲裁。通常所说的冲裁是指普通冲裁,包括落料、冲孔、切口、剖切、修边等。冲裁所使用的模具称为冲裁模,如落料模、冲孔模、切边模、剖切模等。冲裁工艺与冲裁模在生产中使用广泛,可为弯曲、拉深、成形、冷挤压等工序准备毛坯,也可直接制作零件。如图2.0.1所示的是单工序冲裁模典型结构图,图中还标注出了模具在冲床上安装时的部分参数及模具闭合高度的参考尺寸。

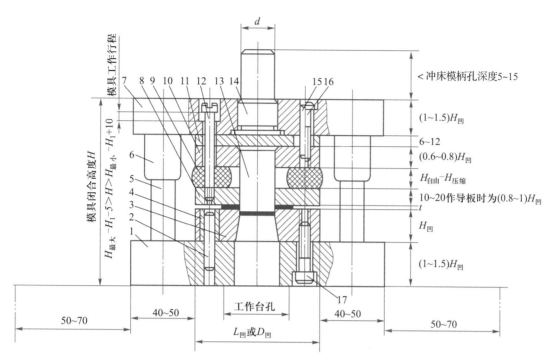

图 2.0.1　单工序冲裁模典型结构图

1—下模座；2、15—销钉；3—凹模；4—销钉套；5—导柱；6—导套；7—上模座；8—弹压卸料板；
9—橡胶；10—凸模固定板；11—垫板；12—弹压卸料螺钉；13—凸模；14—模柄；16、17—螺钉

2.1 冲裁变形分析

冲裁变形分析,对了解冲裁变形机理和变形过程,掌握冲裁时作用于板材上的力态,应用冲裁工艺,正确设计模具,控制冲裁件质量有着重要意义。

2.1.1 冲裁变形时板料变形区力态分析

如图 2.1.1 所示冲裁时作用于板料上的力,当凸模下降至与板料接触时,板料受到凸模、凹模端面的作用力。由于凸模、凹模之间存在冲裁间隙,使凸模、凹模施加于板料的力产生一个力矩 M,其值等于凸模、凹模作用的合力与稍大于间隙的力臂 a 的乘积。在无压料板压紧装置冲裁时,力矩使材料产生弯曲,故模具与板料仅在刃口附近的狭小区域内保持接触,接触宽度约为板厚的 $0.2 \sim 0.4$ 倍。并且,凸模、凹模作用于板料垂直压力呈不均匀分布,随着向模具刃口靠近而急剧增大。

图 2.1.1 中:

F_{P1}、F_{P2} 分别为凸模、凹模对板料的垂直作用力;

F_1、F_2 分别为凸模、凹模对板料的侧压力;

μF_{P1}、μF_{P2} 分别为凸模、凹模端面与板料间摩擦力,其方向与间隙大小有关,但一般指向模具刃口;

μF_1、μF_2 分别为凸模、凹模侧面与板料间的摩擦力。

冲裁时,由于板料弯曲的影响,其变形区的应力状态是复杂的,且与变形过程有关。对于无压料板压紧材料的冲裁,其变形区应力状态如图 2.1.2 所示。

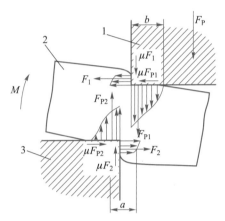 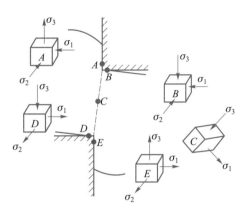

图 2.1.1　冲裁时作用于板料上的力　　　　　图 2.1.2　冲裁时板料的变形区应力状态
1—凸模;2—板料;3—凹模

图 2.1.2 中:

A 点(凸模侧面):凸模下压引起轴向拉应力 σ_3,板料弯曲与凸模侧压力引起径向压应力 σ_1,而切向应力 σ_2 为板料弯曲引起的压应力与侧压力引起的拉应力的合成应力。

B 点(凸模端面):凸模下压及板料弯曲引起的三向压缩应力。

C 点(断裂区中部):沿径向为拉应力 σ_1,垂直于板平面方向为压应力 σ_3。

D 点(凹模端面):凹模挤压板料产生轴向压应力 σ_3,板料弯曲引起径向拉应力 σ_1 和切向拉应力 σ_2。

E 点(凹模侧面):凸模下压引起轴向拉应力 σ_3,由板料弯曲引起的拉应力与凹模侧压力引起压应力合成产生应力 σ_1 与 σ_2,该合成应力可能是拉应力,也可能是压应力,与间隙大小有关。一般情况下,该处以拉应力为主。

2.1.2　冲裁时板料的变形过程

冲裁是分离变形的冲压工序。当凸模、凹模之间的设计间隙合理时,工件受力后必然从弹性变形开始,进入塑性变形,最后以断裂分离告终,冲裁变形过程如图 2.1.3 所示。

1. 弹性变形阶段

由于凸模加压于板料,使板料产生弹性压缩、弯曲和拉伸($AB' > AB$)等变形,板料底面相应部分材料略挤入凹模洞口内。此时,凸模下的板料略有拱弯(锅底形),凹模上的板料略有上翘。间隙越大,拱弯和上翘越严重。在这一阶段中,若板料内部的应力没有超过弹性极限时,当凸模卸载后,板料立即恢复原状。

2. 塑性变形阶段

当凸模继续压入,板料内的应力达到屈服极限时,板料开始产生塑性剪切变形。凸模切入板料并将下部板料挤入凹模孔内,形成光亮的剪切断面。同时,因凸模、凹模间存在间隙,故伴随着弯曲与拉伸变形(间隙愈大,变形亦愈大)。随着凸模的不断压入,材料的变形程度便不断增加,

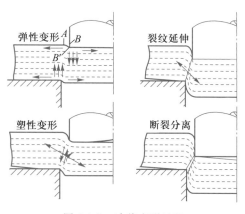

动画
冲裁变形
过程

图 2.1.3 冲裁变形过程

同时硬化加剧,变形抗力也不断上升,最后在凸模和凹模的刃口附近,达到极限应变与应力值时,材料就产生微小裂纹,这就意味着破坏开始,塑性变形结束。

3. 断裂分离阶段

裂纹产生后,此时凸模仍然不断地压入材料,已形成的微裂纹沿最大切应变速度方向向材料内延伸,向楔形那样发展,若间隙合理,则上下裂纹相遇重合,板料就被拉断分离。由于拉断的结果,断面上形成一个粗糙的区域。当凸模再下行,凸模将冲落部分全部挤入凹模洞口,冲裁过程到此结束。

如图 2.1.4 所示为冲裁时冲裁力与凸模行程曲线。图中 OA 段相当于冲裁的弹性变形阶段,凸模接触材料后,载荷急剧上升,当凸模刃口一旦挤入材料,即进入塑性变形阶段后,载荷的上升就缓慢下来,如 AB 段所示。虽然由于凸模挤入材料使承受冲裁力的材料面积减小,但只要材料加工硬化的影响超过受剪面积减小的影响,冲裁力就继续上升,当两者达到相等影响的瞬间,冲裁力达最大值,即图中的 B 点。此后,受剪面积减少的影响超过了加工硬化的影响,于是冲裁力下降。凸模继续下压,材料内部的微裂纹迅速扩张,冲裁力急剧下降,如图 BC 段所示,此为冲裁的断裂阶段。

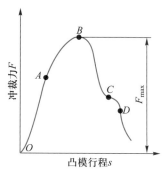

图 2.1.4 冲裁时冲裁力与凸模行程曲线

2.1.3 冲裁件断面质量及其影响因素

1. 断面特征

冲裁件的断面特征如图 2.1.5 所示。它由圆角带、光亮带、断裂带和毛刺 4 个特征区组成。

(1)圆角带:该区域的形成主要是当凸模刃口刚压入板料时,刃口附近的材料产生弯曲和伸长变形,材料被带进模具间隙的结果。

(2)光亮带:该区域发生在塑性变形阶段,当刃口切入金属板料后,板料与模具侧面挤压而形成的光亮垂直的断面,通常占全断面的 1/3～1/2。

(3)断裂带:该区域在断裂阶段形成,是由于刃口处产生的微裂纹在拉应力的作用下,不断扩展而形成的撕裂面。其断面粗糙,具有金属本色,且带有斜度。

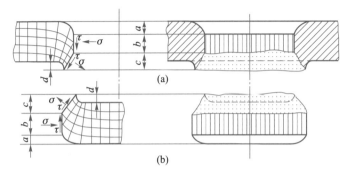

图 2.1.5　冲裁件的断面特征

a—圆角带；b—光亮带；c—断裂带；d—毛刺

（4）毛刺：毛刺的形成是由于在塑性变形阶段后期，凸模和凹模的刃口切入被加工板料一定深度时，刃口正面材料被压缩，刃尖部分处于高静水压应力状态，使微裂纹的起点不会在刃尖处发生，而是在模具侧面距刃尖不远的地方发生，在拉应力的作用下，裂纹加长，材料断裂而产生毛刺。在普通冲裁中毛刺是不可避免的。

在 4 个特征区中，光亮带剪切面的质量最佳。各个部分在整个断面上所占的比例，随材料的性能、厚度、模具冲裁间隙、刃口状态及摩擦等条件的不同而变化。

2. 材料的性能对断面质量的影响

对于塑性较好的材料，冲裁时裂纹出现得较迟，因而材料剪切的深度较大，所以得到的光亮带所占比例大，圆角和穿弯较大，断裂带较窄。而塑性差的材料，当剪切开始不久材料便被拉裂，光亮带所占比例小，圆角小，穿弯小，大部分是带有斜度的粗糙断裂带。

3. 模具冲裁间隙大小对断面质量的影响

冲裁单面间隙是指凸模和凹模刃口横向尺寸的差值的一半，常称冲裁间隙，用 c 表示。间隙值的大小，影响冲裁时上、下形成的裂纹会合；影响变形应力的性质和大小。

当间隙过小时，如图 2.1.6a 所示，上、下裂纹互不重合。两裂纹之间的材料，随着冲裁的进行将被第二次剪切，在断面上形成第二光亮带，该光亮带中部有残留的断裂带（夹层）。小间隙会使应力状态中的拉应力成分减小，挤压力作用增大，使材料塑性得到充分发挥，裂纹的产生受到抑制而推迟。所以，光亮带宽度增加，圆角、毛刺、斜度翘曲、拱弯等弊病都有所减小，工件质量较好，但断面的质量也有缺陷，像中部的夹层等。

当间隙过大时，如图 2.1.6b 所示，上、下裂纹仍然不重合。因变形材料应力状态中的拉应力成分增大，材料的弯曲和拉伸也增大，材料容易产生微裂纹，使塑性变形较早结束。所以，光亮带变窄，断裂带、圆角带增宽，毛刺和斜度较大，拱弯翘曲现象显著，冲裁件质量下降。并且拉裂产生的斜度增大，断面出现两个斜度，断面质量也不理想。

当间隙适中时，上、下裂纹会合成一条线。尽管断面有斜度，但断面较平直，圆角和毛刺均不大，有较好的综合断面质量。这种间隙是设计选用的合理间隙，如图 2.1.6c 所示。

当模具间隙不均匀时，冲裁件会出现部分间隙过大，部分间隙过小的断面情况。这对冲裁件断面质量也是有影响的，要求模具制造和安装时必须保持间隙均匀。

4. 模具刃口状态对断面质量的影响

刃口状态对冲裁断面质量有较大影响。当模具刃口磨损成圆角时，挤压作用增大，则冲裁件

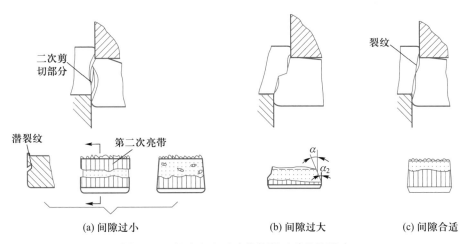

(a) 间隙过小　　　　　　　　　(b) 间隙过大　　　　　　　　(c) 间隙合适

图 2.1.6　间隙大小对冲裁件断面质量的影响

圆角和光亮带增大。钝的刃口,即使间隙选择合理,也会在冲裁件上产生较大毛刺。凸模钝时,落料件产生毛刺;凹模钝时,冲孔件产生毛刺,如图 2.1.7 所示。

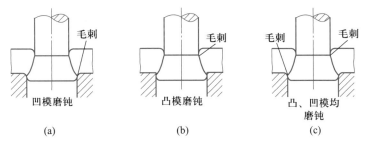

(a)　　　　　　　　　　(b)　　　　　　　　　　(c)

图 2.1.7　模具刃口状态对断面质量的影响

2.2　冲裁模具的间隙

从上述的分析可知,冲裁凸模和凹模间的间隙,对冲裁件断面质量有极其重要的影响。此外,冲裁间隙还影响着模具寿命、卸料力、推件力、冲裁力和冲裁件的尺寸精度。因此,冲裁间隙是冲裁工艺与冲裁模设计的一个非常重要的工艺参数。

2.2.1　间隙对冲裁件尺寸精度的影响

冲裁件的尺寸精度是指冲裁件的实际尺寸与基本尺寸的差值,差值越小,则精度越高。这个差值包括两方面的偏差,一是冲裁件相对于凸模或凹模尺寸的偏差,二是模具本身的制造偏差。

冲裁件相对于凸模、凹模尺寸的偏差,主要是制件从凹模推出(落料件)或从凸模上卸下(冲孔件)时,因材料所受的挤压变形、纤维伸长、穿弯等产生弹性恢复而造成的。偏差值可能是正的,也可能是负的。影响偏差值的因素有:凸模与凹模间隙、材料性质、工件形状与尺寸。其中主要因素是凸模、凹模间的间隙值。当凸、凹模间隙较大时,材料所受拉伸作用增大,冲裁结束后,因材料的弹性恢复使冲裁件尺寸向实体方向收缩,落料件尺寸小于凹模尺寸,冲孔孔径大于凸模直径,如图 2.2.1 所示。图中曲线与 $\delta=0$ 的横轴交点表明制件尺寸与模具尺寸完全一样。当间隙较小时,由于材料受凸、凹模挤压力大,故冲裁完后,材料的弹性恢复使落料件尺寸增大,冲孔孔径变小。尺寸变化量的大小与材料性质、厚度、轧制方向等因素有关。材料性质直接决定了材料在冲裁过程中的弹性变形量。软钢的弹性变形量较小,冲裁后的弹性恢复量也就小;相反,硬钢的弹性恢复量较大。

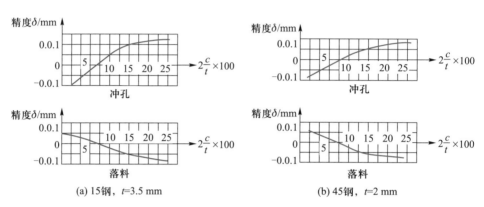

图 2.2.1 间隙对冲裁件尺寸精度的影响

上述因素的影响是在一定的模具制造精度前提下讨论的。若模具刃口制造精度低,则冲裁件的制造精度也就无法保证。所以,凸、凹模刃口的制造公差一定要按工件的尺寸要求来决定。此外,模具的结构形式及定位方式对孔的定位尺寸精度也有较大的影响,这将在模具结构中阐述。模具精度与冲裁件精度的关系见表 2.2.1。

表 2.2.1 模具精度与冲裁件精度的关系

冲模制造精度	材料厚度 t/mm										
	0.5	0.8	1	1.6	2	3	4	5	6	8	10
IT6~IT7	IT8	IT8	IT9	IT10	IT10						
IT7~IT8		IT9	IT10	IT10	IT12	IT12	IT12				
IT9				IT12	IT12	IT12	IT12	IT12	IT14	IT14	IT14

2.2.2 间隙对模具寿命的影响

模具寿命受各种因素的综合影响。间隙是影响模具寿命诸因素中最主要的因素之一。冲裁过程中,凸模与被冲的孔之间,凹模与落料件之间均有摩擦,而且间隙越小,模具作用的压应力越大,摩擦也越严重。所以过小的间隙对模具寿命极为不利。而较大的间隙可使凸模侧面与材料间的摩擦减小,并减缓由于受到制造和装配精度限制而出现的间隙不均匀现象的不利影响,从而提高模具寿命。

2.2.3 间隙对冲裁工艺力的影响

随着间隙的增大,材料所受的拉应力增大,材料容易断裂分离,因此冲裁力减小。通常冲裁力的降低并不显著,当单边间隙在材料厚度的 5% ~ 20% 时,冲裁力的降低不超过 5% ~ 10%。间隙对卸料力、推件力的影响比较显著。间隙增大后,从凸模上卸料和从凹模里推出零件都省力,当单边间隙达到材料厚度的 15% ~ 25% 时卸料力几乎为零。但间隙继续增大,因为毛刺增大,又将引起卸料力、顶件力迅速增大。

2.2.4 间隙值的确定

由以上分析可见,凸模、凹模间间隙对冲裁件质量、冲裁工艺力、模具寿命都有很大的影响。因此,设计模具时一定要选择一个合理的间隙,以保证冲裁件的断面质量、尺寸精度满足产品的要求、所需冲裁力小、模具寿命高。但分别从质量、冲裁力、模具寿命等方面的要求确定的合理间隙并不是同一个数值,只是彼此接近。考虑到模具制造中的偏差及使用中的磨损,生产中通常选择一个适当的范围作为合理间隙,只要间隙在这个范围内,就可冲出良好的制件,这个范围的最小值称为最小合理间隙 $c_{\min}$,最大值称为最大合理间隙 $c_{\max}$。考虑到模具在使用过程中的磨损使间隙增大,故设计与制造新模具时要采用最小合理间隙值 $c_{\min}$。确定合理间隙的方法有理论确定法与经验确定法。

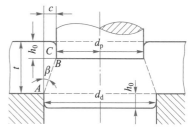

图 2.2.2　冲裁过程中产生裂纹的瞬时状态

1. 理论确定法

理论确定法的主要依据是保证上下裂纹会合,以便获得良好的断面。如图 2.2.2 所示为冲裁过程中产生裂纹的瞬时状态。根据图中三角形 ABC 的关系可求得间隙值 c 为:

$$c = (t - h_0)\tan\beta = t\left(1 - \frac{h_0}{t}\right)\tan\beta \qquad (2.2.1)$$

式中,h_0 为凸模切入深度;β 为最大切应力方向与垂线方向的夹角。

从式(2.2.1)看出,间隙 c 与材料厚度 t、相对切入深度 h_0/t 以及裂纹方向角 β 有关。而 h_0、β 又与材料性质有关。材料越硬,h_0/t 越小。因此影响间隙值的主要因素是材料性质和厚度。材料越硬越厚,所需合理间隙值越大。常用冲压材料的 h_0/t 与 β 的近似值见表 2.2.2。理论计算方法在生产中使用不方便,故目前间隙值的确定广泛使用的是经验公式与图表。

表 2.2.2　常用冲压材料的 h_0/t 与 β 的近似值

材料	h_0/t		β	
	退火	硬化	退火	硬化
软钢、紫铜、软黄铜	0.50	0.25	6°	5°
中硬钢、硬黄铜	0.30	0.20	5°	4°
硬钢、硬黄铜	0.20	0.10	4°	4°

2. 经验确定法

根据多年来的研究与使用经验,在确定间隙值时要按要求分类选用。对尺寸精度、断面垂直度要求高的制件应选用较小间隙值,对断面垂直度与尺寸精度要求不高的制件,应以降低冲裁力、提高模具寿命为主,可用较大间隙值。其值可按下列经验公式和实用间隙表选用:

软材料：$t < 1\,\text{mm}$，　　$c = (3\% \sim 4\%)t$

　　　　　$t = 1 \sim 3\,\text{mm}$，$c = (5\% \sim 8\%)t$

　　　　　$t = 3 \sim 5\,\text{mm}$，$c = (8\% \sim 10\%)t$

硬材料：$t < 1\,\text{mm}$，　　$c = (4\% \sim 5\%)t$

　　　　　$t = 1 \sim 3\,\text{mm}$，$c = (6\% \sim 8\%)t$

　　　　　$t = 3 \sim 8\,\text{mm}$，$c = (8\% \sim 13\%)t$

表 2.2.3 和表 2.2.4 是汽车、装备制造业与电子信息、仪器仪表行业冲裁模初始用间隙值。

表 2.2.3　冲裁模初始用间隙值 $2c$（汽车、装备制造业）　　　　　　　mm

材料厚度	08 钢、10 钢、35 钢、09Mn、Q235		16Mn		40 钢、50 钢		65Mn	
	$2c_{min}$	$2c_{max}$	$2c_{min}$	$2c_{max}$	$2c_{min}$	$2c_{max}$	$2c_{min}$	$2c_{max}$
小于 0.5	极小间隙							
0.5	0.040	0.060	0.040	0.060	0.040	0.060	0.040	0.060
0.6	0.048	0.072	0.048	0.072	0.048	0.072	0.048	0.072
0.7	0.064	0.092	0.064	0.092	0.064	0.092	0.064	0.092
0.8	0.072	0.104	0.072	0.104	0.072	0.104	0.064	0.092
0.9	0.090	0.126	0.090	0.126	0.090	0.126	0.090	0.126
1.0	0.100	0.140	0.100	0.140	0.100	0.140	0.090	0.126
1.2	0.126	0.180	0.132	0.180	0.132	0.180		
1.5	0.132	0.240	0.170	0.240	0.170	0.230		
1.75	0.220	0.320	0.220	0.320	0.220	0.320		
2.0	0.246	0.360	0.260	0.380	0.260	0.380		
2.1	0.260	0.380	0.280	0.400	0.280	0.400		
2.5	0.360	0.500	0.380	0.540	0.380	0.540		
2.75	0.400	0.560	0.420	0.600	0.420	0.600		
3.0	0.460	0.640	0.480	0.660	0.480	0.660		
3.5	0.540	0.740	0.580	0.780	0.580	0.780		
4.0	0.640	0.880	0.680	0.920	0.680	0.920		
4.5	0.720	1.000	0.680	0.960	0.780	1.040		
5.5	0.940	1.280	0.780	1.100	0.980	1.320		
6.0	1.080	1.440	0.840	1.200	1.140	1.500		
6.5			0.940	1.300				
8.0			1.200	1.680				

注：冲裁皮革、石棉和纸板时，间隙取 08 钢的 25%。

表 2.2.4　冲裁模初始用间隙值 $2c$（电子信息、仪器仪表行业）　　　　　　　　mm

材料名称		45 钢 T7、T8（退火） 65Mm（退火） 磷青铜（硬） 铍青铜（硬）		10、15、20、30 钢板、冷轧钢带 H62、H65（硬） LY12 硅钢片		Q215、Q235 钢板 08、10、15 钢板 H62、H68（半硬） 磷青铜（软） 铍青铜（软）		H62、H68（软） 紫铜（软） L21～LF2 硬铝 LY12（退火）	
力学性能	HBS	≥ 190		$140 \sim 190$		$70 \sim 140$		≤ 70	
	σ_b/MPa	≥ 600		$400 \sim 600$		$300 \sim 400$		≤ 300	
厚度 t		$2c_{min}$	$2c_{max}$	$2c_{min}$	$2c_{max}$	$2c_{min}$	$2c_{max}$	$2c_{min}$	$2c_{max}$
0.3		0.04	0.06	0.03	0.05	0.02	0.04	0.01	0.03
0.5		0.08	0.10	0.06	0.08	0.04	0.06	0.025	0.045
0.8		0.12	0.16	0.10	0.13	0.07	0.10	0.045	0.075
1.0		0.17	0.20	0.13	0.16	0.10	0.13	0.065	0.095
1.2		0.21	0.24	0.16	0.19	0.13	0.16	0.075	0.105
1.5		0.27	0.31	0.21	0.25	0.15	0.19	0.10	0.14
1.8		0.34	0.38	0.27	0.31	0.20	0.24	0.13	0.17
2.0		0.38	0.42	0.30	0.34	0.22	0.26	0.14	0.18
2.5		0.49	0.55	0.39	0.45	0.29	0.35	0.18	0.24
3.0		0.62	0.65	0.49	0.55	0.36	0.42	0.23	0.29
3.5		0.73	0.81	0.58	0.66	0.43	0.51	0.27	0.35
4.0		0.86	0.94	0.68	0.76	0.50	0.58	0.32	0.40
4.5		1.00	1.08	0.78	0.86	0.58	0.66	0.37	0.45
5.0		1.13	1.23	0.90	1.00	0.65	0.75	0.42	0.52
6.0		1.40	1.50	1.00	1.20	0.82	0.92	0.53	0.63
8.0		2.00	2.12	1.60	1.72	1.17	1.29	0.76	0.88

2.3　凸模与凹模刃口尺寸的计算

2.3.1　冲裁模刃口尺寸计算的基本原则

冲裁件的尺寸及尺寸精度主要决定于模具刃口的尺寸及尺寸精度，模具的合理间隙值也要靠模具刃口尺寸及制造精度来保证。正确确定模具刃口尺寸及其制造公差，是设计冲裁模的主要任务之一。从生产实践中可以发现：

（1）由于凸模、凹模之间存在间隙，使落下的料或冲出的孔都带有锥度，且落料件的锥度大端尺寸等于凹模尺寸,冲孔件的锥度小端尺寸等于凸模尺寸。

（2）在测量与使用中,落料件是以大端尺寸为基准,冲孔孔径是以小端尺寸为基准。

（3）冲裁时,凸模、凹模要与冲裁件或废料发生摩擦,凸模愈磨越小,凹模越磨越大,结果使间隙越来越大。

由此在决定模具刃口尺寸及其制造公差时需考虑下述原则:

（1）落料件尺寸由凹模尺寸决定,冲孔时孔的尺寸由凸模尺寸决定。故设计落料模时,以凹模为基准,间隙取在凸模上;设计冲孔模时,以凸模为基准,间隙取在凹模上。

（2）考虑到冲裁中凸模、凹模的磨损,设计落料模时,凹模基本尺寸应取尺寸公差范围的较小尺寸;设计冲孔模时,凸模基本尺寸则应取工件孔尺寸公差范围内的较大尺寸。这样,在凸模、凹模磨损到一定程度的情况下,仍能冲出合格制件。凸模、凹模间隙则取最小合理间隙值。

（3）确定冲模刃口制造公差时,应考虑制件的公差要求。如果对刃口精度要求过高（即制造公差过小）,会使模具制造困难,增加成本,延长生产周期;如果对刃口精度要求过低（即制造公差过大）,则生产出来的制件可能不合格,会使模具的寿命降低。制件精度与模具制造精度的关系见表 2.2.1。若制件没有标注公差,则对于非圆形件按国家标准"非配合尺寸的公差数值"IT14级处理,冲模则可按 IT11 级制造;对于圆形件,一般可按 IT7~IT6 级制造模具。冲压件的尺寸公差应按入体原则标注,落料件上偏差为零,下偏差为负;冲孔件下偏差为零,上偏差为正。

2.3.2　刃口尺寸的计算方法

由于模具加工方法不同,凸模与凹模刃口部分尺寸的计算公式与制造公差的标注也不同,刃口尺寸的计算方法可分为两种情况。

1. 凸模与凹模分别加工计算模具刃口尺寸

采用这种方法,是指凸模和凹模分别按图纸标注的尺寸和公差进行加工。冲裁间隙由凸模、凹模刃口尺寸和公差来保证。要分别标注凸模和凹模刃口尺寸与制造公差（凸模 δ_p、凹模 δ_d）,优点是具有互换性,但受到冲裁间隙的限制,适用于圆形或简单形状的冲压件。从如图 2.3.1 所示的冲压件与凸、凹模刃口尺寸及公差的分布状态可以看出,要保证初始间隙值小于最大合理间隙 $2c_{max}$,必须满足下列条件:

$$|\delta_p| + |\delta_d| \leqslant 2c_{max} - 2c_{min}$$

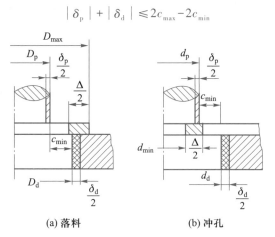

(a) 落料　　　　　　(b) 冲孔

图 2.3.1　冲压件与凸、凹模刃口尺寸及公差

也就是说,新制造的模具应该是 $|\delta_p| + |\delta_d| + 2c_{min} \leqslant 2c_{max}$;否则,制造的模具间隙已超过允许变动范围 $2c_{min} \sim 2c_{max}$,影响模具的使用寿命。

若 $|\delta_p| + |\delta_d| > 2c_{max} - 2c_{min}$,可取 $\delta_p = 0.4 \times (2c_{max} - 2c_{min})$、$\delta_d = 0.6 \times (2c_{max} - 2c_{min})$ 作为模具的凸模、凹模的制造偏差。

1) 落料

设工件的尺寸为 $D_{-\Delta}^{\;0}$,根据计算原则,落料时以凹模为设计基准。首先确定凹模尺寸,使凹模基本尺寸接近或等于制件轮廓的最小极限尺寸,再减小凸模尺寸以保证最小合理间隙值 $2c_{min}$。各尺寸分配位置如图 2.3.1a 所示。凹模制造偏差取正偏差,凸模偏差取负偏差,其计算公式如下:

$$D_d = (D_{max} - x\Delta)_{0}^{+\delta_d} \tag{2.3.1}$$

$$D_p = (D_d - 2c_{min})_{-\delta_p}^{0} = (D_{max} - x\Delta - 2c_{min})_{-\delta_p}^{0} \tag{2.3.2}$$

2) 冲孔

设冲孔尺寸为 $d_{\;0}^{+\Delta}$,根据以上原则,冲孔时以凸模设计为基准。首先确定凸模刃口尺寸,使凸模基本尺寸接近或等于工件孔的最大极限尺寸,再增大凹模尺寸以保证最小合理间隙 $2c_{min}$。各部分尺寸分配位置如图 2.3.1b 所示,凸模制造偏差取负偏差,凹模取正偏差。其计算公式如下:

$$d_p = (d_{min} + x\Delta)_{-\delta_p}^{0} \tag{2.3.3}$$

$$d_d = (d_p + 2c_{min})_{0}^{+\delta_d} = (d_{min} + x\Delta + 2c_{min})_{0}^{+\delta_d} \tag{2.3.4}$$

在同一工步中冲出制件两个以上孔时,凹模型孔中心距 L_d 按下式确定:

$$L_d = (L_{min} + 0.5\Delta) \pm 0.125\Delta \tag{2.3.5}$$

式中,D_d 为落料凹模基本尺寸,mm;D_p 为落料凸模基本尺寸,mm;D_{max} 为落料件最大极限尺寸,mm;d_d 为冲孔凹模基本尺寸,mm;d_p 为冲孔凸模基本尺寸,mm;d_{min} 为冲孔件孔的最小极限尺寸,mm;L_d 为同一工步中凹模孔距基本尺寸,mm;L_{min} 为制件孔距最小极限尺寸,mm;Δ 为制件公差,mm;$2c_{min}$ 为凸模、凹模最小初始双面间隙,mm;δ_p 为凸模下偏差,可按 IT6 选用,mm;δ_d 为凹模上偏差,可按 IT7 选用,mm;x 为系数,其作用是为了使冲裁件的实际尺寸尽量接近冲裁件公差带的中间尺寸,与工件制造精度有关,按下列关系取值,也可查表 2.3.1。

当制件公差为 IT10 以上,取 $x = 1$;当制件公差为 IT11 ~ IT13,取 $x = 0.75$;当制件公差为 IT14 以下时,取 $x = 0.5$。

表 2.3.1 系 数 x

材料厚度 t/mm	非圆形			圆形	
	1	0.75	0.5	0.75	0.5
	工件公差 Δ				
<1	≤0.16	0.17 ~ 0.35	≥0.36	<0.16	≥0.16
1 ~ 2	≤0.20	0.21 ~ 0.41	≥0.42	<0.20	≥0.20
2 ~ 4	≤0.24	0.25 ~ 0.44	≥0.50	<0.24	≥0.24
>4	≤0.30	0.31 ~ 0.59	≥0.60	<0.30	≥0.30

例 2.3.1 如图 2.3.2 所示零件,其材料为 Q235,料厚 $t = 0.5$ mm。试求凸模、凹模刃口尺寸及公差。

解：由图可知，该零件属于无特殊要求的一般冲裁件。$\phi 36$ 由落料获得，$2\times\phi 6$ 及尺寸 18 由冲两孔同时获得。查表 2.2.3，$2c_{min}=0.04$ mm，$2c_{max}=0.06$ mm，则

$$2c_{max}-2c_{min}=0.06 \text{ mm}-0.04 \text{ mm}=0.02 \text{ mm}$$

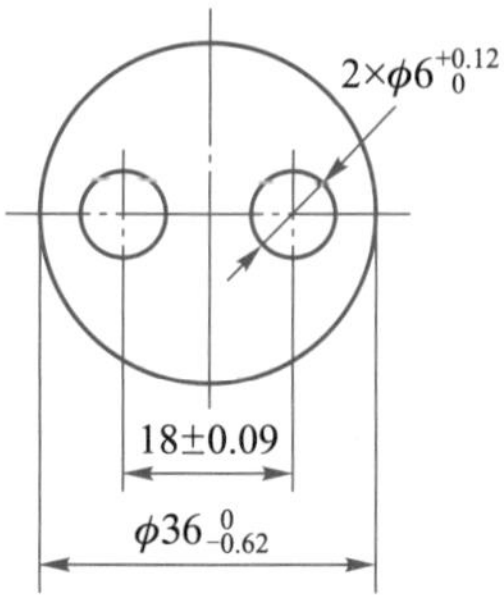

由公差表查得，$\phi 6^{+0.12}$ 为 IT12 级，取 $x=0.75$；$\phi 36_{-0.62}$ 为 IT14 级，取 $x=0.5$。

设凸模、凹模分别按 IT6 和 IT7 级加工制造，则

（1）冲孔（$\phi 6^{+0.12}_{0}$）

$$d_p=(d_{min}+x\Delta)^{0}_{-\delta_p}=(6+0.75\times 0.12)^{0}_{-0.008} \text{ mm}=6.09^{0}_{-0.008} \text{ mm}$$

$$d_d=(d_p+2c_{min})^{+\delta_d}_{0}=(6.09+0.04)^{+0.012}_{0} \text{ mm}=6.13^{+0.012}_{0} \text{ mm}$$

校核：$|\delta_p|+|\delta_d|\leqslant 2c_{max}-2c_{min}$

$0.008+0.012\leqslant 0.06-0.04$

$0.02（左边）=0.02（右边）（满足间隙公差条件）$

（2）落料（$\phi 36^{0}_{-0.62}$）

$$D_d=(D_{max}-x\Delta)^{+\delta_d}_{0}=(36-0.5\times 0.62)^{+0.025}_{0} \text{ mm}=35.69^{+0.025}_{0} \text{ mm}$$

$$D_p=(D_d-2c_{min})^{0}_{-\delta_p}=(35.69-0.04)^{0}_{-0.016} \text{ mm}=35.65^{0}_{-0.016} \text{ mm}$$

校核：$|\delta_p|+|\delta_d|\leqslant 2c_{max}-2c_{min}$

$0.016+0.025=0.04>0.02$

由此可知，只有缩小 δ_p、δ_d，提高制造精度，才能保证间隙在合理范围内，此时可取

$$\delta_p=0.4\times(2c_{max}-2c_{min})=0.4\times 0.02 \text{ mm}=0.008 \text{ mm}$$

$$\delta_d=0.6\times(2c_{max}-2c_{min})=0.6\times 0.02 \text{ mm}=0.012 \text{ mm}$$

故

$$D_d=35.69^{+0.012}_{0} \text{ mm}$$

$$D_p=35.65^{0}_{-0.008} \text{ mm}$$

（3）孔距尺寸（18 ± 0.09）

$$L_d=(L_{min}+0.5\Delta)\pm 0.125\Delta$$
$$=[(18-0.09)+0.5\times 0.18] \text{ mm}\pm 0.125\times 0.18 \text{ mm}=(18\pm 0.023) \text{ mm}$$

2. 凸模和凹模配制加工计算刃口尺寸

对于形状复杂或料薄的冲压件，为了保证冲裁凸、凹模间有一定的间隙值，必须采用配合加工。此方法是先做好其中的一件（凸模或凹模）作为基准件，然后以此基准件的实际尺寸来配加工另一件，使它们之间保持一定的间隙。这种加工方法的特点是：

（1）模具的冲裁间隙在配制中保证，不必受到 $|\delta_p|+|\delta_d|\leqslant 2c_{max}-2c_{min}$ 条件限制，加工基准件时可适当放宽公差，使加工容易。根据经验，普通冲裁模具的制造偏差 δ_p 或 δ_d 一般可取 $\Delta/4$（Δ 为制件公差）。

（2）尺寸标注简单，只在基准件上标注尺寸和制造公差，配制件只标注公称基本尺寸并注明配制所留的间隙值。但该方法制造的凸模、凹模是不能互换的。

在计算复杂形状的凸模、凹模工作部分的尺寸时，其各部分尺寸在模具工作时磨损性质不同，一个凸模或凹模会同时存在着三类不同磨损性质的尺寸：① 凸模或凹模磨损会增大的尺寸；

图 2.3.2　零件

② 凸模或凹模磨损后会减小的尺寸;③ 凸模或凹模磨损后基本不变的尺寸。这时计算基准件的刃口尺寸,需要根据磨损情况按不同方法计算。

如图 2.3.3a 所示为落料件,如图 2.3.3b 所示为凹模刃口轮廓图,双点画线为凹模磨损后的情况。根据设计原则,落料以凹模设计为基准。其中 A 类尺寸是磨损后增大的尺寸;B 类尺寸是磨损后减少的尺寸;C 类尺寸是磨损后不变的尺寸。故在设计凹模刃口尺寸时,必须根据其磨损情况分别采用不同的计算公式分类计算,见表 2.3.2。

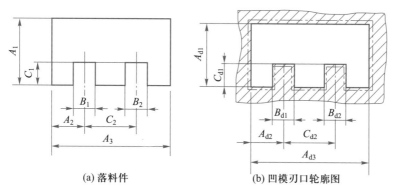

(a) 落料件   (b) 凹模刃口轮廓图

图 2.3.3　形状复杂落料件的尺寸分类及凹模磨损情况

表 2.3.2　以落料凹模设计为基准的刃口尺寸计算

工序性质	凹模刃口尺寸磨损情况	基准件凹模的尺寸(图 2.3.3b)	配制凸模的尺寸
落料	磨损后增大的尺寸	$A_j = (A_{max} - x\Delta)^{+0.25\Delta}_0$	按凹模实际尺寸配制,保证双面合理间隙 $2c_{min} \sim 2c_{max}$
	磨损后减小的尺寸	$B_j = (B_{min} + x\Delta)^0_{-0.25\Delta}$	
	磨损后不变的尺寸	$C_j = (C_{min} + 0.5\Delta) \pm 0.125\Delta$	

注:A_j、B_j、C_j 为基准件凹模刃口尺寸;A_{max}、B_{min}、C_{min} 为落料件的极限尺寸。

如图 2.3.4a 所示为冲压件的孔,如图 2.3.4b 所示为冲孔凸模刃口轮廓图,双点画线为凸模磨损后的情况。根据设计原则,冲孔以凸模设计为基准。其中 a 类尺寸是磨损后增大的尺寸;b 类尺寸是磨损后减少的尺寸;c 类尺寸是磨损后不变的尺寸。以冲孔凸模设计为基准的刃口尺寸计算见表 2.3.3。

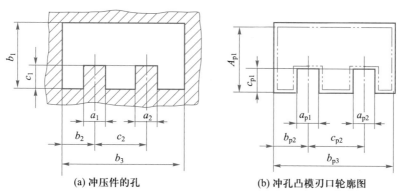

(a) 冲压件的孔   (b) 冲孔凸模刃口轮廓图

图 2.3.4　形状复杂冲压件孔及冲孔凸模磨损情况

表 2.3.3　以冲孔凸模设计为基准的刃口尺寸计算

工序性质	凸模刃口尺寸磨损情况	基准件凸模的尺寸(图 2.3.4b)	配制凹模的尺寸
冲孔	磨损后增大的尺寸	$a_{j} = (a_{max} - x\Delta)^{+0.25\Delta}_{0}$	按凸模实际尺寸配制,保证双面合理间隙 $2c_{min} \sim 2c_{max}$
	磨损后减小的尺寸	$b_{j} = (b_{min} + x\Delta)^{0}_{-0.25\Delta}$	
	磨损后不变的尺寸	$c_{j} = (c_{min} + 0.5\Delta) \pm 0.125\Delta$	

注:a_{j}、b_{j}、c_{j} 为基准件凸模刃口尺寸;a_{max}、b_{min}、c_{min} 为冲压件孔的极限尺寸。

例 2.3.2　如图 2.3.5a 所示零件,材料为 20 钢,料厚 $t = 2$ mm,按配制加工方法计算该冲裁件的凸模、凹模的刃口尺寸及制造公差。

解:该冲裁件属落料件,选凹模为设计基准件,图 2.3.5b 双点画线为凹模轮廓磨损后的变化。按配制加工方法,只需计算落料凹模刃口尺寸及制造公差,凸模刃口尺寸由凹模的实际尺寸按间隙要求配制。

(1) 如图 2.3.5b 所示,凹模磨损后变大的尺寸有 A_{d1}($120^{0}_{-0.72}$)、A_{d2}($70^{0}_{-0.6}$)、A_{d3}($160^{0}_{-0.8}$)、A_{d4}($R60$)。其中 A_{d2}($70^{0}_{-0.6}$)、A_{d4}($R60$)为半磨损尺寸,制造偏差 $\delta = 0.25\Delta/2$;为保证圆弧 $R60$ 与尺寸 120 相切,故 $R60$ 不需用公式计算,直接取 A_{d1} 计算值的一半。

刃口尺寸计算公式为

$$A_{j} = (A_{max} - x\Delta)^{+0.25\Delta}_{0}$$

由表 2.3.1 查得,对于以上要计算的尺寸,其磨损系数均为 $x = 0.5$。

$A_{d1} = (120 - 0.5 \times 0.72)^{+0.25 \times 0.72}_{0}$ mm $= 119.64^{+0.180}_{0}$ mm

$A_{d3} = (160 - 0.5 \times 0.8)^{+0.25 \times 0.8}_{0}$ mm $= 159.60^{+0.200}_{0}$ mm

$A_{d2} = (70 - 0.5 \times 0.6)^{+0.25 \times 0.6/2}_{0}$ mm $= 69.70^{+0.075}_{0}$ mm

$A_{d4} = A_{d1}/2 = (119.64/2)^{+0.018/2}_{0}$ mm $= 59.82^{+0.009}_{0}$ mm

(2) 如图 2.3.5b 所示,凹模磨损后变小的尺寸有 B_{d1}($40^{+0.4}_{0}$)、B_{d2}($20^{+0.2}_{0}$)。

刃口尺寸计算公式为

$$B_{j} = (B_{min} + x\Delta)^{0}_{-0.25\Delta}$$

由表 2.3.1 查得,B_{d1}、B_{d2} 的磨损系数分别为 $x_{d1} = 0.75$、$x_{d2} = 1$。

$B_{d1} = (40 + 0.75 \times 0.40)^{0}_{-0.25 \times 0.40}$ mm $= 40.30^{0}_{-0.100}$ mm

$B_{d2} = (20 + 1 \times 0.20)^{0}_{-0.25 \times 0.20}$ mm $= 20.20^{0}_{-0.050}$ mm

(3) 如图 2.3.5b 所示,凹模磨损后不变的尺寸有 C_{d1}(40 ± 0.37)、C_{d2}($30^{+0.3}_{0}$)。

刃口尺寸计算公式为

$$C_{j} = (C_{min} + 0.5\Delta) \pm 0.125\Delta$$

$$C_{d1} = [(40 - 0.37 + 0.5 \times 0.74) \pm 0.125 \times 0.74]\ mm = (40 \pm 0.09)\ mm$$

$$C_{d2} = [(30 + 0.5 \times 0.3) \pm 0.125 \times 0.3]\ mm = (30.15 \pm 0.038)\ mm$$

(4) 凸模刃口尺寸确定。查表 2.2.4,冲裁合理间隙 $2c_{min} = 0.30$ mm、$2c_{max} = 0.34$ mm,故凸模刃口尺寸按凹模相应部位的尺寸配制,保证双面最小间隙为 $2c_{min} = 0.30$ mm。冲裁件与落料凹、凸模刃口尺寸标注如图 2.3.5c、d 所示。

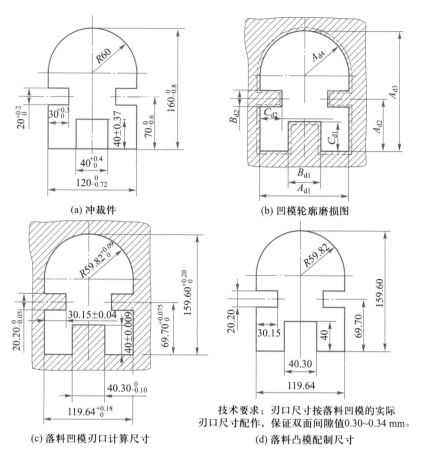

(a) 冲裁件

(b) 凹模轮廓磨损图

(c) 落料凹模刃口计算尺寸

技术要求:刃口尺寸按落料凹模的实际
刃口尺寸配作,保证双面间隙值0.30~0.34 mm。

(d) 落料凸模配制尺寸

图 2.3.5 冲裁件与落料凹、凸模刃口尺寸标注

2.4 冲裁力和压力中心的计算

2.4.1 冲裁力的计算

计算冲裁力的目的是为了合理地选用冲压设备、设计模具和检验模具的强度。压力机的吨位必须大于所计算的冲裁力,以适应冲裁的需求。

若采用平刃冲裁模,其冲裁力 F_P 按式(2.4.1)计算:

$$F_p = K_p t L \tau \tag{2.4.1}$$

式中,τ 为材料抗剪强度,MPa;L 为冲裁周边总长,mm;t 为材料厚度,mm;系数 K_p 是考虑到冲裁模刃口的磨损、凸模与凹模间隙的波动(数值的变化或分布不均)、润滑情况、材料力学性能与厚度公差的变化等因素而设置的安全系数,一般取 1.3。当查不到材料抗剪强度 τ 时,可用抗拉强度 σ_b 代替 τ,此时 $K_p = 1$。

当上模完成一次冲裁后,冲入凹模内的制件或废料因弹性扩张而梗塞在凹模内,模面上的材料因弹性收缩而紧箍在凸模上。为了使冲裁工作继续进行,必须将箍在凸模上的材料刮下;将梗

塞在凹模内的制件或废料向下推出或向上顶出。从凸模上刮下材料所需的力,称为卸料力;从凹模内向下推出制件或废料所需的力,称为推料力;从凹模内向上顶出制件所需的力,称为顶件力,如图 2.4.1 所示。

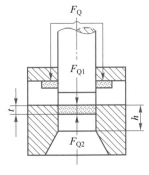

影响卸料力、推料力和顶件力的因素很多,要精确地计算是困难的。在实际生产中常采用经验公式计算,即

卸料力:
$$F_Q = KF_P \qquad (2.4.2)$$

推料力:
$$F_{Q1} = nK_1F_P \qquad (2.4.3)$$

顶件力:
$$F_{Q2} = K_2F_P \qquad (2.4.4)$$

式中,F_P 为冲裁力,N;K 为卸料力系数,其值为 0.02~0.06(薄料取大值,厚料取小值);K_1 为推料力系数,其值为 0.03~0.07(薄料取大值,厚料取小值);K_2 为顶件力系数,其值为 0.04~0.08(薄料取大值,厚料取小值);n 为梗塞在凹模内的制件或废料数量,$n = h/t$,h 为直刃口部分的高,mm;t 为材料厚度,mm。

图 2.4.1　冲裁力示意图

卸料力和顶件力还是设计卸料装置和弹顶装置中弹性元件的依据。

2.4.2　压力机公称压力的选取

冲裁时,压力机的公称压力应大于或等于冲裁时各工艺力的总和 $F_{P总}$。

采用弹压卸料装置和下出件的模具时:

$$F_{P总} = F_P + F_Q + F_{Q1} \qquad (2.4.5)$$

采用弹压卸料装置和上出件的模具时:

$$F_{P总} = F_P + F_Q + F_{Q2} \qquad (2.4.6)$$

采用刚性卸料装置和下出件模具时:

$$F_{P总} = F_P + F_{Q1} \qquad (2.4.7)$$

2.4.3　降低冲裁力的措施

在冲压高强度材料、厚料和大尺寸冲压件时,需要的冲裁力较大,生产现场压力机的吨位不足时,为不影响生产,可采用一些有效措施降低冲裁力。

1. 凸模阶梯布置

凸模阶梯布置时由于各凸模工作端面不在一个平面,各凸模冲裁力的最大值不同时出现,从而达到降低冲裁力的目的,如图 2.4.2 所示。当凸模直径有较大差异时,一般把小直径凸模做短一些,高度差 $H = (0.5~1)t$。凸模阶梯布置会给刃磨造成一定困难,仅在小批量生产时采用。

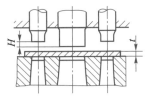

图 2.4.2　凸模阶梯布置

2. 斜刃冲裁

斜刃是将冲孔凸模或落料凹模的工作刃口制成斜刃,冲裁时刃口不是全部同时切入,而是逐步地将材料分离(如图 2.4.3 所示),这样能显著降低冲裁力。但斜刃刃口制造和刃磨都比较困难,刃口容易磨损,冲件也不够平整。为了能得到较平整的工件,落料时斜刃做在凹模上;冲孔时斜刃做在凸模上。

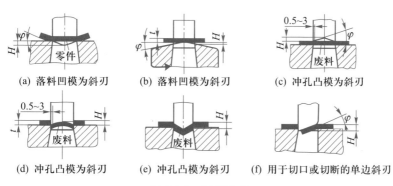

(a) 落料凹模为斜刃　(b) 落料凹模为斜刃　(c) 冲孔凸模为斜刃

(d) 冲孔凸模为斜刃　(e) 冲孔凸模为斜刃　(f) 用于切口或切断的单边斜刃

图 2.4.3　斜刃冲裁

另外,加热冲裁使金属抗剪强度降低,也能降低冲裁力。该方法常用于厚板,精度不高的工件制作。加热冲裁板面有氧化,工人操作环境较差。

2.4.4　冲压模具压力中心的确定

模具压力中心是指冲压时诸冲压力合力的作用点位置。为了确保压力机和模具正常工作,应使冲模的压力中心与压力机滑块的中心相重合。对于带有模柄的冲压模,压力中心应通过模柄的轴心线;否则会使冲模和压力机滑块产生偏心载荷,使滑块和导轨之间产生过大的磨损,模具导向零件加速磨损,降低模具和压力机的使用寿命。

冲模的压力中心,可按下述原则来确定:

(1) 对称形状的单个冲裁件,冲模的压力中心就是冲裁件的几何中心。

(2) 工件形状相同且分布位置对称时,冲模的压力中心与零件的对称中心相重合。

(3) 形状复杂的零件、多凸模的压力中心可用解析计算法求出。

解析法的计算依据是:各分力对某坐标轴的力矩之代数和等于诸力的合力对该坐标轴的力矩。求出合力作用点的坐标位置 $O_0(x_0,y_0)$,即为所求模具的压力中心,如图 2.4.4 所示。

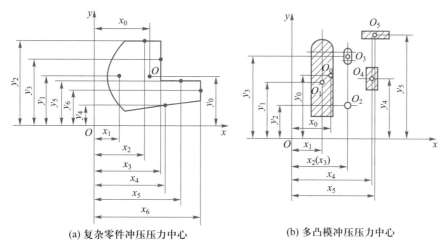

(a) 复杂零件冲压压力中心　(b) 多凸模冲压压力中心

图 2.4.4　解析法求压力中心

计算公式为

$$x_0 = \frac{F_{P1}x_1 + F_{P2}x_2 + \cdots + F_{Pn}x_n}{F_{P1} + F_{P2} + \cdots + F_{Pn}} = \frac{\sum\limits_{i=1}^{n} F_{Pi}x_i}{\sum\limits_{i=1}^{n} F_{Pi}} \qquad (2.4.8)$$

$$y_0 = \frac{F_{P1}y_1 + F_{P2}y_2 + \cdots + F_{Pn}y_n}{F_{P1} + F_{P2} + \cdots + F_{Pn}} = \frac{\sum\limits_{i=1}^{n} F_{Pi}y_i}{\sum\limits_{i=1}^{n} F_{Pi}} \qquad (2.4.9)$$

因冲裁力与冲裁周边长度成正比,所以式中的各冲裁力 F_{P1}、F_{P2}、F_{P3}、$\cdots$、F_{Pn},可分别用各冲裁周边长度 L_1、L_2、L_3、$\cdots$、L_n 代替,即

$$x_0 = \frac{L_1x_1 + L_2x_2 + \cdots + L_nx_n}{L_1 + L_2 + \cdots + L_n} = \frac{\sum\limits_{i=1}^{n} L_ix_i}{\sum\limits_{i=1}^{n} L_i} \qquad (2.4.10)$$

$$y_0 = \frac{L_1y_1 + L_2y_2 + \cdots + L_ny_n}{L_1 + L_2 + \cdots + L_n} = \frac{\sum\limits_{i=1}^{n} L_iy_i}{\sum\limits_{i=1}^{n} L_i} \qquad (2.4.11)$$

2.5　排样设计

2.5.1　材料的经济利用

在冲压零件的成本中,材料费用约占 60% 以上,因此材料的经济利用具有非常重要的意义。冲压件在料带或板料上的布置方法称为排样。不合理的排样会浪费材料,衡量排样经济性的指标是材料的利用率,可用式(2.5.1)计算:

$$\eta = \frac{S}{S_0} \times 100\% = \frac{S}{AB} \times 100\% \qquad (2.5.1)$$

式中,η 为材料利用率;S 为工件的实际面积;S_0 为所用材料面积,包括工件面积与废料面积;A 为步距(相邻两个制件对应点的距离);B 为料带宽度。

从式(2.5.1)可看出,若能减少废料面积,则材料利用率高。废料可分为结构废料与工艺废料两种,如图 2.5.1 所示。结构废料由工件的形状特点决定,一般不能改变;搭边和余料属工艺废料,是与排样形式及冲压方式有关的废料,设计合理的排样方案,减少工艺废料,才能提高材料利用率。

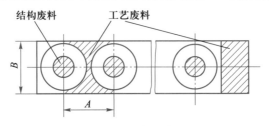

图 2.5.1　废料分类

　　排样合理与否不但影响材料的经济利用,还影响到制件的质量、模具的结构与寿命、制件的生产率和模具的成本等技术、经济指标。因此,设计排样时应考虑如下原则:

（1）提高材料利用率(在不影响制件使用性能前提下,还可适当改变制件形状);

（2）排样方法应使冲压操作方便,劳动强度小且安全;

（3）模具结构简单、寿命高;

（4）保证制件质量和制件对板料纤维方向的要求。

2.5.2 排样方法

　　根据材料经济利用程度,排样方法可分为有废料、少废料和无废料排样三种。根据制件在料带上的布置形式,排样又可分为直排、斜排、对排、混合排、多排等多种形式。

　　（1）有废料排样法:如图 2.5.2a 所示,沿制件的全部外形轮廓冲裁,在制件之间及制件与料带侧边之间都有工艺余料(称搭边)存在。因留有搭边,所以制件质量和模具寿命较高,但材料利用率降低。

　　（2）少废料排样法:如图 2.5.2b 所示。沿制件的部分外形轮廓切断或冲裁,只在制件之间(或制件与料带侧边之间)留有搭边,材料利用率有所提高。

　　（3）无废料排样法:无废料排样法就是无工艺搭边的排样,制件直接由切断料带获得。如图 2.5.2c 所示是步距为两倍制件宽度的一模两件的无废料排样。

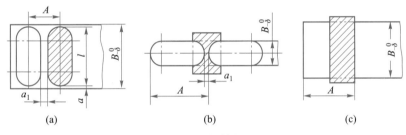

图 2.5.2　排样方法

　　采用少、无废料排样法,材料利用率高,有利于一次冲程获得多个制件,且可以简化模具结构、降低冲裁力。但是,因料带本身的公差以及料带导向与定位所产生的误差将直接影响冲压件,所以冲裁件的尺寸精度较低。同时,因模具单面受力(单边切断时),不但会加剧模具的磨损,降低模具的寿命,而且也直接影响到冲裁件的断面质量。为此。设计排样时应统筹兼顾、全面考虑。排样形式示例见表 2.5.1。

表 2.5.1　排样形式示例

排样形式	有废料排样	少、无废料排样	应用范围
直排			方形、矩形零件

排样形式	有废料排样	少、无废料排样	应用范围
斜排			椭圆形、L 形、T 形、S 形零件
直对排			梯形、三角形、半圆形、T 形、Π 形零件
混合排			材料与厚度相同的两种以上的零件
多行排			批量较大且尺寸不大的圆形、六角形、方形、矩形零件
整裁搭边			细长零件
分次裁搭边			

2.5.3　搭边和料带宽度的确定

1. 搭边

排样时零件之间以及零件与料带侧边之间留下的工艺余料,称为搭边。搭边的作用是补偿定位误差,保持料带有一定的刚度,以保证零件质量和送料方便。搭边过大,浪费材料。搭边太小,冲裁时容易翘曲或被拉断,不仅会增大冲件毛刺,有时还会拉入凸、凹模间隙中损坏模具刃口,降低模具寿命,或影响送料工作。

搭边值通常是由经验确定,表 2.5.2 所列搭边值为普通冲裁时经验数据之一。

表 2.5.2 搭边 a 和 a_1 数值（低碳钢） mm

材料厚度	圆件及r>2t的工件 工件间 a_1	沿边 a	矩形工件边长L<50 mm 工件间 a_1	沿边 a	矩形工件边长L>50 mm 或r<2t的工件 工件间 a_1	沿边 a
<0.25	1.8	2.0	2.2	2.5	2.8	3.0
0.25~0.5	1.2	1.5	1.8	2.0	2.2	2.5
0.5~0.8	1.0	1.2	1.5	1.8	1.8	2.0
0.8~1.2	0.8	1.0	1.2	1.5	1.5	1.8
1.2~1.6	1.0	1.2	1.5	1.8	1.8	2.0
1.6~2.0	1.2	1.5	1.8	2.0	2.0	2.2
2.0~2.5	1.5	1.8	2.0	2.2	2.2	2.5
2.5~3.0	1.8	2.2	2.2	2.5	2.5	2.8
3.0~3.5	2.2	2.5	2.5	2.8	2.8	3.2
3.5~4.0	2.5	2.8	2.5	3.2	3.2	3.5
4.0~5.0	3.0	3.5	3.5	4.0	4.0	4.5
5.0~12	0.6t	0.7t	0.7t	0.8t	0.8t	0.9t

49

2. 料带宽度和导料板间距离的确定

排样方式和搭边值确定后,料带的宽度和步距也就可设计出。步距是每次将料带送入模具进行冲裁的距离。步距与排样方式有关,应保证零件冲压时的成形形状完整,一般步距的尺寸等于沿送料方向相邻的两零件的相应位置尺寸。料带宽度的确定与模具的结构有关。确定的原则是,最小料带宽度要保证冲裁时工件周边有足够的搭边值;最大料带宽度能在冲裁时顺利地在导料板之间送进料带,并有一定的间隙。

1)有侧压装置时料带的宽度和导料板间距(如图 2.5.3 所示)。

有侧压装置的模具,能使料带始终沿基准导料板送料,因此料带宽度可按式(2.5.2)计算:

$$B = (D_{max} + 2a + \delta)_{-\delta}^{0} \tag{2.5.2}$$

导料板间距离

$$B_0 = B + c \tag{2.5.3}$$

式中,B 为料带宽度的基本尺寸,mm;D_{max} 为料带宽度方向零件轮廓的最大尺寸,mm;a 为侧面搭边,查表 2.5.2;δ 为料带下料剪切公差,查表 2.5.3 和表 2.5.4。c 为料带与导料板之间的间隙(即料带的可能摆动量),查表 2.5.3。

导料板之间的距离,应使料带与导料板之间保持一定的间隙 c,以保证送料畅通。

2)无侧压装置时料带的宽度(如图 2.5.4 所示)。

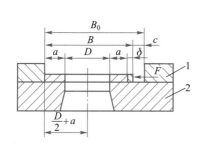
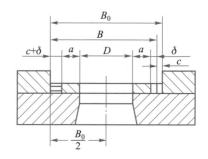

图 2.5.3 有侧压装置时料带的宽度和导料板间距
1—导料板;2—凹模

图 2.5.4 无侧压装置时料带的宽度

无侧压装置的模具,其料带宽度应考虑在送料过程中因料带的摆动而使侧面搭边减小。为了补偿侧面搭边的减小部分,料带宽度应增加一个可能的摆动量。故料带宽度为:

$$B = [D_{max} + 2(a+\delta) + c]_{-\delta}^{0} \tag{2.5.4}$$

剪切公差及料带与导料板之间间隙见表 2.5.3,滚剪机剪切的最小公差见表 2.5.4。

表 2.5.3 剪切公差及料带与导料板之间间隙 mm

料带宽度 B	料带厚度 t							
	≤1		>1~2		>2~3		>3~5	
	δ	c	δ	c	δ	c	δ	c
≤50	0.4	0.1	0.5	0.2	0.7	0.4	0.9	0.6
>50~100	0.5	0.1	0.6	0.2	0.8	0.4	1.0	0.6
>100~150	0.6	0.2	0.7	0.3	0.9	0.5	1.1	0.7
>150~220	0.7	0.2	0.8	0.3	1.0	0.5	1.2	0.7
>220~300	0.8	0.3	0.9	0.4	1.1	0.6	1.3	0.8

表 2.5.4　滚剪机剪切的最小公差　　　　　　　　　　　　　　　mm

料带厚度 t	料带宽度 B		
	$\leqslant 20$	$>20 \sim 30$	$>30 \sim 50$
$\leqslant 0.5$	0.05	0.08	0.10
$>0.5 \sim 1.0$	0.08	0.10	0.15
$>1.0 \sim 2.0$	0.10	0.15	0.20

3）有定距侧刃时料带的宽度

当料带用定距侧刃定位时,料带宽度应考虑侧刃切去的宽度,如图 2.5.5 所示。此时料带宽度 B 可按式（2.5.5）计算：

$$B = B_2 + nb = (D + 2a + nb)_{-\delta}^{0} \qquad (2.5.5)$$

导料板之间的距离为

$$B_{01} = B + c; \quad B_{02} = B_2 + y = D + 2a + y$$

式中,b 为侧刃余料,金属材料取 $1 \sim 2.5$ mm,非金属材料取 $1.5 \sim 4$ mm（薄料取小值,厚料取大值）；n 为侧刃个数；y 为侧刃冲切后料带与导料板之间的间隙,常取 $0.1 \sim 0.2$ mm（薄料取小值,厚料取大值）。

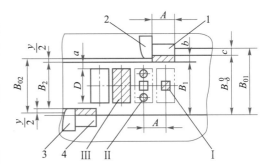

图 2.5.5　有定距侧刃时料带的宽度

Ⅰ—冲方孔；Ⅱ—冲圆孔；Ⅲ—落料；

1—前侧刃；2—前侧刃挡块；3—后侧刃挡块；4—后侧刃

2.6　冲裁工艺设计

冲裁工艺设计包括冲裁件的工艺性分析、冲裁工艺方案的确定和技术经济分析等内容。良好的工艺性和合理的工艺方案,可以用最少的材料,最少的工序数量和工时,并使模具结构简单,模具寿命高。合格冲裁件质量和经济的工艺成本是衡量冲裁工艺设计的主要指标。

2.6.1　冲裁件的工艺性分析

冲裁件的工艺性,是指冲裁件对冲压工艺的适应性,即冲裁件的结构、形状、尺寸及公差等技术要求是否符合冲裁加工的工艺要求,难易程度如何。工艺性是否合理,对冲裁件的质量、模具寿命和生产效率有很大的影响。

1. 冲裁件的形状和尺寸

（1）冲裁件形状应尽可能简单、对称、排样废料少。在满足质量要求的条件下,把冲裁件设计成少、无废料的排样形状。如图 2.6.1a 所示零件,若外形无要求,只要满足三孔位置达到设计要求,可改为图 2.6.1b 所示形状,采用无废料排样,材料利用率提高 40%。

（2）除在少、无废料排样或采用拼装模结构时,允许工件有尖锐的交角外,冲裁件的外形或内孔交角处应采用圆角过渡,避免尖锐交角。冲裁件最小圆角半径 R 见表 2.6.1。

（3）尽量避免冲裁件上过长的悬臂与窄槽,如图 2.6.2 所示,它们的最小宽度 $b \geqslant 1.5t$。

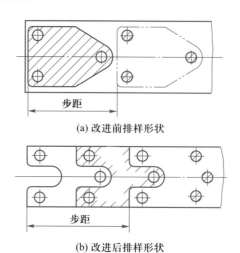

(a) 改进前排样形状

(b) 改进后排样形状

图 2.6.1　冲裁件形状对工艺性的影响示例

表 2.6.1　冲裁件最小圆角半径 R

零件种类		黄铜、铝	合金钢	软钢		备注
落料	交角	≥90°	0.18t	0.35t	0.25t	≥0.25 mm
		<90°	0.35t	0.70t	0.5t	≤0.5 mm
冲孔	交角	≥90°	0.2t	0.45t	0.3t	≥0.3 mm
		<90°	0.4t	0.9t	0.6t	≤6 mm

（4）冲裁件孔与孔之间、孔与零件边缘之间的壁厚，如图 2.6.2 所示，因受模具强度和零件质量的限制，其值不能太小。一般要求 $c≥1.5t$，$c'≥t$。若在弯曲或拉深件上冲孔，冲孔位置与工件壁间距应满足如图 2.6.3 所示尺寸。

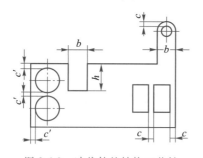

图 2.6.2　冲裁件的结构工艺性

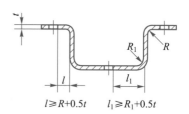

$l≥R+0.5t$　　$l_1≥R_1+0.5t$

图 2.6.3　弯曲零件的冲孔位置

（5）冲裁件的孔径因受冲孔凸模强度和刚度的限制，不宜太小，否则容易折断和压弯。孔的最小尺寸取决于材料的力学性能、凸模强度和模具结构。用自由凸模和带护套的凸模冲孔的最小尺寸分别见表 2.6.2 和表 2.6.3，孔距的最小尺寸见表 2.6.4。

2. 冲裁件的尺寸精度和表面粗糙度要求

冲裁件的尺寸精度要求，应在经济精度范围以内，对于普通冲裁件，其经济精度不高于 IT11 级，冲孔件比落料件高一级。冲裁件外形与内孔尺寸公差见表 2.6.5。如果工件精度高于上述要求，则需在冲裁后整修或采用精密冲裁工艺。

表 2.6.2　自由凸模冲孔的最小尺寸

冲件材料	圆形孔 （直径 d）	方形孔 （孔宽 b）	矩形孔 （孔宽 b）	长圆形孔 （孔宽 b）
钢 $\tau_b > 700$ MPa	$1.5t$	$1.35t$	$1.2t$	$1.1t$
钢 $\tau_b = 400 \sim 700$ MPa	$1.3t$	$1.2t$	$1.0t$	$0.9t$
钢 $\tau_b = 700$ MPa	$1.0t$	$0.9t$	$0.8t$	$0.7t$
黄铜	$0.9t$	$0.8t$	$0.7t$	$0.6t$
铝、锌	$0.8t$	$0.7t$	$0.6t$	$0.5t$

注：τ_b 为抗剪强度；t 为料厚，单位为 mm。

表 2.6.3　带护套的凸模冲孔的最小尺寸

冲压件材料	圆形孔（直径 d）	矩形孔（孔宽 b）
硬钢	$0.5t$	$0.4t$
软钢及黄铜	$0.35t$	$0.3t$
铝、锌	$0.3t$	$0.28t$

表 2.6.4　孔距的最小尺寸

孔型	圆孔		方孔	
料厚 t/mm	<1.55	>1.55	<2.3	>2.3
最小孔距	$3.1t$	$2t$	$4.6t$	$2t$

表 2.6.5　冲裁件外形与内孔尺寸公差　　　　　　　　　mm

料厚 t	冲裁件尺寸							
	一般精度的冲裁件				较高精度的冲裁件			
	<10	10~50	50~150	150~300	<10	10~50	50~150	150~300
0.2~0.5	$\dfrac{0.08}{0.05}$	$\dfrac{0.10}{0.08}$	$\dfrac{0.14}{0.12}$	0.20	$\dfrac{0.025}{0.02}$	$\dfrac{0.03}{0.04}$	$\dfrac{0.05}{0.08}$	0.08
0.5~1	$\dfrac{0.12}{0.05}$	$\dfrac{0.16}{0.08}$	$\dfrac{0.22}{0.12}$	0.30	$\dfrac{0.03}{0.02}$	$\dfrac{0.04}{0.04}$	$\dfrac{0.06}{0.08}$	0.10
1~2	$\dfrac{0.18}{0.06}$	$\dfrac{0.22}{0.10}$	$\dfrac{0.30}{0.16}$	0.50	$\dfrac{0.04}{0.03}$	$\dfrac{0.06}{0.06}$	$\dfrac{0.08}{0.10}$	0.12
2~4	$\dfrac{0.24}{0.08}$	$\dfrac{0.28}{0.12}$	$\dfrac{0.40}{0.20}$	0.70	$\dfrac{0.06}{0.04}$	$\dfrac{0.08}{0.08}$	$\dfrac{0.10}{0.12}$	0.15
4~6	$\dfrac{0.30}{0.10}$	$\dfrac{0.35}{0.15}$	$\dfrac{0.50}{0.25}$	1.0	$\dfrac{0.10}{0.06}$	$\dfrac{0.12}{0.10}$	$\dfrac{0.15}{0.15}$	0.20

注：1. 分子为外形尺寸公差，分母为内孔尺寸公差。

　　2. 一般精度的冲裁件采用 IT8~IT7 级精度的普通冲裁模；较高精度的冲裁件采用 IT7~IT6 精度的高级冲裁模。

冲裁件孔中心距的公差见表 2.6.6；冲裁件断面的表面粗糙度和允许毛刺的高度可见表 2.6.7 和表 2.6.8。

表 2.6.6　冲裁件孔中心距的公差　　　　　　　　　　　　　　　　　　　　　mm

料厚 t	普通冲裁模			精密冲裁模		
	孔距基本尺寸			孔距基本尺寸		
	<50	50~150	150~300	<50	50~150	150~300
<1	±0.10	±0.15	±0.20	±0.03	±0.05	±0.08
1~2	±0.12	±0.20	±0.30	±0.04	±0.06	±0.10
2~4	±0.15	±0.25	±0.35	±0.06	±0.08	±0.12
4~6	±0.20	±0.30	±0.40	±0.08	±0.10	±0.15

注：表中所列孔距公差适用于两孔同时冲出的情况。

表 2.6.7　冲裁件断面的表面粗糙度

材料厚度/mm	~1	>1~2	>2~3	>3~4	>4~5
表面粗糙度/μm	$Ra3.2$	$Ra6.3$	$Ra12.5$	$Ra25$	$Ra50$

表 2.6.8　冲裁件断面允许毛刺的高度　　　　　　　　　　　　　　　　　　　　mm

冲裁材料厚度	~0.3	>0.3~0.5	>0.5~1.0	>1.0~1.5	>1.5~2.0
新模式冲时允许的毛刺高度	≤0.015	≤0.02	≤0.03	≤0.04	≤0.05
生产时允许的毛刺高度	≤0.05	≤0.08	≤0.10	≤0.13	≤0.15

3. 冲裁件的尺寸基准

冲裁件孔位尺寸基准应尽量选择在冲裁过程中始终不参加变形的面或线上，不要与参加变形的部位联系起来。原设计尺寸的标注如图 2.6.4a，对冲裁件图样的标注是不合理的，因为这样标注，尺寸 L_1、L_2 必须考虑到模具的磨损，而相应给以较宽的公差造成孔心距的不稳定，孔心距公差会随着模具磨损而增大。改用图 2.6.4b 的标注，两孔的孔心距不受模具磨损的影响，比较合理。因此，考虑冲裁件的尺寸基准时应尽可能考虑制造模具及模具的使用定位基准重合，以避免产生基准不重合造成的误差。

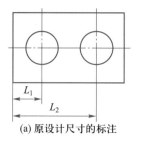

(a) 原设计尺寸的标注　　　　　　　　　(b) 改进后标注

图 2.6.4　冲裁件的尺寸基准

2.6.2 冲压加工的经济性分析

所谓经济性分析,就是分析在冲压生产过程中,如何采用尽可能少的生产消费获得尽可能大的经济效益。在进行冲压工艺设计时,应该运用经济分析的方法找到降低成本,取得优异经济效果的工艺途径。冲压件的制造成本 C_Σ 包括:

$$C_\Sigma = C_材 + C_工 + C_模$$

式中,$C_材$ 为材料费;$C_工$ 为加工费(工人工资、设备折旧费、管理费等);$C_模$ 为模具费。

上述成本中,模具费、设备折旧费、加工费中的工人工资和其他经费在一定时间内,基本上是不变的。因此可称为固定费用。而材料费、外购件费等,将随生产量大小而变化,属可变费用。这样,产品制造成本由固定费用和可变费用两部分组成。设法降低固定费用或可变费用,都能使成本降低、利润增加并积累资金。

总的固定费用不随产量的增加而增加,而单件产品的固定费用(单位固定费用)却由于产量的增加而逐渐下降。总的可变费用将随产量的增加而增加,但对产品单件费用而言,其直接耗费的原材料费、外购件费、外协加工费等则基本不变。

增产可降低单件产品成本中的固定费用,相对地减少消耗,通过节约可以直接降低消耗,两者都是降低成本的重要途径。冲压件的成本包括材料费、加工费、模具费等项。因此,降低成本,就是要降低上述各项费用。

降低成本的措施可扫描二维码进行阅读。

拓展知识
降低成本的措施

2.6.3 冲裁工艺方案的确定

在冲裁工艺分析和技术经济分析的基础上根据冲裁件的特点确定冲裁工艺方案。冲裁工艺方案可分为单工序冲裁、复合冲裁和级进冲裁。

单工序冲裁是在压机一次行程,在模具单一的工位中完成单一工序的冲压;复合冲裁是在压机一次行程中,在模具的同一工作位置同时完成两个或两个以上的冲压工序;级进冲裁是把冲裁件的若干个冲压工序,排列成一定的顺序,在压机一次行程中,料带在冲模的不同工序位置上,分别完成工件所要求的工序,在完成所有要求的工序后,以后每次冲程都可以得到一个完整的冲裁件。组合的冲裁工序比单工序冲裁生产效率高,获得的制件精度等级高。

1. 冲裁工序的组合

冲裁组合方式的确定应根据下列因素决定。

(1)生产批量:小批量与试制采用单工序冲裁;中批和大批量生产采用复合冲裁或级进冲裁。

(2)工件尺寸公差等级:复合冲裁所得到的工件尺寸公差等级高,因为它避免了多次冲压的定位误差,并且在冲裁过程中可以进行压料,工件较平整。级进冲裁所得到的工件尺寸公差等级较复合冲裁低,在级进冲裁中采用导正销结构,可提高冲裁件精度。

(3)对工件尺寸、形状的适应性:工件的尺寸较小时,考虑到单工序上料不方便和生产率低,常采用复合冲裁或级进冲裁。对于尺寸中等的工件,由于制造多副单工序模的费用比复合模昂贵,也宜采用复合冲裁。但工件上孔与孔之间或孔与边缘之间的距离过小时,不宜采用复合冲裁和单工序冲裁,宜采用级进冲裁。所以级进冲裁可以加工形状复杂、宽度很小的异形工件,如图2.6.6所示,但级进冲裁受压机台面尺寸与工序数的限制,冲裁工件尺寸不宜太大。

(4)模具制造、安装调整和成本:对复杂形状的工件,采用复合冲裁比采用级进冲裁为宜。

因模具制造、安装调整较易,成本较低。

(5) 操作方便与安全:复合冲裁出件或清除废料较困难,工作安全性较差;级进冲裁较安全。

综合上述分析,对于一个工件,可以得出多种工艺方案。必须对这些方案进行比较,选取在满足工件质量与生产率的要求下,模具制造成本低、寿命长、操作方便又安全的工艺方案。

2. 冲裁顺序的安排

1) 级进冲裁的顺序安排

① 先冲孔或切口,最后落料或切断,将工件与料带分离。首先冲出的孔可作后续工序的定位用。在定位要求较高时,则可冲出专供定位用的工艺孔(一般为两个,如图 2.6.5 所示)。

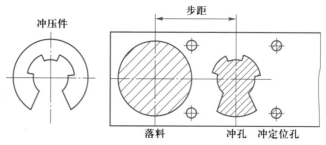

图 2.6.5　级进冲裁

② 采用定距侧刃时,定距侧刃切边工序安排与首次冲孔同时进行,以便控制送料步距。采用两个定距侧刃时,可以安排成一前一后,也可并列布置。

2) 多工序工件用单工序冲裁时的顺序安排

① 先落料使毛坯与料带分离,再冲孔或冲缺口。后续各冲裁工序的定位基准要一致,以避免定位误差和尺寸链换算。

② 冲裁大小不同、相距较近的孔时,为减少孔的变形,应先冲大孔,后冲小孔。

2.7　冲裁模的结构设计

冲裁模是冲裁工序所用的模具。冲裁模的结构类型较多,可按以下不同的特征进行分类。

(1) 按工序性质可分为落料模、冲孔模、切断模、切口模、切边模、剖切模等;

(2) 按工序组合方式可分为单工序模、复合模和级进模;

(3) 按上下模的导向方式可分为无导向的开式模和有导向的导板模、导柱模、导筒模等;

(4) 按凸、凹模选用的材料可分为硬质合金冲模、钢皮冲模、锌基合金冲模、聚氨酯冲模等;

(5) 按凸、凹模的结构和布置方法可分为整体模和拼装模、正装模和倒装模;

(6) 按自动化程度可分为手工操作模、半自动模、自动模。

上述的各种分类方法从不同的角度反映了模具结构的不同特点。下面以工序组合方式,分别分析各类冲裁模的结构及其特点。

2.7.1　单工序冲裁模

单工序冲裁模指在压力机一次行程内只完成一种冲压工序,而不论冲裁的凸(或凹)模是单个还是多个。单工序模有落料模、冲孔模、切断模、切口模、切边模等。

1. 落料模

落料模常见有三种形式：

（1）无导向敞开式落料模,其特点是上、下模无导向,结构简单,制造容易,冲裁间隙由冲床滑块的导向精度决定。可用边角余料冲裁。但模具的安装调试比较困难。常用于材料厚且精度要求低的小批量冲件的生产,如图 2.7.1 所示。

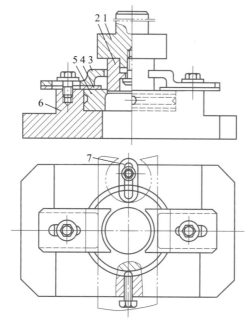

图 2.7.1　无导向敞开式落料模

1—模柄；2—凸模；3—卸料板；4—导料板；

5—凹模；6—下模座；7—定位板

（2）导板式落料模,是在凸模与导板间(又是固定卸料板)选用 H7/h6 的小间隙配合,且该间隙值小于冲裁间隙。上模回程时不允许凸模离开导板,以保证对凸模的导向作用。它与敞开式模相比,精度较高,模具寿命长,但模具制造要困难一些,常用于料厚大于 0.3 mm 的简单冲压件,如图 2.7.2 所示。

（3）如图 2.7.3 所示为带导柱的弹顶落料模。上下模依靠导柱导套导向,间隙容易保证,并且该模具采用弹压卸料和弹压顶出的结构,冲压时材料被上下压紧完成分离。零件的变形小,平整度高。该种结构广泛用于材料厚度较小,且有平面度要求的金属件和易于分层的非金属件。

2. 冲孔模

冲孔模的结构与一般落料模相似。但冲孔模有其自己的特点,特别是冲小孔模具,必须考虑凸模的强度和刚度,以及快速更换凸模的结构。在已成形零件侧壁上冲孔,可考虑凸模水平冲压或悬臂凹模结构,凸模水平冲压需要设计方向转换机构。

1）侧壁冲孔模

侧壁冲孔模如图 2.7.4b 所示,如图 2.7.4a 所示的方法是依靠固定在上模的斜楔 1 来推动滑块 4,使凸模 5 作水平方向移动,完成零件侧壁冲孔(也可冲槽、切口等)。斜楔的返回行程运动是靠橡皮或弹簧完成。斜楔的工作角度 α 以 40°～45° 为宜。40° 的斜楔滑块机构的机械效

工件简图

材料：20钢

$t=2$

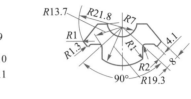

动画

导板式落料模

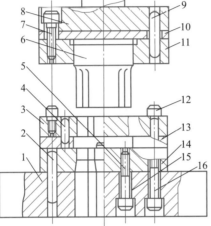

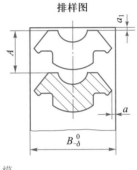

排样图

图 2.7.2　导板式落料模

1—下模座；2、4、9—销；3—导板；5—挡料钉；6—凸模；7—螺钉；8—上模座；10—垫板；
11—凸模固定板；12、15、16—螺钉；13—导料板；14—凹模

动画

导柱式落料模

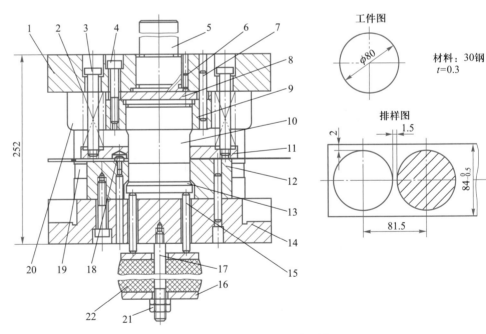

工件图

材料：30钢

$t=0.3$

排样图

图 2.7.3　带导柱的弹顶落料模

1—上模座；2—卸料弹簧；3—卸料螺钉；4、17—螺钉；5—模柄；6—防转销；7—销；
8—垫板；9—凸模固定板；10—落料凸模；11—卸料板；12—落料凹模；13—顶件板；14—下模座；
15—顶杆；16—板；18—固定挡料销；19—导柱；20—导套；21—螺母；22—橡皮

率最高,45°时滑块的移动距离与斜楔的行程相等。需较大冲裁力的冲孔件,α 可采用 35°,以增大水平推力。此种结构凸模常对称布置,最适宜壁部对称孔的冲裁。如图 2.7.4c 所示的方法采用的是悬臂式凹模结构,可用于圆筒形件的侧壁冲孔、冲槽等。毛坯套入凹模体 3,由定位环 7 控制轴向位置。此种结构可在侧壁上完成多个孔的冲制。在冲压多个孔时,结构上要考虑分度定位机构。

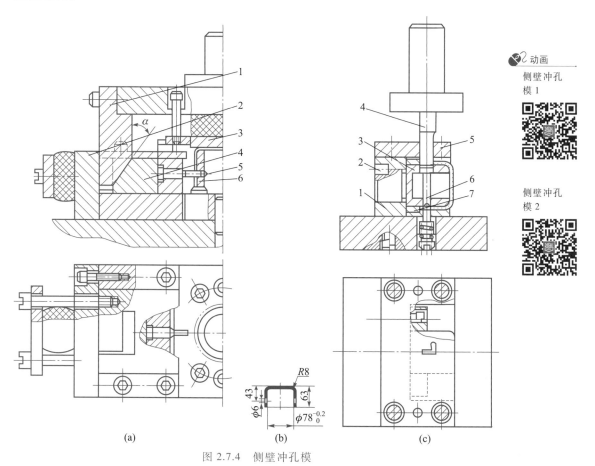

图 2.7.4 侧壁冲孔模

动画
侧壁冲孔模 1

侧壁冲孔模 2

拓展知识
冲小孔模

动画
短凸模多小孔冲孔模

2)单工序多凸模冲孔模

如图 2.7.5 所示为单工序多凸模冲孔模,电动机转子片 37 个槽孔全部均在一次冲程中完成。冲孔前将毛坯套在定位块 14 上,模具采用双导向装置。模具靠导柱 6 与导套 7 对上、下模导向。同时,卸料板通过导套 8 与导套 7 滑配,使卸料板以导套为导向,增加了工作的可靠性与稳定性。推件采用推件力较大的刚性装置,对于多孔冲模或卸料力较大的工件,能可靠地卸下冲件。

3)冲小孔模

扫描二维码进行阅读。

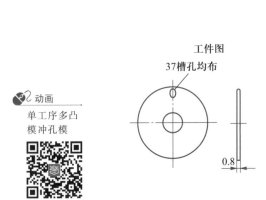

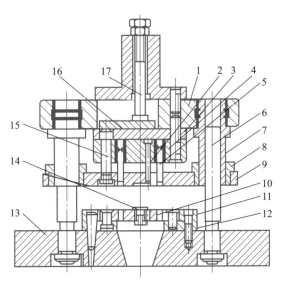

图 2.7.5 单工序多凸模冲孔模

1—上模座;2—标记槽凸模;3—凸模垫板;4—凸模固定板;5—槽形凸模;6—导柱;7、8—导套;9—卸料板;
10—凹模;11—凹模套圈;12—下垫板;13—下模座;14—定位块;15—推杆螺钉;16—推板;17—打杆

2.7.2 复合冲裁模

在压力机的一次工作行程中,在模具同一部位同时完成数道冲压工序的模具,称为复合模。复合模的设计难点是如何在同一工作位置上合理地布置好几对凸、凹模。

如图 2.7.6 所示是落料冲孔复合模的基本结构。在模具的下方是落料凹模,且凹模中间装着冲孔凸模;而上方是凸凹模,凸凹模的外形是落料的凸模,内孔是冲孔的凹模。由于落料凹模装在下模,该结构为顺装复合模,若落料凹模在上模,则为倒装复合模。复合模的特点是:结构紧凑,生产率高,制件精度高,特别是制件孔对外形的位置度容易保证。另一方面,复合模结构复杂,对模具零件精度要求较高,模具装配精度也较高。

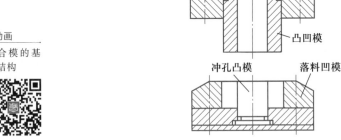

图 2.7.6 落料冲孔复合模的基本结构

1. 倒装复合模

如图 2.7.7 所示是冲制垫圈倒装复合模。落料凹模 2 在上模,件 1 是冲孔凸模,件 14 为凸凹模。倒装复合模一般采用刚性推件装置把卡在凹模中的制件推出。刚性推件装置由推杆 7、推块 8、推销 9 推动推件块推出制件。废料直接由凸模从凸凹模内孔推出。凸凹模洞口若采用直刃，则模内有积存废料，胀力较大，当凸凹模壁厚较薄时，可能导致胀裂。倒装复合模的凹模的设计要注意凹模的最小壁厚。最小壁厚的设计目前一般按经验数据确定，可查表 2.7.1。

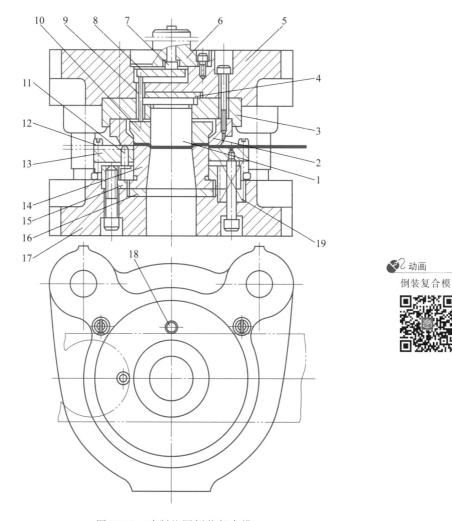

图 2.7.7　冲制垫圈倒装复合模

1—冲孔凸模；2—落料凹模；3—上模固定板；4、16—垫板；5—上模座；6—模柄；
7—推杆；8—推块；9—推销；10—推件块；11、18—活动挡料销；12—固定
挡料销；13—卸料板；14—凸凹模；15—下模固定板；17—下模座；19—弹簧

动画
倒装复合模

采用刚性推件的倒装复合模，料带不是处于被压紧状态下冲裁，推件又是刚性推出，有冲击力，因而制件的平直度不高，适宜材料厚度大于 0.3 mm 的板料。若在上模内设置弹性元件，采用弹性推件，则可冲较软且料厚在 0.3 mm 以下、平直度较高的冲裁件。

2. 顺装复合模

如图 2.7.8 所示为顺装复合模。它的特点是冲孔废料可从凸凹模中推出，使型孔内不积聚废料，使凸凹模胀裂力小，故凹模壁厚可以比倒装复合模最小壁厚小，冲压件平直度较高。

表 2.7.1　倒装复合模的凸凹模最小壁厚 δ　　　　　　　　　mm

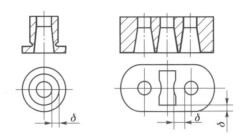

材料厚度 t	0.4	0.6	0.8	1.0	1.2	1.4	1.6	1.8	2.0	2.2	2.5
最小壁厚 δ	1.4	1.8	2.3	2.7	3.2	3.6	4.0	4.4	4.9	5.2	5.8
材料厚度 t	2.8	3.0	3.2	3.5	3.8	4.0	4.2	4.4	4.6	4.8	5.0
最小壁厚 δ	6.4	6.7	7.1	7.6	8.1	8.5	8.8	9.1	9.4	9.7	10

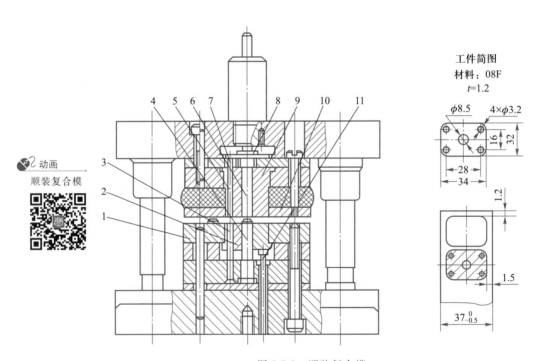

图 2.7.8　顺装复合模

1—落料凹模；2—顶板；3、4—冲孔凸模；5、6—推杆；7—打板；
8—打杆；9—凸凹模；10—弹压卸料板；11—顶杆

2.7.3　级进冲裁模

级进模又称连续模、跳步模，是指压力机在一次行程中，依次在模具几个不同的位置上同时完成多道冲压工序的冲模。整个制件的成形是在级进过程中逐步完成的。级进成形是属工序集中的工艺方法，可使切边、切口、切槽、冲孔、塑性成形、落料等多种不同性质的冲压工序在一副模具上完成。级进模可分为普通级进模和精密级进模。多工位精密级进模将作为一个专题在后续章节中讨论。

由于用级进模冲压时,冲压件是依次在几个不同位置上逐步成形的,因此要控制冲压件的孔与外形的相对位置精度就必须严格控制送料步距。在级进模中控制送料步距常用导正销定距、侧刃定距或二者同时使用。

1. 用导正销定距的级进模

如图 2.7.9 所示为用导正销定距的冲孔落料级进模。上、下模用导板导向。冲孔凸模 3 与落料凸模 4 之间的距离就是送料步距 A。材料送进时,为了保证首件的正确定距,始用挡料销首次定位冲 2 个小孔;第二工位由固定挡料销 6 进行初定位,由两个装在落料凸模上的导正销 5 进行精定位。导正销与落料凸模的配合为 H7/r6,其连接应保证在修磨凸模时的装拆方便。导正销头部的形状应有利于在导正时插入已冲的孔,它与孔的配合应略有间隙。始用挡料装置安装在导板下的导料板中间。在料带冲制首件时,用手推始用挡料销 7,使它从导料板中伸出来抵住

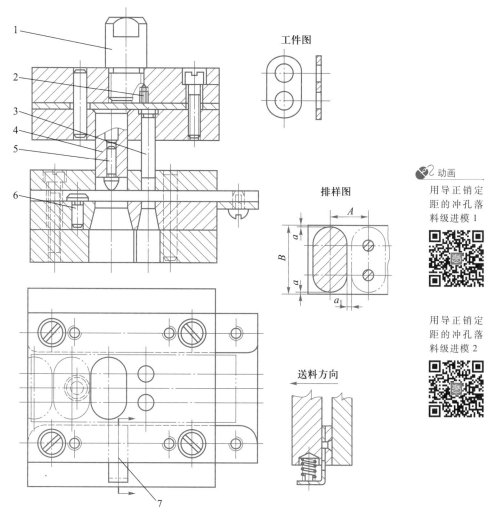

工件图

排样图

送料方向

图 2.7.9 用导正销定距的冲孔落料级进模

1—模柄;2—螺钉;3—冲孔凸模;4—落料凸模;5—导正销;6—固定挡料销;7—始用挡料销

料带的前端即可冲第一件上的两个孔。以后各次冲裁由固定挡料销 6 控制送料步距作初定位。

用导正销定距结构简单,当两定位孔间距较大时定位也较精确。但它的使用受到一定的限制。对于板料厚度 $t<0.3$ mm 或较软的材料,导正时孔边可能有变形,因而不宜采用。

2. 采用侧刃定距的级进模

如图 2.7.10 所示为冲压接触坯双侧刃定距的冲孔落料级进模。它与图 2.7.9 相比特点是:用成形侧刃 12 代替了始用挡料销、挡料钉和导正销。用弹压卸料板 7 代替了固定卸料板。本模具采用前后双侧刃对角排列,可使料尾的全部零件冲下。弹压卸料板 7 装于上模,用卸料螺钉 6 与上模座连接。它的作用是,当上模下降、凸模冲裁时,弹簧 11(可用橡皮代替)被压缩而压料;当凸模回程时,弹簧回复推动卸料板卸料。

动画

双侧刃冲孔
落料级进模

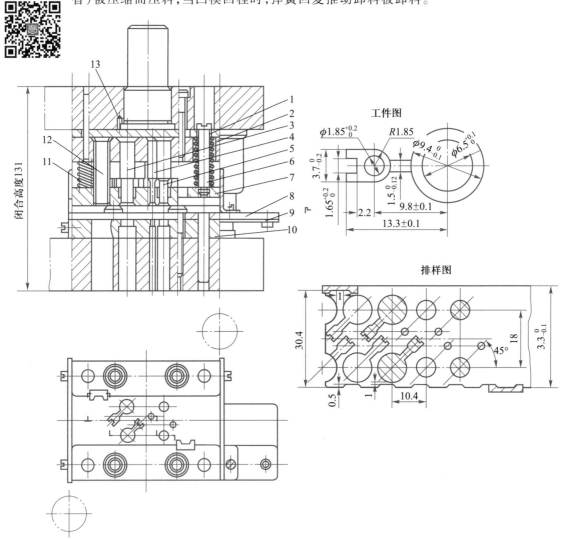

图 2.7.10　冲压接触环双侧刃定距的冲孔落料级进模

1—垫板;2—固定板;3—落料凸模;4、5—冲孔凸模;6—卸料螺钉;7—弹压卸料板;
8—导料板;9—承料板;10—凹模;11—弹簧;12—成形侧刃;13—防转销

如图 2.7.11 所示为弹压导板级进模。此类模具的特点是:各凸模(如件 7)与其固定板 6

成间隙配合(普通导柱模多为过渡配合),凸模的装卸、更换方便;凸模以弹压导板导向,配合间隙小于冲裁间隙,导向精度高;弹压导板 2 由安装在下模座 14 上的导柱 1 和 10 导向,导板由 6 根卸料螺钉 5 与上模连接,因此能消除压力机导向误差对模具的影响,模具寿命长,零件质量好。

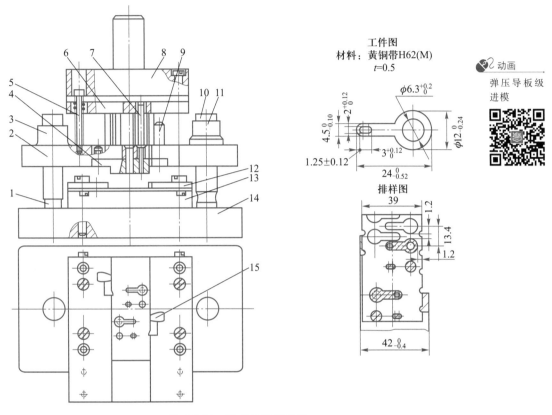

图 2.7.11　弹压导板级进模

1、10—导柱;2—弹压导板;3—导套;4—导向镶块;5—卸料螺钉;6—凸模固定板;7—凸模;
8—上模座;9—限制柱;11—导套;12—导料板;13—凹模;14—下模座;15—侧刃挡块

2.8　冲裁模主要零部件的结构设计与标准的选用

2.8.1　模具零件的分类和标准化

1. 模具零件的分类

按模具零件的不同作用,可将其分为工艺零件和结构零件两大类。工艺零件是在完成冲压工序时,与材料或制件直接发生接触的零件;结构零件是在模具的制造和使用中起装配、安装、定位作用的零件,以及模具工作、材料送进中起导向作用的零件。冷冲压模零件的详细分类如下。

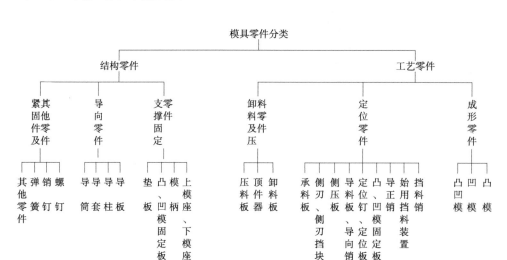

2. 模具标准化的意义

冲模标准是指在冲模设计与制造中应该遵循和执行的技术规范和标准。制定冲模标准的意义有以下方面：

1）可以缩短模具设计与制造周期

模具结构及制造精度与冲压件的形状、尺寸精度以及生产的批量有关，因此冲模的种类繁多而且结构十分复杂。如精密级进模的模具零件有时上百个（甚至更多），这样使得模具的设计与制造周期很长。而实现模具标准化后，所有的标准件都可以采购，从而简化了模具的设计，减少了模具零件的制造工作量，最终缩短了模具的制造周期。

2）有利于保证质量

可以稳定和保证模具设计质量和制造中应达到的质量规范，以确保冲压件的质量。

3）有利于模具的计算机辅助设计与制造

模具技术标准是实现模具计算机辅助设计与制造的基础，可以这样说，没有模具标准化就没有模具的计算机辅助设计与制造。

拓展知识
冲模技术标准

4）有利于国际、国内的交流与合作

技术名词术语、技术条件的规范化、标准化将有利于国内、国际的商业贸易和技术交流，增强国家、企业的技术经济实力。我国在模具行业中推广使用的模具标准是国家标准（GB）和机械行业标准（JB）。另外还有国际标准化组织ISO/TC29/SC8制定的冲模和成形模标准。同时，在我国还广泛使用一些先进的企业标准，如 Face、Punch 等。

我国已发布的冲模技术标准扫描二维码进行阅读。

设计冲压模具时还应执行和采用国家基础标准有：极限与配合标准、形状与位置公差标准、表面粗糙度标准、机械制图标准等。

2.8.2 凸模与凸模组件的结构设计

1. 凸模的结构形式

凸模结构通常分为两大类，一类是拼装式，如图 2.8.1 所示，另一类为整体式，如图 2.8.2 所示。整体式中,根据加工方法的不同,又分为直通式,如图 2.8.2c 所示和台阶式,如图 2.8.2a、b 所示。直通式凸模的工作部分和固定部分的形状与尺寸做成一样,这类凸模一般采用线切割方法进行加工。台阶式凸模一般采用机械加工,当形状复杂时成形部分常采用成形磨削。对于圆形凸模,冷冲模标准已制订出这类凸模的标准结构形式与尺寸规格,如图 2.8.3 所示。设计时可根据使用要求按国家标准选择。

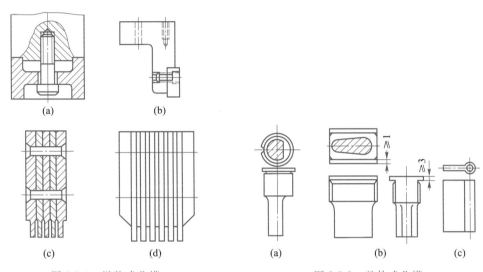

图 2.8.1   拼装式凸模   图 2.8.2   整体式凸模

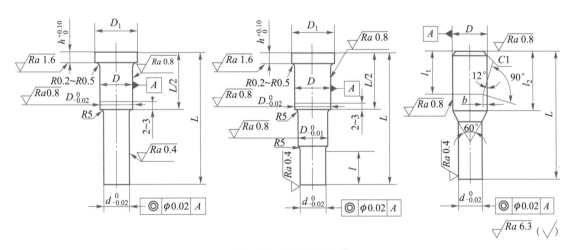

图 2.8.3   标准圆形凸模

2. 凸模长度的确定

凸模长度应根据模具结构的需要来确定。

若采用固定卸料板和导料板结构时,如图 2.8.4a 所示,凸模的长度为

$$L = h_1 + h_2 + h_3 + (15 \sim 20) \, \text{mm} \tag{2.8.1}$$

若采用弹压卸料板时,如图 2.8.4b 所示,凸模的长度为

$$L = h_1 + h_2 + t + (15 \sim 20) \, \text{mm} \tag{2.8.2}$$

式中, h_1、h_2、h_3、t 分别为凸模固定板、卸料板、导料板、板料的厚度; $15\sim20$ mm 为附加长度,包括凸模的修磨量、凸模进入凹模的深度及凸模固定板与卸料板间的安全距离。

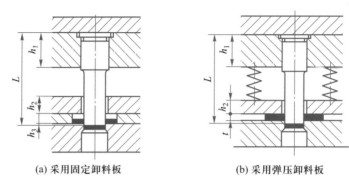

(a) 采用固定卸料板   (b) 采用弹压卸料板

图 2.8.4 凸模长度的确定

3. 凸模材料

模具刃口要求有较高的耐磨性,并能承受冲裁时的冲击力,因此应有较高的硬度与适当的韧性。形状简单且模具寿命要求不高的凸模可选用 T8A、T10A 等碳素工具钢;形状复杂且模具有较高寿命要求的凸模应选 Cr12、Cr12MoV、SKD11、D2 等合金工具钢制造,硬度取 $58\sim62$HRC;要求高寿命、高耐磨性的凸模,可选硬质合金材料。

4. 凸模承压能力和失稳弯曲极限长度校核

在一般情况下,凸模的强度是足够的,不必进行强度计算。但对细长的凸模,或凸模断面尺寸较小而冲压毛坯厚度又比较大的情况,应进行承压能力和抗纵向弯曲能力两方面的校验,以保证凸模设计的安全。

1) 凸模承载能力校核

凸模最小断面承受的压应力 σ,应小于凸模材料强度允许的压力 $[\sigma]$,即

$$\sigma = F_{\mathrm{P}}/A_{\min} \leqslant [\sigma]$$

对于非圆形凸模有 $\qquad\qquad A_{\min} \geqslant F_{\mathrm{P}}/[\sigma]$ $\qquad\qquad$ (2.8.3)

对于圆形凸模有 $\qquad\qquad d_{\min} \geqslant 4t\tau/[\sigma]$ $\qquad\qquad$ (2.8.4)

式中, σ 为凸模最小断面的压应力,MPa; F_{P} 为凸模纵向总压力,N; $A_{\min}$ 为凸模最小截面积,mm^2; $d_{\min}$ 为凸模最小直径,mm; t 为冲裁材料厚度,mm; τ 为冲裁材料抗剪强度,MPa; $[\sigma]$ 为凸模材料的许用压应力,MPa。

2) 凸模失稳弯曲极限长度

凸模在轴向压力(冲裁力)的作用下,不产生失稳的弯曲极限长度 $L_{\max}$ 与凸模的导向方式有关,如图 2.8.5 所示为有、无导向的凸模结构。对于无卸料板和卸料板对凸模无导向结构的如图 2.8.5a,其凸模不发生失稳弯曲的极限长度为

对圆形截面的凸模

$$L_{\max} \leqslant 30d^2/\sqrt{F_{\mathrm{P}}}$$ $\qquad$ (2.8.5)

对非圆形截面凸模

$$L_{\max} \leqslant 135\sqrt{J/F_{\mathrm{P}}}$$ $\qquad$ (2.8.6)

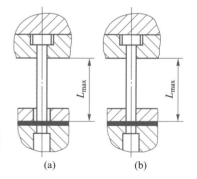

(a)   (b)

图 2.8.5 有、无导向的凸模结构

对于卸料板对凸模有导向结构的如图2.8.5b,其不发生失稳弯曲的凸模最大长度为

对圆形截面凸模

$$L_{\max} \leqslant 85d^2 / \sqrt{F_p} \qquad (2.8.7)$$

对非圆形截面凸模

$$L_{\max} \leqslant 380\sqrt{J/F_p} \qquad (2.8.8)$$

以上各式中,J 为凸模最小横截面的轴惯性矩,mm^4;F_p 为凸模的冲裁力,N;d 为凸模的直径,mm。

据上述公式可知,凸模弯曲不失稳时的最大长度 $L_{\max}$ 与凸模截面尺寸、冲裁力的大小、材料力学性能等因素有关。同时还受到模具精度、刃口锋利程度、制造过程、热处理等的影响。为防止细而长小凸模的折断和失稳,细长小凸模常采用如图2.8.6所示的护套进行保护。

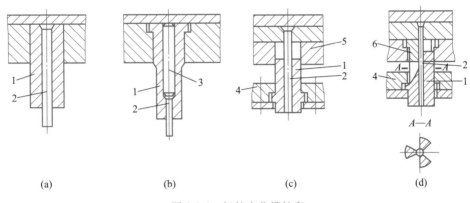

| (a) | (b) | (c) | (d) |

图 2.8.6 细长小凸模护套

5. 凸模的护套

如图2.8.6a、b所示为两种简单的圆形凸模护套。图2.8.6a为护套1、凸模2均用铆接固定。图2.8.6b为护套1采用台肩固定,凸模2很短,上端有一个锥形台,以防卸料时拔出凸模;冲裁时,凸模依靠芯轴3承受压力。图2.8.6c为护套1固定在卸料板(或导板)4上,护套1与上模导板5采用H7/h6配合,凸模2与护套1采用H8/h8配合。工作时,护套1始终在上模导板5内滑动而不脱离(起小导柱作用,以防卸料板在水平方向摆动)。当上模下降时,卸料弹簧压缩,凸模从护套中伸出冲孔。此结构有效地避免了卸料板的摆动和凸模工作端的弯曲,可冲厚度大于直径两倍的小孔。如图2.8.6d所示是一种比较完善的凸模护套,三个等分扇形块6固定在固定板中,具有三个等分扇形槽的护套1固定在导板4中,可在固定扇形块6内滑动,因此可使凸模在任意位置均处于三向导向与保护之中。但其结构比较复杂,制造比较困难。采用图2.8.6c、d两种结构时应注意两点:① 当上模处于上止点位置时,护套1的上端不能离开上模的导向元件(如上模导板5、扇形块6),其最小重叠部分长度不小于3~5 mm;② 当上模处于下止点位置时,护套1的上端不能受到碰撞。

6. 凸模的固定方式

平面尺寸比较大的凸模,可以直接用销钉和螺钉固定,如图2.8.7所示。中、小型凸模多采用台肩、吊装或铆接固定,如图2.8.8所示。对于有的小凸模还可以采用浇注黏结固定,如

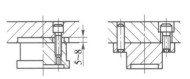

图 2.8.7 大凸模的固定

图 2.8.9 所示。对于大型冲模中冲小孔的易损凸模,可以采用快换凸模的固定方法,以便于修理与更换,如图 2.8.10 所示。

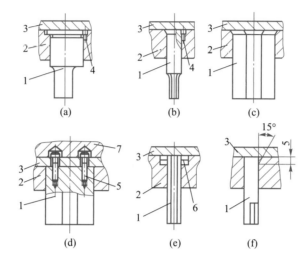

图 2.8.8　中、小型凸模的固定

1—凸模;2—凸模固定板;3—垫板;4—防转销;5—吊装螺钉;6—吊装横销;7—上模座

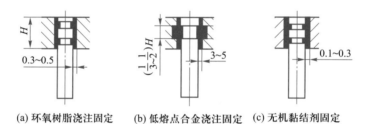

(a) 环氧树脂浇注固定　(b) 低熔点合金浇注固定　(c) 无机黏结剂固定

图 2.8.9　小凸模的黏结固定

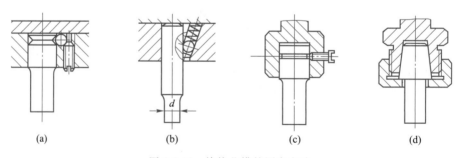

图 2.8.10　快换凸模的固定方法

2.8.3　凹模的结构设计

1. 凹模洞口的类型

常用凹模洞口类型如图 2.8.11 所示,其中 a、b、c 型为直筒式刃口凹模。其特点是制造方便,刃口强度高,刃磨后工作部分尺寸不变,广泛用于冲裁公差要求较小,形状复杂的精密制件。但因废料或制件在洞壁内的聚集而增大了推件力和凹模的胀裂力,给凸、凹模的强度都带来了不利的影响。一般复合模和上出件的冲裁模用 a、c 型,下出件的用 b 或 a 型。d、e 型是锥筒式刃口,在凹模内不聚集材料,侧壁磨损小,但刃口强度差,刃磨后刃口径向尺寸略有增大(如 $\alpha = 30'$ 时,刃磨0.1 mm,其尺寸增大 0.001 7 mm)。

凹模锥角 α、后角 β 和洞口高度 h,均随制件材料厚度的增加而增大,一般取 $\alpha = 15' \sim 30'$、$\beta = 2° \sim 3°$、$h = 4 \sim 10$ mm。

2. 凹模的外形尺寸

凹模的外形一般有矩形与圆形两种。凹模的外形尺寸应保证有足够的强度、刚度和修磨量。凹模的外形尺寸一般是根据被冲压材料的厚度和冲裁件的最大外形尺寸来确定的,如图 2.8.12 所示。

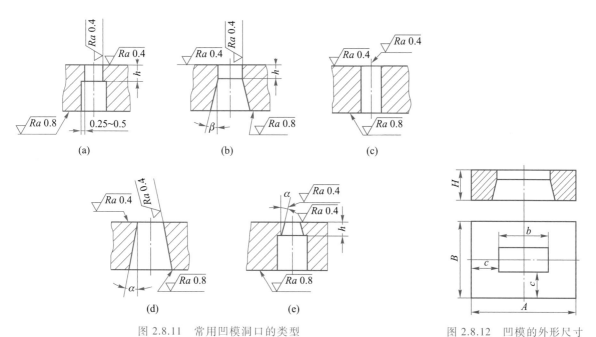

图 2.8.11　常用凹模洞口的类型　　　　　图 2.8.12　凹模的外形尺寸

凹模厚度　　　　　　　　　　　$H = Kb\ (\geqslant 15\ \text{mm})$　　　　　　　　　　　(2.8.9)

凹模壁厚　　　　　　　　　$c = (1.5 \sim 2)H\ (\geqslant 30 \sim 40\ \text{mm})$　　　　　　　(2.8.10)

式中,b 为冲裁件的最大外形尺寸;K 是考虑板料厚度的影响系数,可查表 2.8.1。

表 2.8.1　系 数 K 值

b/mm	材料厚度 t/mm				
	0.5	1	2	3	>3
$\leqslant 50$	0.30	0.35	0.42	0.50	0.60
$>50 \sim 100$	0.20	0.22	0.28	0.35	0.42
$>100 \sim 200$	0.15	0.18	0.20	0.24	0.30
>200	0.10	0.12	0.15	0.18	0.22

　　根据凹模壁厚即可算出其相应凹模外形尺寸的长和宽,然后可在冷冲模国家标准手册中选取标准值。

　　凹模洞口到模板边缘,洞口与洞口之间,螺钉、销钉到模板边缘,螺钉与销钉之间的凹模壁厚要求扫描二维码进行阅读。

　　3. 凹模的固定方法和主要技术要求

　　凹模一般采用螺钉和销钉固定。螺钉和销钉的数量、规格及它们的位置应可根据凹模的大小,可在标准的典型组合中查得。位置可根据结构需要作适当调整。螺孔、销孔之间以及它们到模板边缘尺寸,应满足有关设计要求。若是拼装凹模结构,固定方法及应用范围见表 2.8.2。

表 2.8.2　拼装凹模结构固定方法及应用范围

固定方法	简图	特点及适用范围
平面固定	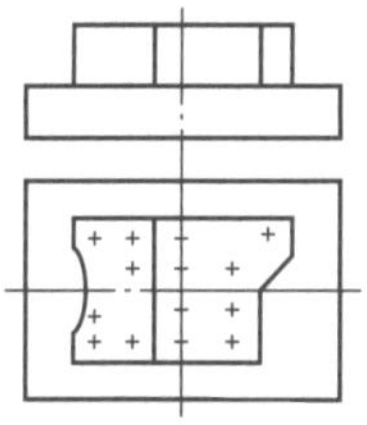	将拼块用螺钉、销钉直接固定在固定板上,加工调整方便; 主要用于冲裁料厚大于 1.5 mm 的大型模具
嵌入固定	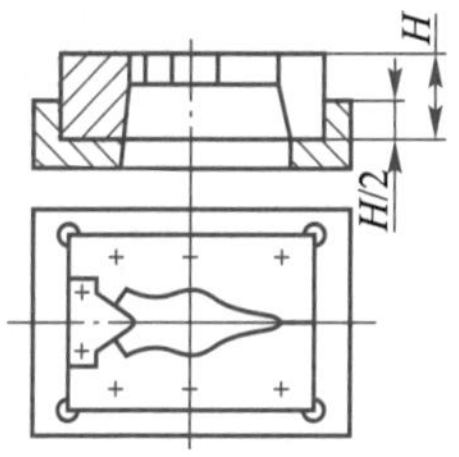	将拼块嵌入固定板内定位,采用基轴制过渡配合 K7/h6,然后用螺钉紧固,侧向承载能力较强; 主要用于中小型凸、凹模拼块的固定
压入固定	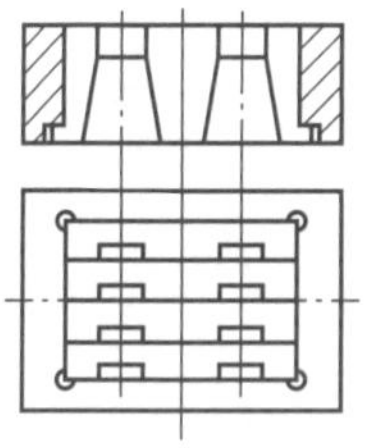	拼块较小,以过盈配合 U8/h7 压入固定板孔或槽内; 常用于形状简单的小型拼块的固定
浇注固定	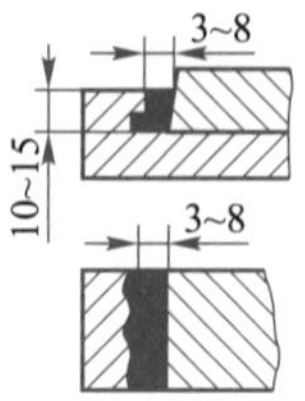	拼块用低熔点合金浇注固定,浇注后调整困难; 适用于浇注前易于控制拼块的拼合精度,又不宜用其他方法固定的小型拼块的固定

　　凹模洞孔轴线应与凹模顶面保持垂直,上、下平面应保持平行。型孔的表面有表面粗糙度的要求,$Ra = 0.8 \sim 0.4$ μm。凹模材料选择与凸模一样,但热处理后的硬度应略高于凸模。

2.8.4 定位零件的设计

为保证料带的正确送进和毛坯在模具中的正确位置,冲裁出外形完整的合格零件,模具设计时必须考虑料带或毛坯的定位。正确位置是依靠定位零件来保证的。由于毛坯形式和模具结构不同,所以定位零件的种类很多。设计时应根据毛坯形式、模具结构、零件公差大小、生产效率等进行选择。定位包含控制送料步距的挡料和垂直方向的导料等。

1. 挡料销

挡料销的作用是挡住料带搭边或冲压件轮廓以限制料带的送进距离。国家标准中常见的挡料销有三种形式:固定挡料销如图 2.8.13 所示、活动挡料销如图 2.8.14 所示、始用挡料销如图 2.8.15所示。固定挡料销安装在凹模上,用来控制料带的进距,特点是结构简单,制造方便。由于安装在凹模上,安装孔可能会造成凹模强度的削弱,常用的结构有圆形和钩形挡料销。活动挡料销常用于倒装复合模中。始用挡料销用于级进模中开始定位。

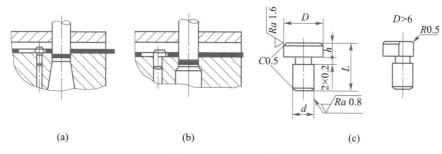

(a)   (b)   (c)

图 2.8.13 固定挡料销

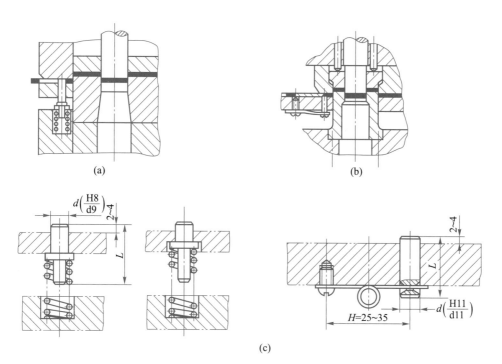

(a)   (b)

(c)

图 2.8.14 活动挡料销

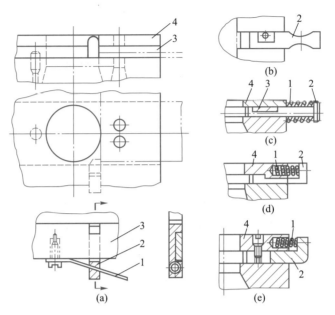

图 2.8.15　始用挡料装置

1—簧片(或弹簧)；2—始用挡块；3—导料板；4—固定卸料板

2. 导正销

导正销通常与挡料销配合使用在级进模中,以减小定位误差,保证孔与外形的相对位置尺寸要求。当零件上有适宜于导正销导正用的孔时,导正销安装在落料凸模上。按其固定方法可分为如图 2.8.16 所示的 6 种形式。图 2.8.16a、b、c 用于直径小于 10 mm 的孔；图 2.8.16d 用于直径为 10~30 mm 的孔；图 2.8.16e 用于直径为 20~50 mm 的孔。为了便于装卸,对小的导正销也可采用图 2.8.16f 所示的结构,其更换十分方便。

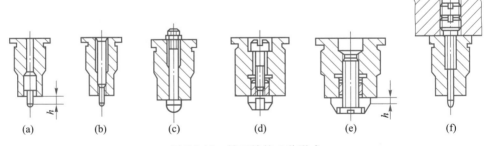

$$(a) \qquad (b) \qquad (c) \qquad (d) \qquad (e) \qquad (f)$$

图 2.8.16　导正销的 6 种形式

当零件上没有适宜于导正销导正用的孔时,对于工步数较多、零件精度要求较高的级进模,应在料带两侧的工艺废料处设置工艺孔,以供导正销导正料带使用。此时,导正销固定在凸模固定板上或弹压卸料板上,如图 2.8.17 所示。

当导正销与挡料销在级进模中配合使用时,导正销和挡料销轴心线的相互位置确定如图 2.8.18所示。

如料带按图 2.8.18a 所示方式定位,挡料销与导正销的轴心线位置距离尺寸可按式(2.8.11)

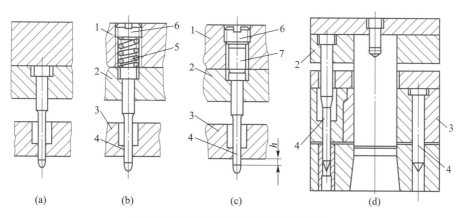

图 2.8.17 导正销固定在凸模固定板上

1—上模座；2—凸模固定板；3—卸料板；4—导正销；5—弹簧；6—螺塞；7—顶销

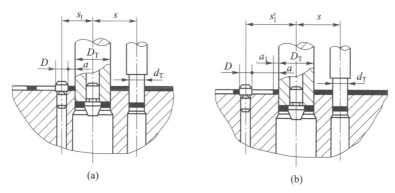

图 2.8.18 导正销和挡料销轴心线的相互的位置确定

计算：

$$s_1 = s - D_T/2 + D/2 + 0.1 \qquad (2.8.11)$$

如料带按图 2.8.18b 所示方式定位，挡料销与导正销的轴心线位置距离尺寸可按式（2.8.12）计算：

$$s_1' = s + D_T/2 - D/2 - 0.1 \qquad (2.8.12)$$

式中，s 为步距，mm；D_T 为落料凸模直径，mm；D 为挡料销头部直径，mm；s_1、s_1' 为挡料销轴心与落料凸模轴心距，mm。

3. 侧刃

在级进模中，常采用侧刃控制送料步距，从而达到准确定位的目的。冲压模具国家标准中推荐的矩形侧刃和成形侧刃两类结构，如图 2.8.19 所示。侧刃实质是裁切边料凸模，通过侧刃的两侧刃口切去料带边缘部分材料，形成一台阶。料带切去部分边料后，宽度才能够继续送入凹模，送进的距离为切去的长度（送料步距），当材料送到切料后形成的台阶时，侧刃挡块阻止了材料继续送进，侧刃定位误差如图 2.8.20 所示。只有通过模具下一次的工作，新的送料步长才能形成。

上述两类侧刃又可根据断面形状分为多种，其中 ⅠA、ⅠB、ⅠC 为平直型，ⅡA、ⅡB、ⅡC 为有导向台阶型。A 型断面为矩形，称矩形侧刃，其结构简单，制造方便，但侧刃角部因制造或磨损

动画
矩形侧刃

动画
成形侧刃

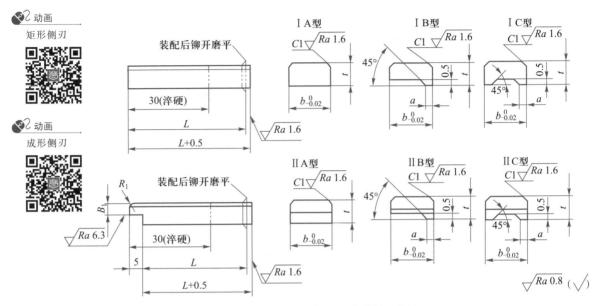

图 2.8.19 矩形侧刃和成形侧刃结构

原因,使切出的料带台肩角部出现圆角和毛刺,造成送料时不能使台肩直边紧靠侧刃挡块 2,致使料带不能准确到位,如图 2.8.20a 所示。因此,矩形侧刃定距的定位误差 Δ 较大,出现的毛刺,也使送料工作不够畅通。矩形侧刃常用于料厚为 1.5 mm 以下且要求不高的一般冲压件冲裁的定位。

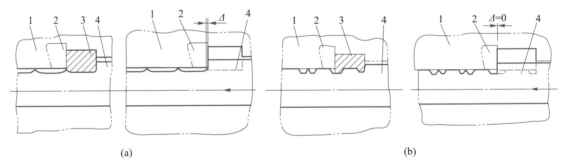

(a)   (b)

图 2.8.20 侧刃定位误差
1—导料板;2—侧刃挡块;3—侧刃;4—料带

B 型和 C 型为成形侧刃,如图 2.8.20b 所示,尽管在料带上仍然有圆角或毛刺产生,但是因圆角和毛刺离开了定位面,所以定位准确可靠。但侧刃形状较前者复杂,且切除边料较大,增加了材料的消耗,常用于冲裁厚度在 0.5 mm 以下或公差要求较严的制件。在高速冲压时,为避免冲去料带边缘的废料回跳到模面而影响侧刃的正常工作,常在大批量生产中将侧刃制成内斜 60°以上的燕尾槽形,如图 2.8.21 所示,以增大废料与凹模的摩擦力,使废料在侧刃的推动下向下漏料。

在模具设计中,根据材料排样的要求和技术经济性,料带送进的定距、定位精度,可选用单或双侧刃。单侧刃一般用于步数少、材料较硬或厚度较大的级进模中,双侧刃用于步数较多、材料较薄的级进模中。用双侧刃定距较单侧刃定距定位精度高,但材料利用率略有下降。双侧刃可

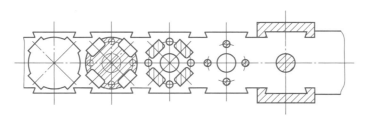

图 2.8.21 避免废料回跳的燕尾槽形侧刃

以显对角或并列布置。

侧刃沿送料方向的断面尺寸,一般应与步距相等。但在导正销与侧刃兼用的级进模中,侧刃的这一设计尺寸最好比步距稍大 0.05～0.10 mm,才能达到用导正销校正料带位置的目的。侧刃在送料方向的断面尺寸公差,一般按基轴制 h6 制造,在精密级进模中,按 h4 制造;侧刃孔按侧刃实际尺寸加单面间隙配制,材料的选用与凸模相同。

4. 定位板和定位钉

定位板和定位钉是为单个毛坯定位的元件,以保证前后工序相对位置精度或对工件内孔与外轮廓的位置精度的要求。如图 2.8.22a 所示为毛坯外轮廓定位,如图 2.8.22b 所示为毛坯内孔定位。

5. 送料方向的控制

控制料带的送料方向是依靠料带靠着一侧的导料板,沿着设计的送料方向导向送进。标准的导料板结构见冲模国家标准。而采用导料销导料时要选用两个。导料销的结构与挡料销相同。为使料带紧靠一侧的导料板送进,保证送料精度,可采用侧压装置。如图 2.8.23 所示为侧压装置的常用结构。簧片式用于料厚小于 1 mm,且侧压力要求不大的情况。弹簧压块式和簧片压板式用于侧压力较大的场合。弹簧压板式侧压力均匀,安装在进料口,常用于侧刃定距的级进模。簧片式和压块式使用时一般设置 2 至 3 个。

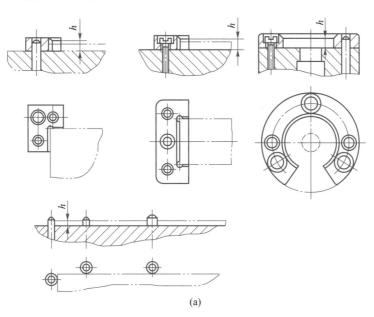

(a)

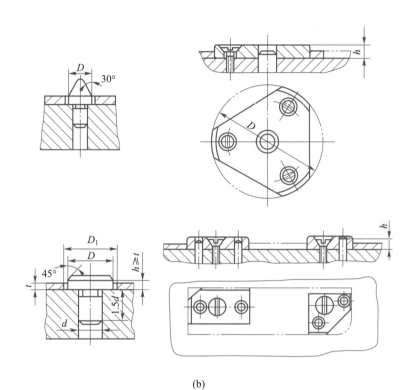

(b)

图 2.8.22　定位板和定位钉

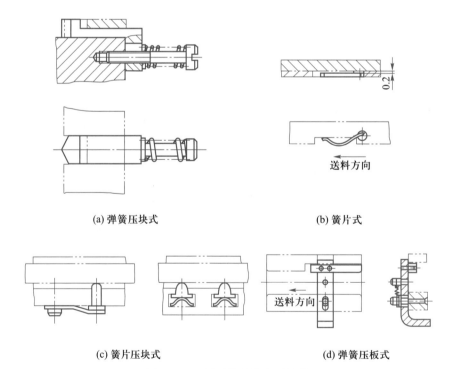

(a) 弹簧压块式　　　　　　　　　　　　(b) 簧片式

(c) 簧片压块式　　　　　　　　　　　　(d) 弹簧压板式

图 2.8.23　侧压装置的常用结构

2.8.5　卸料与推件零件的设计

1. 卸料零件

设计卸料零件的目的,是将冲裁后卡箍在凸模上或凸凹模上的制件或废料卸掉,保证下次冲压正常进行。常用的卸料方式有如下几种。

1) 刚性卸料

刚性卸料是采用固定卸料板结构,常用于较硬、较厚且精度要求不高的工件冲裁后卸料。当卸料板只起卸料作用时与凸模的间隙随材料厚度的增加而增大,单边间隙取 $(0.2 \sim 0.5)t$。当固定卸料板还要起到对凸模的导向作用时,卸料板与凸模的配合间隙应小于冲裁间隙。此时,要求卸料后凸模不能完全脱离卸料板,保证凸模与卸料板配合大于 5 mm。

常用固定卸料板如图 2.8.24 所示。图 2.8.24a 是卸料与导料为一体的整体式卸料板;图 2.8.24b 是卸料与导料板分开的组合式卸料板,在冲裁模中应用最广泛;图 2.8.24c 是用于窄长零件的冲孔或切口卸件的悬臂式卸料板;图 2.8.24d 是在冲底孔时用来卸空心件或弯曲零件的拱形式卸料板。

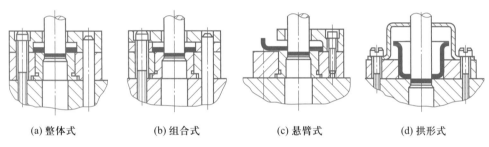

| (a) 整体式 | (b) 组合式 | (c) 悬臂式 | (d) 拱形式 |

图 2.8.24　常用固定卸料板

2) 弹压卸料板

弹压卸料板具有卸料和压料的双重作用,主要用于冲裁料厚在 1.5 mm 以下的板料,由于有压料作用,冲裁件比较平整。弹压卸料板与弹性元件(弹簧或橡皮)、卸料螺钉组成弹压卸料装置,如图 2.8.25 所示。卸料板与凸模之间的单边间隙选择 $(0.1 \sim 0.2)t$,若弹压卸料板还要起对凸模导向作用时,二者的配合间隙应小于冲裁间隙。弹性元件的选择应满足卸料力和冲模结构的要求。设计时可参考有关的设计资料。图 2.8.25a 为用橡胶块直接卸料;图 2.8.25c、e 为倒装式卸料;图 2.8.25d 是一种组合式的卸料板,该卸料板为细长小凸模导向,而小导柱 4 又对卸料板导向。采用图 2.8.25b 弹簧式结构时,凸台部分的设计高度 $h = H - (0.1 \sim 0.3)t$。

2. 推件和顶件装置

推件和顶件的目的,是将制件从凹模中推出来(凹模在上模)或顶出(凹模在下模)。推件力是通过压力机的推件横梁(如图 2.8.26 所示)作用在一些传力元件上,使推件力传递到推件板上将制件(或废料)推出凹模。推板的形状和推杆的布置应根据被推材料的尺寸和形状来确定。常见的刚性推件装置如图 2.8.27 所示,弹性推件装置如图 2.8.28 所示。

设计在下模的弹性顶件装置如图 2.8.29 所示。通过凸模下压使弹性元件在冲压时储存能量,模具回程时顶件器的弹性元件释放能量,顶件块将材料从凹模洞中顶出。

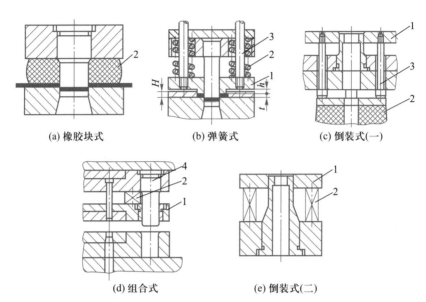

(a) 橡胶块式　　　　(b) 弹簧式　　　　(c) 倒装式(一)

(d) 组合式　　　　(e) 倒装式(二)

图 2.8.25　弹压卸料装置

1—弹压卸料板；2—弹性元件；3—卸料螺钉；4—小导柱

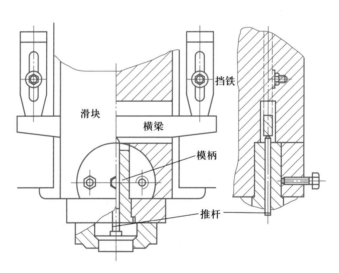

图 2.8.26　推件横梁

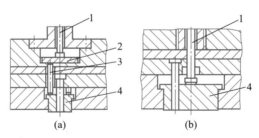

(a)　　　　(b)

图 2.8.27　常见的刚性推件装置

1—打杆；2—推板；3—推杆；4—推件块

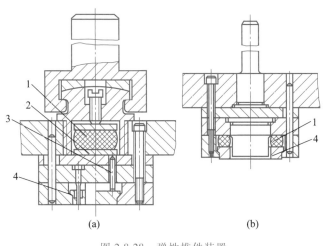

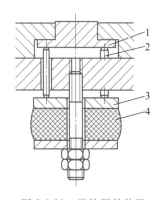

图 2.8.28　弹性推件装置

1—橡胶块；2—推板；3—推杆；4—推件块

图 2.8.29　弹性顶件装置

1—顶件块；2—顶杆；3—支承板；4—橡胶块

2.8.6　标准模架和导向零件

国家标准 GB/T 2851—2008《冲模滑动导向模架》、GB/T 2852—2008《冲模滚动导向模架》给出了各种不同结构和不同导向形式的铸铁标准模架。常用的模架有：

滑动式导柱导套铸铁模架如图 2.8.30 所示，模架由上、下模座和导向零件组成，它是整副模具的骨架，模具的全部零件都固定在它的上面，并承受冲压过程的全部载荷。模具上模座和下模座分别与冲压设备的滑块和工作台固定。上、下模合模的准确位置，由导柱、导套的导向来实现。图 2.8.30a 为对角导柱模架。由于导柱安装在模具中心对称的对角线上，所以上模座在导柱上滑动平稳。常用于横向送料级进模或纵向送料的落料模、复合模（X 轴为横向，Y 轴为纵向）；图 2.8.30b 为后侧导柱模架，由于前面和左、右不受限制，送料和操作比较方便。因导柱安装在后侧，工作时，偏心距会造成导柱导套单边磨损；并且不能使用浮动模柄结构。图 2.8.30c 为中间导柱模架，导柱安装在模具的对称线上，导向平稳、准确。但只能在一个方向送料。在设计较大的模具时，可选用四导柱模架，其具有滑动平稳、导向准确可靠、刚性好等优点。

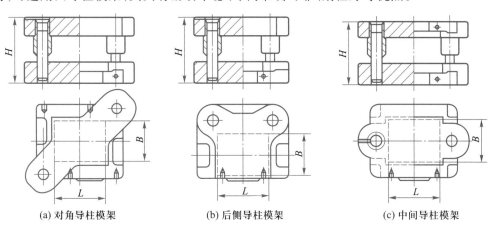

(a) 对角导柱模架　　　　　　(b) 后侧导柱模架　　　　　　(c) 中间导柱模架

图 2.8.30　滑动式导柱导套铸铁模架

　　如图 2.8.31 所示是滚动式导柱导套模架,该模架导柱导套的特点是二者之间有滚珠(或滚柱),该模架导向精度高,使用寿命长,主要用在高精度、高寿命的精密模具及薄材料的冲裁模具。同样,该模架有对角导柱、中间导柱、后侧导柱和四导柱结构。

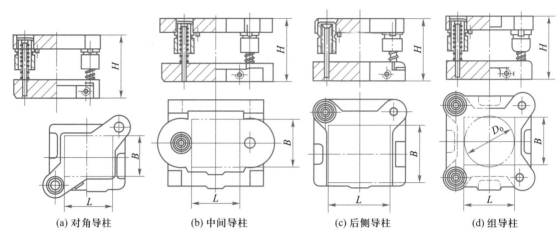

(a) 对角导柱　　　　　(b) 中间导柱　　　　　(c) 后侧导柱　　　　　(d) 组导柱

图 2.8.31　滚动式导柱导套模架

　　GB/T 23563.1~23563.4—2009、GB/T 23565.1~23565.4—2009 是国家标准制定的各种不同结构和导向形式的钢板标准模架,其中滑动式导柱导套的如图 2.8.32 所示。模架的规格可根据凹模周界尺寸从标准手册选取。

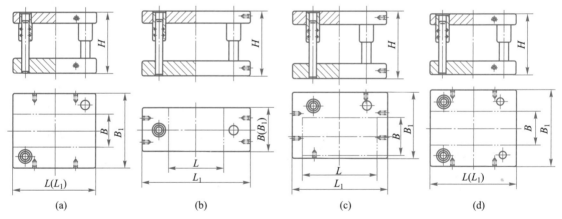

(a)　　　　　　　(b)　　　　　　　(c)　　　　　　　(d)

图 2.8.32　滑动式导柱导套钢板标准模架

　　如图 2.8.33 所示是滑动导向的导柱导套安装尺寸示意图。此时模具状态为闭合状态,H 为模具的闭合高度。导柱导套的配合精度根据冲裁模的精度、模具寿命、间隙大小来选用。当冲裁的板料较薄,而模具精度、寿命都有较高要求时,选 H6/h5 配合的 I 级精度模架,板厚较大时可选用 II 级精度的模架(H7/h6 配合)。

　　对于冲薄料的无间隙冲模、高速精密级进模、精冲模、硬质合金冲模等要求导向精度高的模具,还可选择如图 2.8.34 所示的滚动导向的导向结构。滚珠导柱、导套的结构是由导套 3、导柱 6、滚珠保持圈 5(内装有可自由滚动的滚珠 4)组成。为提高导向精度,滚珠与导柱导套间不仅无间隙,且有 0.01~0.02 mm 过盈量,即:

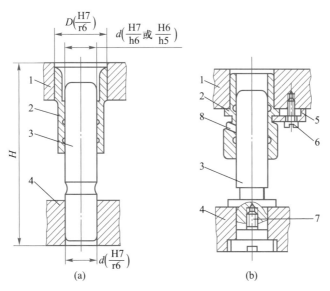

图 2.8.33 滑动导向的导柱导套安装尺寸示意图

1—上模座；2—导套；3—导柱；4—下模座；5—压板；6—螺钉；7—特殊螺钉；8—注油孔

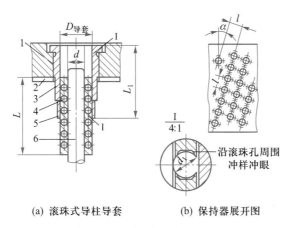

(a) 滚珠式导柱导套   (b) 保持器展开图

图 2.8.34 滚珠式导柱导套

1—上模座；2—压板；3—导套；4—滚珠；5—滚珠保持圈；6—导柱

$$D_{导套} = d_{导柱} + 2d_{滚珠} - (0.01 \sim 0.02) \text{ mm}$$

所以导向精度高。为了提高导向的刚性，滚珠尺寸应严格控制，以保证接触均匀。滚珠直径 $d_{滚珠} = 3 \sim 5$ mm，其直径公差不超过 $0.002 \sim 0.003$ mm，椭圆度不超过 $0.001\ 5$ mm。滚珠在保持圈内应以等间距平行倾斜排列，其倾斜角 α 一般取 $8°$，以增加滚珠与导柱、导套的接触线，使滚珠运动的轨迹互不重合，从而可以减少磨损。滚动导向结构也已列入冷冲模的国家标准。

导柱导套一般选用 20 钢制造，为增加表面的硬度和耐磨性，采用渗碳淬火处理，硬度为 $58 \sim 62$ HRC。淬硬后磨削表面，工作表面的表面粗糙度 Ra 值为 $0.2 \sim 0.1$ μm。

如图 2.8.35 所示是装配简单，同时能保证上下模较高的导向精度的独立滚动式导柱、导套组件。导柱、导套的装配不需要在模板上加工高精度的装配孔，其装配只需钳工在模具装配时，在模板上加工销孔和螺钉孔,就可实现导柱、导套的装配。该类导柱、导套组件目前在精密级进模中使用广泛。

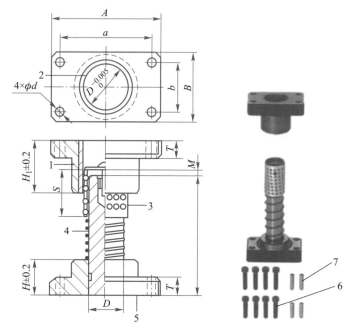

图 2.8.35 独立滚动式导柱、导套组件

1—上模座;2—导套;3—钢球保持器;4—支承弹簧;5—下模座;6—螺钉;7—销钉

2.8.7 固定零件

模具的固定零件有模柄、固定板、垫板、销钉、螺钉等。这些零件都可以从标准中查得。模柄是连接上模与压力机的零件,常用于 1 000 kN 以下的压力机的模具安装。模柄的结构形式比较多,常用的有如图 2.8.36 所示的几种。重载的模具可直接用螺钉、压板将上模压在滑块端面。

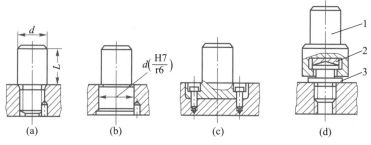

图 2.8.36 常用的模柄的结构形式

1—模柄;2—球面垫块;3—接头

凸、凹模固定板主要用于小型凸模、凹模或凸凹模等工作零件的固定。固定板的外形与凹模轮廓尺寸基本上一致,厚度取 $(0.6 \sim 0.8) H_{凹}$。材料可选用 Q235 或 45 钢。垫板的作用是承受凸

模或凹模的轴向压力,防止过大的冲压力在上、下模板上压出凹坑,如图 2.8.37 所示,影响模具正常工作。垫板厚度根据压力大小选择,一般取 5~12 mm,外形尺寸与固定板相同,材料为 45 钢,热处理后硬度 43~48 HRC。

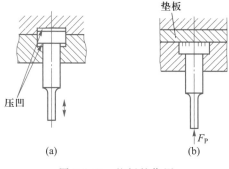

大国重器
创新驱动

图 2.8.37 垫板的作用

2.9 精密冲裁工艺与精冲模具简介

精密冲裁(简称精冲)是一种能够生产具有完全光洁断面的板料零件制造工艺,该工艺有时也称为光洁冲裁。由于精密冲裁具有独特的工艺特点,能够加工出高质量断面的零件,且具有显著的经济优势,因此迅速被制造业所采纳,并开辟了许多新的应用领域。

精冲常与成形工艺结合称为精冲复合成形工艺,它可分为两种:板料成形和体积成形。板料成形包括拉深、弯曲和翻边成形。体积成形工艺主要包括镦粗、平面打扁、压印、沉孔和挤压等。体积成形所用的板料比板料成形厚。所有精冲复合成形工艺均需采用多工位模具实现,如图 2.9.1 所示为精冲复合成形零件。

图 2.9.1 精冲复合成形零件

2.9.1 精密冲裁概述

由于普通冲裁生产的零件断面质量不能满足一些使用功能的要求,如通过齿轮表面传输力、紧密配合等,这些使用功能要求冲裁件表面具有较大的接触面积(光亮带)和较高的垂直度,因此应改进普通冲裁的工艺,以生产具有更好冲裁断面质量的零件。精密冲裁就是这样一种冲压方法,它能在一次冲压行程中获得比普通冲裁零件尺寸精度高、冲裁面光洁、翘曲小且互换性好的优质冲压零件,并以较高的生产效率,较低的成本达到产品质量的改善。

实现精密冲裁的基本条件为精冲机床、精冲模具、精冲材料、精冲工艺及精冲润滑等。

1. 精密冲裁的工作原理及过程

(1)工作原理:在精冲复合模中,精密冲裁过程的某个状态如图 2.9.2a 所示,此时零件和冲孔废料均已被冲裁到厚度一半的位置,前者向下进入凹模而后者向上进入外形凸凹模中。主要工作压力有:冲裁力 F_S(作用在凸模上)、压边力 F_R(作用在凹模上)、反压力 F_G(作用在顶件器上),其中反压力与冲裁力方向相反。

如图 2.9.2b 所示,一旦零件的内、外形均已冲裁完毕,零件将被顶件力 F_{GA} 从凹模中顶出,而废料则被卸料力 F_{RA} 从凸模上卸除。F_{RA} 以及将 V 形齿圈压入材料的压边力 F_R 是由同一机构提供,所有这些力均与冲裁力相互独立。

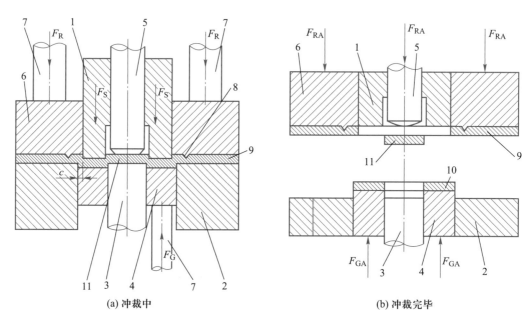

(a) 冲裁中　　　　　　　　　　　　　(b) 冲裁完毕

图 2.9.2　精密冲裁工作原理

c—冲裁间隙;1—落料凸模;2—凹模;3—冲孔凸模;4—顶件板;5—冲孔废料顶件器;
6—V 型齿圈压板;7—压杆;8—V 形齿圈;9—带料;10—工件;11—冲孔废料

精密冲裁的变形机理是塑性剪切过程。在专用精冲压力机上(压边力和反压力由液压系统提供,冲裁力由机械系统提供),借助于特殊结构的精冲模,在强力的齿圈压力、反顶压力及冲裁力的共同作用下使精冲材料产生塑性剪切变形。如图 2.9.2 所示的冲裁过程中落料凸模 1 接触带料 9 之前,通过压力 F_R 使 V 形齿圈 8 将材料压紧在凹模上,从而在 V 形齿的内面产生横向侧压力,以阻止材料在剪切区内撕裂和金属的横向流动。在冲孔凸模压入材料的同时,利用顶件板 4 的反压力 F_G,将材料压紧,并在压紧状态中,在冲裁力 F_S 作用下进行冲裁。剪切区内的金属处于三向压应力状态,从而提高了材料的塑性。此时,材料就沿着凹模的刃边形状,呈纯剪切的形式冲裁零件。

(2) 精密冲裁过程:在精密冲裁过程中,滑块的行程是十分精确的。滑块速度可控、反压力和压边力可调、一些辅助功能可以在行程的指定点启动。

如图 2.9.3 所示描述了精密冲裁的工作循环过程,对应了精密冲裁过程中模具一个工作循环的 8 个工作状态。

① 模具开启,如图 2.9.3a 所示。模具开启,送入带料,并对带料的上下两面进行润滑。

② 工件材料固定夹紧,如图 2.9.3b 所示。模具闭合,剪切区以外的材料在压边力 F_R(通过 V 形齿圈)作用下、剪切区以内材料在反压力 F_G 作用下夹紧。

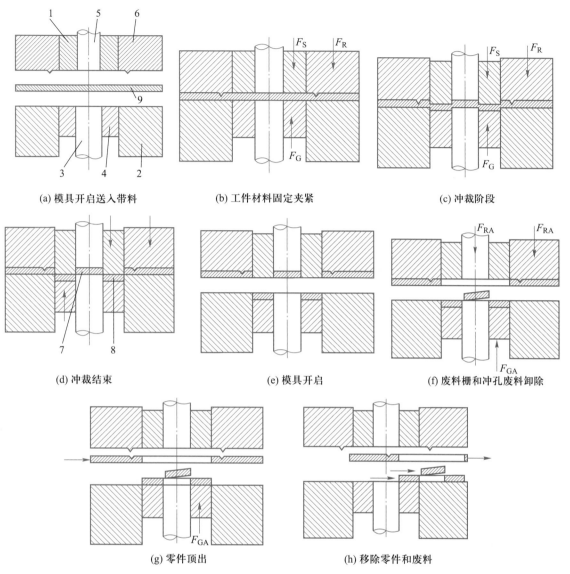

(a) 模具开启送入带料　　　(b) 工件材料固定夹紧　　　(c) 冲裁阶段

(d) 冲裁结束　　　(e) 模具开启　　　(f) 废料栅和冲孔废料卸除

(g) 零件顶出　　　(h) 移除零件和废料

图 2.9.3　精密冲裁的工作循环过程

1—凸凹模;2—落料凹模;3—冲孔凸模;4—顶件器;5—冲孔废料顶件器;
6—V 形齿圈压板;7—冲孔废料;8—零件;9—料带

③ 冲裁阶段,如图 2.9.3c 所示。冲裁阶段材料受到压边力 F_R、反压力 F_G 和冲裁力 F_S 的共同作用,零件冲裁成形。

④ 冲裁结束,如图 2.9.3d 所示。此时零件与带料完全分离,并被推入凹模,同时冲孔也已完成,冲孔废料被推入凸模模腔。此时,滑块已到达最高点,即上死点。

⑤ 模具开启,如图 2.9.3e 所示。压边力 F_R 和反压力 F_G 卸载,模具开启。

⑥ 废料栅和冲孔废料卸除,如图 2.9.3f 所示。该阶段 V 形齿圈活塞施加卸料力 F_{RA},从凸模上卸除废料栅和冲孔废料。

⑦ 零件顶出,如图 2.9.3g 所示。废料退出后,反压活塞施加顶件力 F_{GA},将零件从凹模中顶

出,同时,带料向前移动,为下一冲程做准备。

⑧ 移除零件和废料,带料送进,如图 2.9.3h 所示。在此阶段通过空气喷嘴或机械式移除装置将零件和废料从模具中移除,送料完成,并将废料栅切断。

2. 普通冲裁与精密冲裁的工艺特点对比

使用普通冲裁和精密冲裁两种工艺方法时,变形材料在模具内分离变形的比较如图 2.9.4 所示。

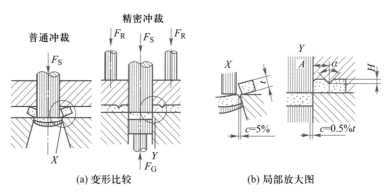

(a) 变形比较　　　　　　　　(b) 局部放大图

图 2.9.4　变形材料在模具内分离变形的比较

根据表 2.9.1 普通冲裁与精密冲裁的工艺特点对比可知,要实现精密冲裁,工艺上应采取一些特殊措施:

(1) 采用带齿圈的压板。产生强烈压边作用力,使塑性剪切变形区形成三向压应力状态,且增加变形区及其邻域的静水压力。

(2) 在凹模(或凸模)刃尖处制造出 $0.02 \sim 0.2$ mm 的小圆角。这样能抑制剪裂纹的发生,限制断裂面的形成,有利工件断面的挤光作用。

(3) 采用较小的间隙,甚至为零间隙。使变形区的拉应力尽量小,压应力增大。

(4) 施加较大的反顶压力。减小材料的弯曲,同时起到增加压应力的作用。

表 2.9.1　普通冲裁与精密冲裁的工艺特点对比

序号	技术特征	普通冲裁	精密冲裁
1	材料分离形式	剪切变形、断裂分离	塑性剪切变形
2	尺寸精度	IT11 ~ 13	IT6 ~ 9
3	冲裁断面质量: 表面粗糙度 $Ra/\mu m$ 不垂直度 平面度	>6.3 大 大	$0.4 \sim 1.6$ 小(单面 0.002 6 mm/1 mm) 小(0.02 mm/10 mm)
4	模具:间隙 刃口状态	双边$(5 \sim 15)\%t$ 锋利	单边 $0.5\%t$ 小圆角
5	冲压材料	无要求	塑性好(球化处理)
6	毛刺	双向、大	单向、小

续表

序号	技术特征	普通冲裁	精密冲裁
7	塌角	$(20 \sim 30)\% t$	$(10 \sim 25)\% t$
8	压力机	普通（单向力）	特殊（三向力）
9	润滑	一般	特殊
10	成本	低	高（回报周期短）

专门用于精密冲裁的全液压精冲压力机可扫描二维码进行学习。

拓展知识

全液压精冲
压力机

2.9.2　精冲件的工艺性

1. 精冲件材料的工艺性

精冲的材料应具有良好的变形特性（屈服极限低、硬度较低、屈强较大、断面延伸率高），且具有理想的金相组织结构、含碳量低等，以便在冲裁过程中不致发生撕裂现象。以 $\sigma_b = 400 \sim 500$ MPa 的低碳钢精冲效果最好。但含碳量在 0.35%～0.7% 甚至更高的碳钢，以及铬、镍、钼含量低的合金钢，经退火处理后仍可获得良好的精冲效果。材料的金相组织对精冲断面质量影响很大（特别对含碳量高的材料），理想的组织是球化退火后均匀分布的细粒碳化物（即球状渗碳体）。有色金属，如纯铜、黄铜（含铜量大于62%）、软青铜、铝及其合金（抗拉强度低于 250 MPa）都能精冲。铁素体和奥氏体不锈钢（含碳量≤0.15%）也能获得较好的精冲效果。

2. 精冲件的结构工艺性

1）圆角半径

为了保证零件质量和模具寿命，要求精冲零件避免尖角太小的圆角半径，否则会在零件相应的剪切面上发生撕裂，以及在凸模尖角处崩裂和磨损。零件轮廓的最小圆角半径与材料厚度、力学性能以及尖角角度有关，设计时可参考如图 2.9.5 所示的最小圆角半径。

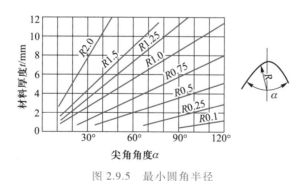

图 2.9.5　最小圆角半径

2）孔径、槽宽和壁厚

精冲件的孔径 d 和槽宽 b 不能太小，否则也会影响模具寿命和零件质量。冲孔的最小孔径可查图 2.9.6，最小槽宽可查图 2.9.7。精冲件的壁厚是指孔、槽之间，或孔、槽内壁与零件外缘之间的距离，同轴圆弧的壁厚和直边部分的壁厚均可视为窄带，可由图 2.9.7 所示的窄槽值粗略确定，也可参考有关精冲设计资料。

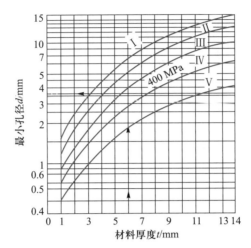

图 2.9.6　冲孔的最小孔径

I —σ_b = 750 MPa；Ⅱ —σ_b = 600 MPa；Ⅲ —σ_b = 450 MPa；Ⅳ —σ_b = 300 MPa；Ⅴ —σ_b = 150 MPa

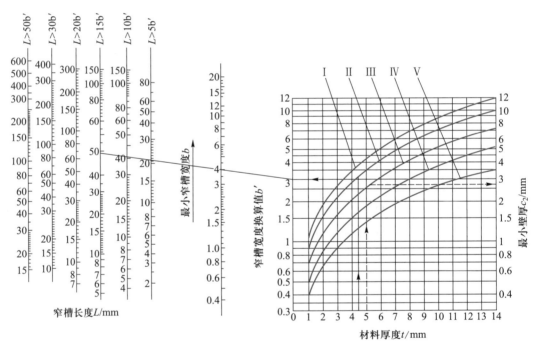

图 2.9.7　槽宽和壁厚

例 2.9.1　已知料厚为 4.5 mm，抗拉强度 σ_b = 600 MPa，槽长 L = 50 mm。根据图 2.9.7，名义槽宽为 3 mm，连接 $L>15b'$ 和 b' = 3 的连线，得到最小槽宽 b = 4 mm。

2.9.3　精密冲裁模的设计要点

1. 设计要求和内容

精冲模是实现精冲工艺的重要手段，除了要满足普通冲裁模设计要求外，还要特别注意：

（1）模具结构应满足精冲工艺要求，并能在工作状况下形成立体压应力体系；

（2）模具具有较高的强度和刚度,功能可靠,导向精度良好;

（3）考虑到模具的润滑、排气,并能可靠清除冲出的零件及废料;

（4）合理选用精冲模具材料、热处理方法和模具零件的加工工艺性;

（5）模具结构简单、维修方便,具有良好的经济性。

设计的内容包括分析精冲件的工艺性,确定精冲工艺顺序,进行精冲模具总体结构设计以及精冲辅助工序的设计等。

2. 精冲的排样和精冲力的计算

排样直接影响材料的利用率。此外,模具的各工作零件的布置和结构形状也取决于合理的排样。因此,在进行排样时不仅要考虑材料的利用率,而且还要考虑到实现精冲工艺的可行性。即排样与零件的质量和经济性密切相关。

1）精冲件的排样设计

① 合理的材料利用率。在进行如图 2.9.8 所示的精冲件排样时,为充分考虑提高材料利用率,可采用对头排。排样时要特别注意零件间要留有足够的齿圈位置。排样方法和材料利用率的计算前述已介绍过。

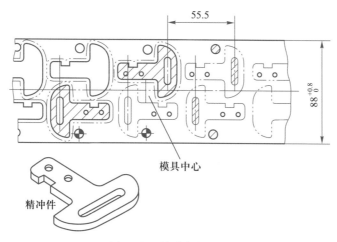

图 2.9.8　精冲件排样图

② 排样方向的确定。零件形状复杂的部分或表面粗糙度要求较高的部分应尽可能放在送料侧,这样搭边最为充分。同时从冲裁过程来看,材料整体部分的变形阻力比侧搭边部分大,最为稳定,且易使冲裁断面光洁(如图 2.9.9 所示)。精冲弯曲(折弯)零件时,弯曲线要与材料轧制方向垂直或成一定角度,以免弯角处出现裂纹。

③ 搭边计算。由于精冲时压边圈上带有 V 形齿圈,故搭边、边距和步距数值都较普通冲裁为大。影响它们的因素主要有零件冲裁断面质量、料厚及材料强度、零件形状、齿圈分布。搭边和边距数值一般比普通冲裁大:零件与零件间搭边 $a \geq 2t$,零件与料边边距 $a_1 \geq 1.5t$。零件与零件的搭边和零件与料边边距的数值也可直接由图 2.9.10 求得。

2）精冲力

由于精冲是在三向受力状态下进行冲裁的,其变形抗力比普通冲裁要大得多。保证精冲需要的工艺力,是实现精冲工艺的重要工艺参数。精冲总压力为

$$F_{P总} = F_{P冲裁} + F_{P压边} + F_{P反压} \tag{2.9.1}$$

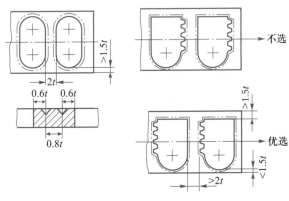

图 2.9.9　排样方向的确定

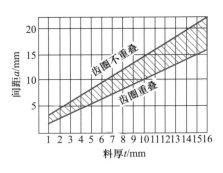

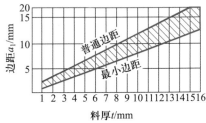

图 2.9.10　搭边尺寸

其中：

$$F_{P冲裁} = Lt\sigma_b f_1$$
$$F_{P压边} = Lh\sigma_b f_2 ;$$
$$F_{P反压} = S_F \cdot p$$

式中，系数 $f_1 = 0.6 \sim 0.9$，常取 0.9；L 为剪切轮廓线长；系数 f_2 常取 4；h 为齿圈高度；S_F 为零件受压面积；p 为零件的单位反压力，取 20~70 MPa，大面积时取大值，小面积、薄零件取小值。

2.9.4　精冲模具结构及其特点

1. 精冲模与普通冲模结构比较

精冲模与普通冲模结构比较，有共性也有差异性，其主要区别在于：

（1）精冲模有凸出的齿形压边圈，材料在压边圈和凹模、反压板和凸模的压紧下实现冲裁，工艺要求其压边力和反压力都极大地大于普通冲裁的卸料力、顶件力，以满足在变形区建立起三向不均匀压应力状态，因此精冲模受力比普通冲模大，模具刚性要求更高。

（2）精冲凸模和凹模之间的间隙小，大约单边是料厚的 0.5 %，而普通冲裁模的单边间隙约为料厚的 3%~8%（甚至更大）。

（3）冲裁完毕模具开启时，反压板将零件从凹模内顶出，压边圈将废料从凸模上卸下，不必另外需要顶件和卸料装置。

（4）精冲模应置于有三向作用力的精冲压力机上，且三个力可以独立调节；精冲模具还需设计专门的润滑和排气系统。

2. 精冲模结构

1）活动凸模式复合精冲模

如图 2.9.11 所示是在精冲压力机上使用的活动凸模式复合精冲模。该模具的凹模和带齿压料板分别固定在上、下模座内，凸凹模 6 是活动的，由滑块 9 通过凸凹模支座 7 和凸模拉杆 10 驱动凸凹模作上、下运动。凸凹模 6 运动的导向是下模座内孔和齿圈压料板内孔。这种结构宜用

于生产冲裁力不大的中、小型精冲件。

2）固定凸模式复合精冲模

如图 2.9.12 所示是在精冲压力机上使用的固定凸模式复合精冲模，其凸凹模固定在上模座上（也可以固定在下模座上）。齿圈压板压力由上柱塞 1 通过连接推杆 3 和 5、活动模板 7 传递；顶件块的反压力由下柱塞 17 通过顶块 15 和顶杆 13 传递。

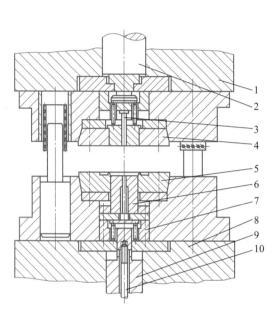

图 2.9.11　活动凸模式复合精冲模

1—上工作台；2—上柱塞；3—冲孔凸模；4—落料凹模；
5—齿圈压料板；6—凸凹模；7—凸凹模支座；
8—下工作台；9—滑块；10—凸模拉杆

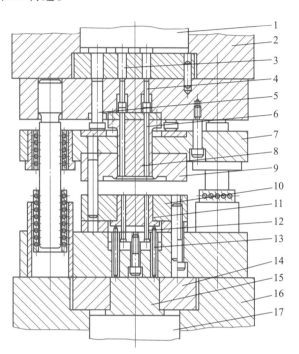

图 2.9.12　固定凸模式复合精冲模

1—上柱塞；2—上工作台；3、4、5—连接推杆；6—推杆；
7—活动模板；8—凸凹模；9—齿圈压板；10—凹模；
11—顶件块；12—冲孔凸模；13—顶杆；14—下垫板；
15—顶块；16—下工作台；17—下柱塞

这种模具结构刚度好，受力平稳。适用于生产尺寸较大、窄长、形状复杂、内孔多、板料厚或需要级进冲压的精冲零件。

3）简易精冲模

扫描二维码进行阅读。

拓展知识

简易精冲模

2.9.5　精冲模主要零件齿圈的设计

精冲模与普通冲模的最显著区别之一是采用了 V 形齿圈。齿圈是指在压板和凹模上，围绕零件冲裁外形一定距离设置的 V 形凸起。

1. 齿圈的作用

V 形齿圈主要是阻止剪切区以外的金属在剪切过程中随凸模流动，从而在剪切区内产生压应力。当压应力增大时，平均应力一般在压应力范围内移动，当达到剪切断裂极限前，剪应力就已达到剪切流动极限。因此，V 形齿圈压入材料时，在冲压过程中的具体作用是：

（1）固定被加工板料，避免材料受弯曲或拉伸。

（2）抑制冲件以外的力，如与冲压方向相垂直的水平侧向力对冲件的影响。水平侧向力数值约为冲压力的10%（铝材）到30%（钢材）。

（3）压应力提高了被加工材料的塑性变形能力。

（4）减少变形时的塌角。

（5）兼起卸料板卸料的作用。

2. 齿圈的分布

（1）在塌角大的部分，V形齿圈应和刃口的形状相一致；

（2）在塌角较小的部分（如凹入的缺口和凸出很大的部分），V形齿圈与刃口形状可以不一致，齿圈的分布如图2.9.13所示；

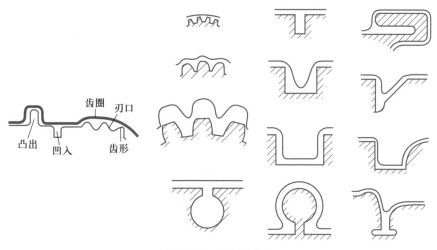

图 2.9.13　齿圈的分布

（3）冲小孔时，不会产生剪切区以外材料的流动，一般不需要V形齿圈；冲大孔时（直径在30～40 mm以上），建议在顶杆上加V形齿圈；

（4）如果料厚 $t<3$ mm，可使用平面压板。但它压边力小，易出现纵向翘曲而引起附加拉应力；

（5）当料厚 $t≤4.5$ mm，可在压板或凹模面上使用一个单齿圈；当料厚 $t>4.5$ mm，或材料强度较高（$\sigma_b≥800$ MPa），或者对于齿轮和带锐角的零件，通常使用两个V形齿圈，一个在齿圈压板上，另一个在凹模上，即双齿圈。

3. 齿圈的结构

1）齿圈形式

精密冲裁齿圈常用三角形凸起形环，如图2.9.14a所示。也可使用图2.9.14b和c的台阶形和圆锥形（截面斜角为45′～2°）齿圈压板来压边，它不仅不留印痕，还节省材料且制造简单，而且也能达到三角形凸起同样的效果，但静水压力的效果不如三角形凸起。目前使用三角形凸起的齿圈（即V形齿圈）仍占绝大多数。

2）齿形参数（图2.9.15）

V形齿圈齿形角 α 和 β 可以相等也可不相等，α 一般选择30°～45°；若不等且 $\alpha<\beta$，则 $\beta=35°～45°$。

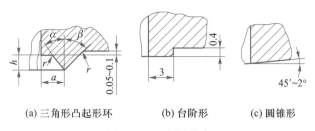

图 2.9.14　齿圈形式

(a) 三角形凸起形环　　(b) 台阶形　　(c) 圆锥形

齿圈高度 h 与材料厚度、力学性能和齿圈位置等因素有关。材料越厚,强度越低,齿圈高度越大;反之越小。h 太小,不能起到对材料挤压作用,不利于精冲变形;h 太大,压边力增大,模具弹性变形值增大,影响模具寿命。根据材料的力学性能,可由式(2.9.2)确定齿高:

$$h = Kt \qquad (2.9.2)$$

式中,t 为料厚,mm;齿高系数 K 可由图 2.9.16 中确定。

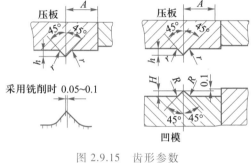

图 2.9.15　齿形参数

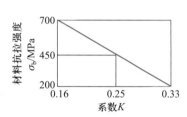

图 2.9.16　齿高系数 K

3) 齿圈尺寸

为了设计和制造方便,V 形齿圈已标准化。根据瑞士 Feintool 公司资料介绍,当 $t \leq 4.5$ mm 时,仅在压板或凹模上使用单面齿圈;当 $t > 4.5$ mm,则要在压板和凹模上同时使用双面齿圈,其值可查精冲手册,如图 2.9.17 所示。

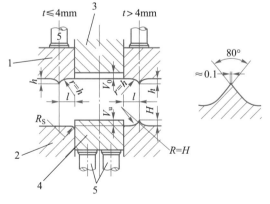

图 2.9.17　齿圈尺寸

t—料厚;V_0—凸模退回距离;V_u—顶板顶出距离;R_s—凹模圆角,$R_s = 0.1 \sim 0.2t$;

1—压板;2—凹模;3—凸模;4—顶件板;5—传力杆

4）齿圈的保护

精冲时,齿圈与材料接触。为了防止齿圈与凹模相碰或双齿圈的互撞而造成破坏,在齿圈压板或凹模上设计高出齿顶的保护面,如图 2.9.18 所示,其高度应小于料厚,以免冲裁时发生干涉,即 $H<t$。一般:

当凸起在一侧时:$H=(0.6\sim0.8)t$

当凸起在两侧时:$H=(0.3\sim0.4)t$

在设计保护面时,还应考虑其位置的正确性,特别是受力状态,要防止弯曲或损坏。而且,当两侧都有保护面时,高度应一致,避免工作时产生倾斜力。如图 2.9.19 所示,左两图位置选择合理,右两图齿圈保护位置工作时将产生变形。当两侧都有保护面时,高度必须一致,避免工作时产生倾斜力。

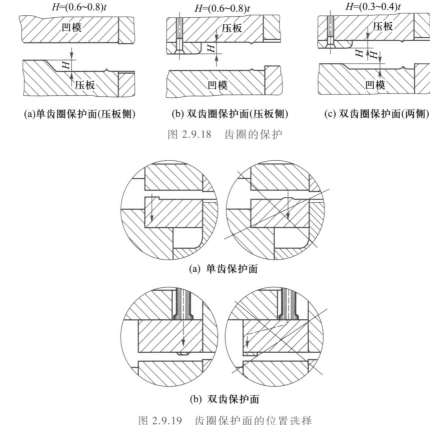

图 2.9.18　齿圈的保护

图 2.9.19　齿圈保护面的位置选择

习题与思考题

2.1　试讨论冲裁间隙的大小与冲裁件断面质量间的关系。

2.2　试分析冲裁间隙对冲裁件质量、冲裁力、模具寿命的影响。

2.3 简述精密冲裁与普通冲裁的工艺特点,并比较二者变形机理的主要区别。

2.4 确定冲裁工艺方案的依据是什么? 冲裁工序组合方式是根据什么来确定的?

2.5 如图题 2.5 所示零件,材料为 Q235,板厚为 2 mm。试确定冲裁凸、凹模刃口尺寸,并计算冲裁力。

2.6 如图题 2.6 所示硅钢片零件,材料为 D42 硅钢板,料厚 $t = 0.35$ mm,用配作法制造模具,试确定落料凸、凹模刃口尺寸。

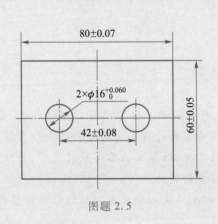

图题 2.5

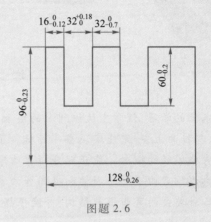

图题 2.6

2.7 在一个运行的工作团队中,个人奋斗与团队协作,哪一个更重要?

第 3 章
弯曲工艺和弯曲模具设计

学 习 目 标

通过本章的学习,让学生认识到人的成长也是有曲折的。但只要我们坚守初心、爱岗敬业、严谨务实、积极向上,一定能实现奋斗目标。了解弯曲变形过程和弯曲变形特点。掌握弯曲中性层和最小弯曲半径的概念。能正确分析弯曲零件工艺性,计算弯曲零件展开尺寸,合理安排弯曲工序。熟悉影响弯曲变形的因素和提高弯曲零件质量的措施。

掌握各种典型的弯曲模具结构,并能根据产品的生产能力和技术指标设计弯曲模具。

弯曲是将金属板料毛坯、型材、棒材或管材等按照设计要求的曲率或角度成形为所需形状零件的冲压工序。弯曲工序在生产中应用相当普遍。弯曲零件的种类很多,如汽车的纵梁、自行车车把、各种电器零件的支架、门窗铰链等,如图 3.0.1 所示为常见的弯曲零件。

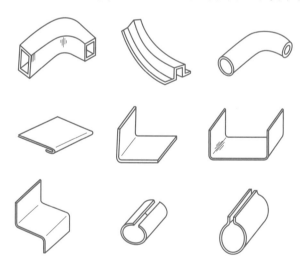

图 3.0.1　常见的弯曲零件

根据所用的工具和设备不同,弯曲方法可分为在普通压力机上使用弯曲模压弯、在折弯机上的折弯、拉弯机上的拉弯、辊弯机上的滚弯或辊压成形等,如图 3.0.2 所示。虽然各种弯曲方法不同,但变形过程及特点却存在着某些相同规律。本章主要介绍在普通压力机上进行压弯的工艺和模具设计。

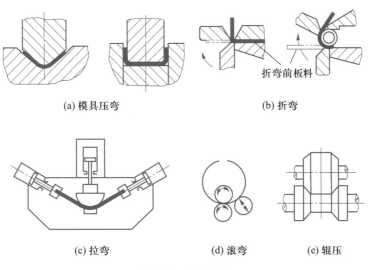

折弯前板料
(a) 模具压弯
(b) 折弯
(c) 拉弯
(d) 滚弯
(e) 辊压

图 3.0.2 弯曲方法

3.1 弯曲变形过程分析

3.1.1 弯曲变形过程

如图 3.1.1 所示为板料在 U 形弯模与 V 形弯模中受力变形的基本情况。凸模对板料在作用点 A 处施加外力 F_P(U 形)或 $2F_P$(V 形),则在凹模的支承点 B 处引起反力 F_P,并形成弯曲力矩 $M=F_Pa$(或 $M=2F_Pa$)(V 形),这个弯曲力矩使板料产生弯曲。

凸模
凹模
B
A
F_P
$M=F_P a$
a
(a)
$2F_P$
(b)

图 3.1.1 板料在 U 形弯模与 V 形弯模中受力变形的基本情况

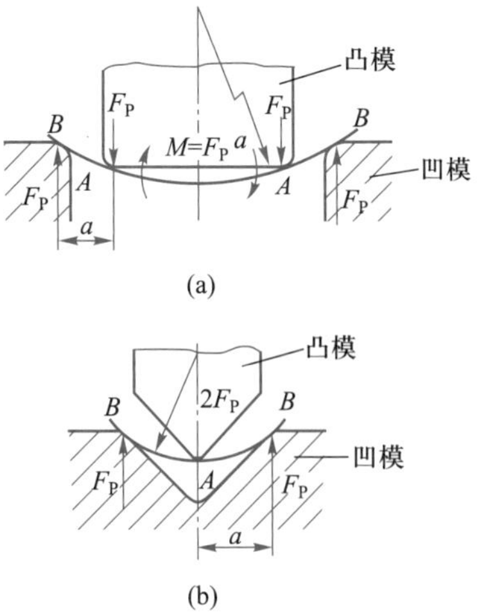

如图 3.1.2 所示为 V 形弯曲零件的弯曲过程。弯曲开始时,模具的凸、凹模分别与板料在 A、B 处相接触,使板料产生弯曲。在弯曲的开始阶段,弯曲圆角半径 r 很大,弯曲力矩很小,仅引起材料的弹性弯曲变形。随着凸模进入凹模深度的增大,凹模与板料的接触处位置发生变化,支点 B 沿凹模斜面不断下移,弯曲力臂 l 逐渐减小,即 $l_n<l_3<l_2<l_1$。同时弯曲圆角半径 r 亦逐渐减小,即 $r_n<r_3<r_2<r_1$,板料的弯曲变形程度进一步加大。接近行程终了时,弯曲半径 r 继续减小,而直边部分反而向凹模方向变形,直至板料与凸、凹模完全贴合。

3.1.2 板料弯曲变形特点

为了观察板料弯曲时的金属流动情况,便于分析材料的变形特点,可以采用在弯曲前的板料侧表面用机械刻线或照相腐蚀制作正方形网格的方法。然后用工具观察并测量弯曲前后网格的

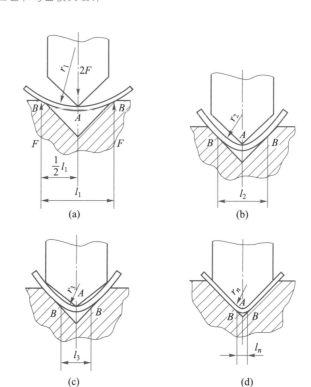

图 3.1.2　V 形弯曲零件的弯曲过程

尺寸和形状变化情况,如图 3.1.3 所示。

弯曲前,材料侧面线条均为直线,组成大小一致的正方形小格,纵向网格线长度 $\overline{aa}=\overline{bb}$。弯曲后,通过观察网格形状的变化(如图 3.1.3b 所示)可以看出弯曲变形具有以下特点:

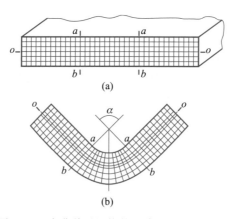

图 3.1.3　弯曲前后网格的尺寸和形状变化情况

1. 弯曲圆角部分是弯曲变形的主要变形区

通过对网格的观察,弯曲圆角部分的网格发生了显著的变化,原来正方形网格变成了扇形;而在远离圆角的直边部分,则没有这种变化;在靠近圆角处的直边,有少量的变化,这说明弯曲变形区主要在圆角部分。通过不同角度的弯曲,会发现弯曲圆角半径越小,该变形区的网格变形越

大。因此,弯曲变形程度可以用相对弯曲半径(r/t)来表示。

2. 弯曲变形区的应变中性层

比较变形区内弯曲前后相应位置的网格线长度可知,板料的外区(靠凹模一侧),纵向纤维受拉而伸长$\overline{bb}<\widehat{bb}$;内区(靠凸模一侧),纵向纤维受压缩而缩短$\widehat{aa}<\overline{aa}$。内、外区至板料的中心,其缩短和伸长的程度逐渐变小。由于材料的连续性,在伸长和缩短两个变形区域之间,其中必定有一层金属纤维材料的长度在弯曲前后保持不变,这一金属层称为应变中性层(图3.1.3中$o-o$层)。应变中性层长度是确定弯曲零件毛坯展开尺寸计算的重要依据。当弯曲变形程度很小时,应变中性层的位置基本上处于材料厚度的中心,但当弯曲变形程度较大时,可以发现应变中性层向材料内侧移动,变形量越大,内移量越大。

3. 变形区材料厚度变薄的现象

弯曲变形程度较大时,变形区外侧材料受拉伸长,使得厚度方向的材料减薄;变形区内侧材料受压,使得厚度方向的材料增厚。由于应变中性层位置的内移,外侧的减薄区域随之扩大,内侧的增厚区域逐渐缩小,外侧的减薄量大于内侧的增厚量,因此使弯曲变形区的材料厚度变薄。变形程度越大,变薄现象越严重。变薄后的厚度$t'=\eta t$(η为变薄系数)。

4. 变形区横断面的变形

板料的相对宽度B/t(B为板料的宽度;t为板料的厚度)对弯曲变形区的材料变形有很大影响。将相对宽度$B/t>3$的板料称为宽板;相对宽度$B/t\leqslant3$的称为窄板。

窄板弯曲时,宽度方向的变形不受约束。由于弯曲变形区外侧材料受拉引起板料宽度方向收缩,内侧材料受压引起板料宽度方向增厚,其横断面形状变成了外窄内宽的扇形(如图3.1.4a所示)。变形区横断面形状尺寸发生改变称为畸变。

宽板弯曲时,在宽度方向的变形会受到相邻部分材料的制约,材料不易流动,因此其横断面形状变化较小,仅在两端会出现少量变形(如图3.1.4b所示),由于形变相对于宽度尺寸而言数值较小,横断面形状基本保持为矩形。虽然宽板弯曲仅存在少量畸变,但是在某些弯曲零件生产场合,如铰链加工制造,需要两个宽板弯曲零件的配合时,这种畸变也会影响产品的质量。

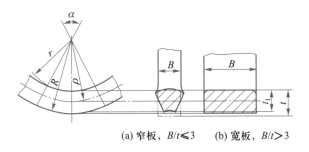

(a) 窄板,$B/t\leqslant3$　　(b) 宽板,$B/t>3$

图3.1.4　变形区横断面的变形

3.1.3　弯曲时变形区的应力和应变

对于厚度为t的板材,在弯曲变形的初始阶段,弯曲力矩不大,变形区受最大压应力内层金属和受最大拉应力的外层金属,都没有达到屈服极限,仅产生弹性变形,其应力的分布如图3.1.5a所示。当弯矩继续增大,毛坯的曲率半径ρ变小,变形区内、外层金属先进入塑性变形状态,然后逐步从内、外层向板厚中心扩展(如图3.1.5b、c所示)。

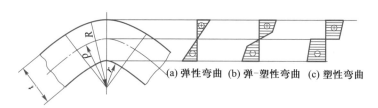

(a) 弹性弯曲　(b) 弹–塑性弯曲　(c) 塑性弯曲

图 3.1.5　弯曲变形区的切向应力分布

1. 弹性弯曲条件

在弹性弯曲时,受拉的外区与受压的内区以中性层为界,中性层正好通过毛坯的中间层,其切向应力应变为零。若弯曲内表面圆角半径为 r,中性层的曲率半径 $\rho = r+t/2$,弯曲中心角为 α,弹性模量(应力/应变)为 E,则距中性层 y 处(如图 3.1.6 所示)的切向应变 ε_θ 为

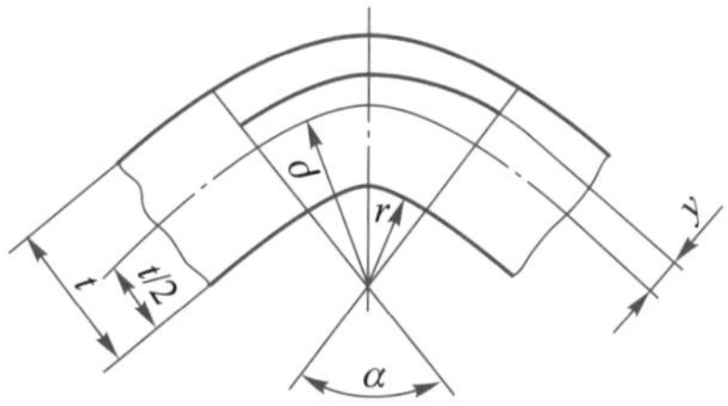

$$\varepsilon_\theta = \ln\frac{(\rho+y)\alpha}{\rho\alpha} = \ln\left(1+\frac{y}{\rho}\right) = \frac{y}{\rho} \qquad (3.1.1)$$

切向应力为

图 3.1.6　曲率半径与弯曲中心角

$$\sigma_\theta = E\varepsilon_\theta = Ey/\rho \qquad (3.1.2)$$

从上式可知,材料的切向应力 σ_θ 和切向应变 ε_θ 的大小只决定于 y/ρ,与弯曲中心角无关。当变形不大,可以认为材料不变薄,且中性层仍在板料中间。板料变形区的内表层和外表层的切向应变 $\varepsilon_{\theta\max}$ 与应力 $\sigma_{\theta\max}$ 值(绝对值)最大,且为

$$\varepsilon_{\theta\max} = \pm\frac{t/2}{r+t/2} = \pm\frac{1}{1+2r/t} \qquad (3.1.3)$$

$$\sigma_{\theta\max} = \pm E\varepsilon_{\theta\max} = \pm\frac{E}{1+2r/t} \qquad (3.1.4)$$

若材料的屈服应力为 σ_s,则弹性弯曲的条件为

$$|\sigma_{\theta\max}| \leqslant \sigma_s$$

即

$$\frac{E}{1+2r/t} \leqslant \sigma_s$$

或

$$\frac{r}{t} \geqslant \frac{1}{2}\left(\frac{E}{\sigma_s}-1\right) \qquad (3.1.5)$$

式中,相对弯曲半径 r/t 是弯曲变形程度的重要指标。当 r/t 减小到一定数值,即 $r/t = 1/2(E/\sigma_s-1)$ 时,板料内、外表层金属纤维首先屈服,开始塑性变形。

2. 塑性弯曲的应力应变状态

当弯曲变形程度较大,$r/t<5$ 时,板料上另外两个方向的应力应变值较大,不能忽略。变形区的应力和应变状态则为立体塑性弯曲应力应变状态。设板料弯曲变形区主应力和主应变的三个方向为切向(σ_θ、ε_θ)、径向(σ_t、ε_t)、宽度方向(σ_ϕ、ε_ϕ)。根据宽板($B/t>3$)和窄板($B/t\leqslant3$),板料弯曲时的应力应变状态见表 3.1.1。

表 3.1.1 板料弯曲时的应力应变状态

相对宽度	变形区域	应力应变状态分析		
		应力状态	应变状态	特点
窄 板 $B/t \leqslant 3$	内区（压区）	σ_t σ_θ	ε_t ε_θ ε_ϕ	平面应力状态,立体应变状态
	外区（拉区）	σ_t σ_θ	ε_t ε_θ ε_ϕ	
宽 板 $B/t>3$	内区（压区）	σ_t σ_θ σ_ϕ	ε_t ε_θ	立体应力状态,平面应变状态
	外区（拉区）	σ_t σ_θ σ_ϕ	ε_t ε_θ	

1）应变状态

切向（长度方向）ε_θ：弯曲变形区外区金属纤维在切向拉应力的作用下受拉,产生伸长变形;内区金属纤维在切向压应力的作用下受压,产生压缩变形。并且该切向应变为绝对值最大的主应变。

径向（厚度方向）ε_t：根据体积不变条件可知,沿着板料的宽度和厚度方向,必然产生与绝对值最大的主应变 ε_θ（切向）符号相反的应变。在板料的外区,切向最大主应变为伸长应变,所以径向应变 ε_t 为压缩应变;而内区,切向最大主应变为压缩应变,所以径向方向的应变 ε_t 为伸长应变。

宽度方向 ε_ϕ：根据板料的相对宽度（B/t）不同,可分两种情况,对于窄板（$B/t \leqslant 3$）,材料在宽度方向上可自由变形,所以在外区的应变 ε_ϕ 为压应变,内区的应变 ε_ϕ 为拉应变;而宽板（$B/t>3$）,由于材料沿宽向流动受到阻碍,几乎不能变形,则内、外区在宽度方向的应变 $\varepsilon_\phi = 0$。

综上所述,窄板弯曲的应变状态是立体的,宽板弯曲的应变状态是平面的。

2）应力状态

切向（长度方向）σ_θ：外区材料弯曲时受拉,切向应力为拉应力;内区材料弯曲时受压,切向应力为压应力。切向应力为绝对值最大的主应力。

径向（厚度方向）σ_t：外区材料在板厚方向产生压缩应变 ε_t,因此材料有向曲率中心移近的倾向。越靠近板料外表面的材料,其切向的伸长应变 ε_t 越大,所以材料移向曲率中心的倾向也越大。这种不同的移动使纤维之间产生挤压,因而在料厚方向产生了径向压应力 σ_t。同样在材料的内区,料厚方向的伸长应变 ε_t 受到外区材料向曲率中心移近的阻碍,也产生了径向压应力 σ_t。该压应力在板表面为零,由表及里逐渐递增,中性层处达到最大。

宽度方向 σ_ϕ：窄板弯曲时,由于材料在宽度方向可自由变形,故内、外层应力接近于零（$\sigma_\phi \approx 0$）。

宽板弯曲时,宽度方向上由于材料不能自由变形,外区宽度方向的收缩受阻,则外区有拉应力 σ_ϕ;内区宽度方向的伸长都受到限制,则内区有压应力 σ_ϕ 存在。

所以,窄板弯曲的应力状态是平面的,宽板弯曲的应力状态是立体的。

3.2　弯曲卸载后弯曲零件的回弹

3.2.1　回弹现象

常温下的塑性弯曲和其他塑性变形一样,在外力作用下产生的总变形由塑性变形和弹性变形两部分组成。当弯曲结束,外力去除后,塑性变形留存下来,而弹性变形则完全消失。弯曲变形区外侧因弹性恢复而缩短,内侧因弹性恢复而伸长。

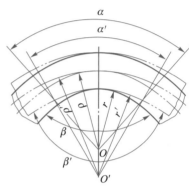

卸载后产生了弯曲零件的弯曲角度和弯曲半径与模具相应尺寸不一致的现象。这种现象称为弯曲零件的弹性回跳(简称回弹),如图 3.2.1 所示。回弹是弯曲成形时常见的现象。但也是弯曲零件生产中不易解决的一个棘手的问题。

回弹性的表现形式:

1. 弯曲半径增大

卸载前板料的内半径 r(与凸模的半径吻合)在卸载后增加至 r'。弯曲半径的增加量为

图 3.2.1　弯曲零件的弹性回跳

动画

弯曲回弹

$$\Delta r = r' - r \qquad (3.2.1)$$

2. 弯曲中心角的变化

卸载前弯曲中心角为 α(与凸模顶角相吻合),卸载后变化为 α'。弯曲零件角度的变化量 $\Delta\alpha$ 为

$$\Delta\alpha = \alpha' - \alpha \qquad (3.2.2)$$

3.2.2　影响弹性回跳的主要因素

1. 材料的力学性能

材料的屈服点 σ_s 越高,弹性模量 E 越小,弯曲弹性回跳越大。这一点从图3.2.2所示的曲线上很容易理解,如图 3.2.2a 所示的两种材料的屈服极限基本相同,但 $E_1 > E_2$。在弯曲变形程度相等的情况下,卸载后的两种材料的回弹量却不一样($\varepsilon_{e2} > \varepsilon_{e1}$)。如图 3.2.2b 所示的两种材料的弹性模量基本相同($E_1 = E_2$),而屈服极限不同,在弯曲变形程度相同的条件下,卸载后的回弹量则不同($\varepsilon_{e4} > \varepsilon_{e3}$),经冷作硬化而屈服极限较高的软钢的回弹大于屈服极限较低的退火软钢。

2. 相对弯曲半径 r/t

相对弯曲变径 r/t 越大,板料的弯曲变形程度越小,在板料中性层两侧的纯弹性变形区增加越多(如图 3.1.5 所示),塑性变形区中的弹性变形所占的比例同时也增大。故相对弯曲变径 r/t

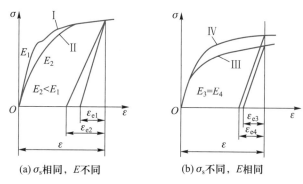

图 3.2.2 材料力学性能对弹性回跳的影响
Ⅰ、Ⅲ—退火软钢；Ⅱ—软锰黄铜；Ⅳ—冷变形硬化钢

越大，则回弹也越大。

3. 弯曲中心角 α

弯曲中心角 α 越大，表明变形区的长度越长（$r\alpha$），故回弹的积累值越大，其回弹角大。但对弯曲半径的回弹影响不大。

4. 弯曲方式及弯曲模

板料弯曲方式有自由弯曲和校正弯曲。在无底的凹模中自由弯曲时，回弹大；在有底的凹模内作校正弯曲时，回弹值小。原因是：校正弯曲力较大，可改变弯曲零件变形区的应力状态，增加弯曲变形区圆角处的塑性变形程度。

5. 弯曲零件形状

工件的形状越复杂，一次弯曲所成形的角度数量越多，各部分的回弹相互牵制以及弯曲零件表面与模具表面之间的摩擦影响，改变了弯曲零件各部分的应力状态（一般可以增大弯曲变形区的拉应力），使回弹困难，因而回弹角减小。如∏形件的回弹值比 U 形件小，U 形件又比 V 形件小。

6. 模具间隙

在压弯 U 形件时，间隙大，材料处于松动状态，回弹就大；间隙小，材料被挤压，回弹就小。

7. 非变形区的影响

变形区和非变形区是相对的，非变形区并非一点也不变形，既然有变形，多少要产生与变形区相反的回弹。在对 V 形件（$r/t < 0.2 \sim 0.3$）进行校正弯曲时（如图 3.2.3 所示），由于对非变形的直边部分有校直作用，所以弯曲后直边区的回弹和圆角区回弹方向是相反的。最终零件表现得的回弹是二者的叠加，则角度回弹量 $\Delta\alpha$ 可能为正、零或负值。当直边的回弹大于圆角的回弹，此时就会出现负回弹，弯曲零件的角度反而小于弯曲凸模的角度。

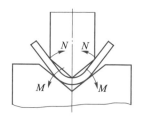

图 3.2.3 V 形件校正
弯曲的回弹

3.2.3 回弹值的确定

由于回弹直接影响了弯曲零件的形状误差和尺寸公差，因此在模具设计和制造时，必须预先考虑材料的回弹值，修正模具相应工作部分的形状和尺寸。

回弹值的确定方法有理论公式计算和经验值查表法。

1. 小半径弯曲（大变形程度）的回弹值的确定

当弯曲零件的相对弯曲半径 $r/t < 5 \sim 8$ 时，弯曲半径的变化一般很小，可以不予考虑。而仅考虑弯曲角度的回弹变化。可以运用查表法（见表3.2.1），查取回弹角的经验修正数值。当弯曲角不是 $90°$ 时，其回弹角则可用以下公式计算：

$$\Delta\alpha = \frac{\alpha}{90}\Delta\alpha_{90} \tag{3.2.3}$$

式中，$\Delta\alpha$ 为弯曲零件的弯曲中心角为 α 时的回弹角，$°$；α 为弯曲零件的弯曲中心角，$°$；$\Delta\alpha_{90}$ 为弯曲中心角为 $90°$ 时的回弹角，$°$（见表3.2.1）。

表 3.2.1　单角自由弯曲 $90°$ 时的平均回弹角

材料	r/t	材料厚度 t/mm		
		<0.8	0.8~2	>2
软钢，$\sigma_b = 350$ MPa	<1	4°	2°	0°
黄铜，$\sigma_b = 350$ MPa	1~5	5°	3°	1°
铝和锌	>5	6°	4°	2°
中硬钢，$\sigma_b = 400 \sim 500$ MPa	<1	5°	2°	0°
硬黄铜，$\sigma_b = 350 \sim 400$ MPa	1~5	6°	3°	1°
硬青铜	>5	8°	5°	3°
硬钢，$\sigma_b > 550$ MPa	<5	7°	4°	2°
	1~5	9°	5°	3°
	>5	12°	7°	6°
硬铝 LY12	<2	2°	3°	4°30′
	2~5	4°	6°	8°30′
	>5	6°30′	10°	14°

2. 大半径弯曲的回弹值的确定

当相对弯曲半径 $r/t \geqslant 5 \sim 8$ 时，卸载后弯曲零件的弯曲圆角半径和弯曲角度都发生了较大的变化，凸模工作部分的圆角半径和角度计算式为

$$r_t = \frac{r}{1 + 3\dfrac{\sigma_s}{E}\dfrac{r}{t}} \tag{3.2.4}$$

$$\alpha_t = \frac{r}{r_t}\alpha \tag{3.2.5}$$

式中，r 为工件的圆角半径，mm；r_t 为凸模的圆角半径，mm；α 为工件的圆角半径 r 所对弧长的中心角，$°$；α_t 为凸模的圆角半径 r_t 所对弧长的中心角，$°$；σ_s 为弯曲材料的屈服极限，MPa；t 为弯曲材料的厚度，mm；E 为材料的弹性模量，MPa。

有关手册给出了许多计算弯曲回弹的公式和图表，选用时应特别注意它们的适用条件。由

于弯曲零件的回弹值受诸多因素的综合影响,如材料性能的差异(甚至同型号不同批次性能的差异)、弯曲零件形状、毛坯非变形区的变形回弹、弯曲方式、模具结构等,上述公式的计算值只能是近似的,还需在生产实践中进一步试模修正,同时可采用一些行之有效的工艺措施来减少、遏制回弹。

3.2.4 减小弹性回跳的措施

弯曲零件产生弹性回跳造成形状和尺寸误差,很难获得合格的制件,因此,生产中要采取措施来控制和减小回弹。常用控制弯曲零件回弹的措施如下。

1. 改进零件的结构设计

在变形区压加强肋或压成形边翼,增加弯曲零件的刚性,使弯曲零件回弹困难,如图 3.2.4所示。

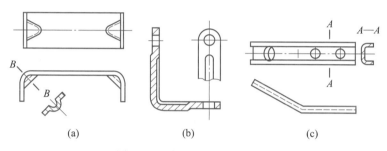

图 3.2.4 改进零件的结构设计

2. 从工艺上采取措施

1)采用热处理工艺

对一些硬材料和已经冷作硬化的材料,弯曲前先进行退火处理,降低其硬度以减少弯曲时的回弹,待弯曲后再淬硬。在条件允许的情况下,甚至可使用加热弯曲。

2)增加校正工序

运用校正弯曲工序,对弯曲零件施加较大的校正压力,可以改变其变形区的应力应变状态,以减少回弹量。通常,当弯曲变形区材料的校正压缩量为板厚的2%~5%时,就可以得到较好的效果。

3. 采用拉弯工艺

对于相对弯曲半径很大的弯曲零件,由于变形区横截面大部分处于弹性变形状态,弯曲回弹量很大。这时采用拉弯工艺,可以改变变形区横截面应力应变状态,如图 3.2.5 所示。

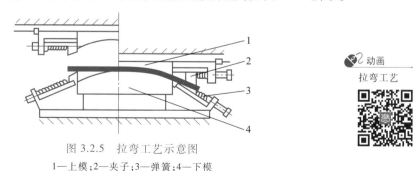

图 3.2.5 拉弯工艺示意图

1—上模;2—夹子;3—弹簧;4—下模

工件在弯曲变形的过程中除受普通弯曲力外,还受到均匀切向拉伸力的作用。施加的拉伸力应使变形区内的合成应力大于材料的屈服极限,中性层内侧压应变转化为拉应变,从而材料的整个横断面都处于塑性拉伸变形的范围(变形区内、外侧都处于拉应变范围),拉弯时弯曲零件切向应变的分析如图 3.2.6 所示。卸载后内外两侧的回弹趋势相互抵消,因此可大大减少弯曲零件的回弹。

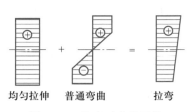

图 3.2.6　拉弯时弯曲零件
切向应变的分析

大曲率半径弯曲零件的拉弯可以在拉弯机上进行。拉弯时,弯曲变形与拉伸变形的先后次序对回弹量有一定影响。先弯后拉比先拉后弯好。但先弯后拉的不足之处是已弯坯料与模具摩擦加大,拉力难以有效地传递到各部分,因此实际生产中采用拉+弯+拉的复合工艺方法。

一般小型弯曲零件可采用在毛坯直边部分增加压边力限制非变形区材料的流动(如图 3.2.7 所示);或者减小凸、凹模间隙使变形区的材料作变薄挤压拉伸的方法(如图 3.2.8 所示),以增加变形区的拉应变。

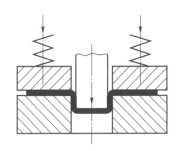

图 3.2.7　增加压边力拉弯示意图

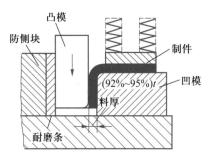

图 3.2.8　小间隙拉弯示意图

4. 从模具结构上采取措施

1)补偿法

利用弯曲零件不同部位回弹方向相反的特点,按预先估算或试验所得的回弹量,修正凸模和凹模工作部分的尺寸和几何形状,以相反方向的回弹来补偿工件的回弹量,如图 3.2.9 所示。其中图 3.2.9a 为单角弯曲时,根据工件可能产生的回弹量,将回弹角做在凹模上,使凹模的工作部分具有一定斜度。图 3.2.9b 为双角弯曲时的凸、凹模补偿形式。双角弯曲时,可以将弯曲凸模两侧修去回弹角,并保持弯曲模的单面间隙等于最小料厚,促使工件贴住凸模,开模后工件两侧回弹至垂直。图 3.2.9c 是将模具底部做成圆弧形,利用开模后底部向下的回弹作用来补偿工件两侧向外的回弹。

2)校正法

当材料厚度在 0.8 mm 以上,塑性比较好,而且弯曲圆角半径不大时,可以改变凸模结构,使校正力集中在弯曲变形区,加大变形区应力应变状态的改变程度(迫使材料内外侧同为切向压应力、切向拉应变)。从而使内外侧回弹趋势相互抵消,如图 3.2.10 所示。

3)纵向加压法

在弯曲过程完成后,利用模具的突肩在弯曲零件的端部纵向加压(如图 3.2.11 所示),使弯曲变形区横断面上都受到压应力,卸载时工件内外侧的回弹趋势相反,使回弹大为降低。利用这

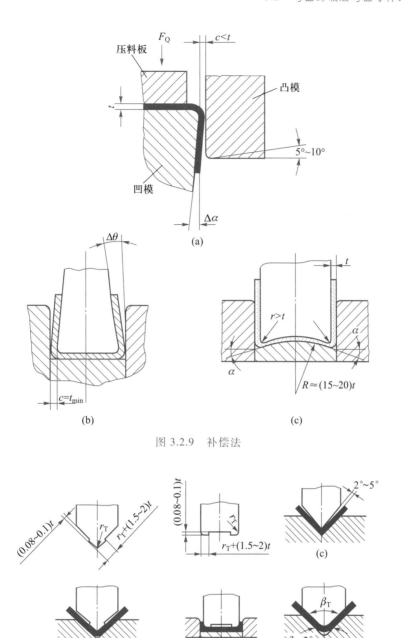

图 3.2.9 补偿法

图 3.2.10 校正法

种方法可获得较精确的弯边尺寸,但对毛坯精度要求较高。

4)采用聚氨酯弯曲模

利用聚氨酯凹模代替刚性金属凹模进行弯曲(如图 3.2.12 所示)。弯曲时金属板料随着凸模逐渐进入聚氨酯凹模,激增的弯曲力将会改变圆角变形区材料的应力应变状态,达到类似校正弯曲的效果,从而减少回弹。

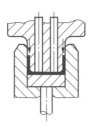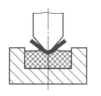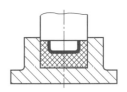

图 3.2.11 纵向加压法　　　　　　　　图 3.2.12 聚氨酯弯曲模

3.3 弯曲成形工艺设计

弯曲零件的工艺性是指弯曲零件的形状、尺寸、材料的选用及技术要求等是否满足弯曲加工的工艺要求。具有良好冲压工艺性的弯曲零件,不仅能提高工件质量,减少废品率,而且能简化工艺和模具结构,降低材料消耗。

3.3.1 最小相对弯曲半径

1. 最小相对弯曲半径的概念

相对弯曲半径 r/t 是表示弯曲变形程度的重要工艺参数。最小相对弯曲半径是指在保证毛坯弯曲时外表面不发生开裂的条件下,弯曲零件内表面能够弯成的最小圆角半径与坯料厚度的比值,用 r_{min}/t 来表示。该值越小,板料弯曲的性能也越好。生产中用它来衡量弯曲时变形毛坯的成形极限。

2. 影响最小相对弯曲半径的因素

1)材料的力学性能

材料的塑性越好,其塑性指标(δ、ψ 等)越高,材料许可的最小相对弯曲半径就越小。

2)零件的弯曲中心角 α

理论上来讲,变形区外表面的变形程度只与 r/t 有关,而与弯曲中心角 α 无关。实际上,当弯曲中心角 α 较小时,由于变形区域不大,接近弯曲中心角的直边部分(不变形区)可能参与变形,并产生一定的伸长,从而使弯曲中心角处的变形得到一定程度的减轻,可使最小相对弯曲半径减小。

3)板料的表面质量与剪切断面质量

板料表面有划伤、裂纹或剪切断面有毛刺、裂口和冷作硬化等缺陷,弯曲时易造成应力集中,使弯曲零件过早地破坏。在这些情况下,要选用较大的弯曲半径,将有毛刺的表面朝向弯曲凸模,消除剪切面的硬化层,以提高弯曲变形的成形极限。

4)板料宽度的影响

窄板($B/t \leq 3$)弯曲时,在板料宽度方向的应力为零,宽度方向的材料可以自由流动,可使最小相对弯曲半径减小。板料相对宽度较大时,材料沿宽向流动的阻碍较大,选用的相对弯曲半径应大一些。

5)板材的方向性

弯曲所用的冷轧钢板,经多次轧制后,具有方向性。顺着纤维方向的塑性指标优于与纤维相垂直的方向。当弯曲零件的折弯线与纤维方向垂直时,材料具有较大的拉伸强度,不易拉裂,最小相对弯曲半径 r_{min}/t 的数值最小。当折弯线与纤维方向平行时,则最小相对弯曲半径数值最大,板料纤维方向对弯曲半径的影响如图 3.3.1 所示。

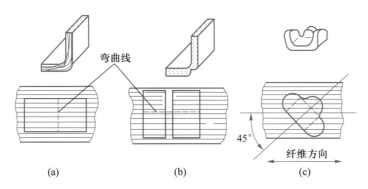

图 3.3.1 板料纤维方向对弯曲半径的影响

因此对于相对弯曲半径较小或者塑性较差的弯曲零件,折弯线应尽可能垂直于轧制方向。当弯曲零件为双侧弯曲,而且相对弯曲半径又比较小时,排样时应设法使折弯线与板料轧制方向成一定角度(如图 3.3.1c 所示)。

3. 最小相对弯曲半径的确定

由于影响板料的最小弯曲半径的因素较多,故在实际应用中考虑了部分工艺因素的影响,其数值一般由试验方法确定。最小相对弯曲半径 r_{min}/t 的试验数值见表 3.3.1。

表 3.3.1 最小相对弯曲半径 r_{min}/t 的试验数值

材料	正火或退火		硬化	
	弯曲线方向			
	与轧纹垂直	与轧纹平行	与轧纹垂直	与轧纹平行
铝	0	0.3	0.3	0.8
退火紫铜			1.0	2.0
黄铜 H68			0.4	0.8
05、08F			0.2	0.5
08、10、Q215	0	0.4	0.4	0.8
15、20、Q235	0.1	0.5	0.5	1.0
25、30、Q255	0.2	0.6	0.6	1.2
35、40	0.3	0.8	0.8	1.5
45、50	0.5	1.0	1.0	1.7
55、60	0.7	1.3	1.3	2.0
硬铝(软)	1.0	1.5	1.5	2.5
硬铝(硬)	2.0	3.0	3.0	4.0

材料	正火或退火		硬化	
	弯曲线方向			
	与轧纹垂直	与轧纹平行	与轧纹垂直	与轧纹平行
镁合金	300 ℃热弯		冷弯	
MA1—M	2.0	3.0	6.0	8.0
MA8—M	1.5	2.0	5.0	6.0
钛合金	300~400 ℃热弯		冷弯	
BT1	1.5	2.0	3.0	4.0
BT5	3.0	4.0	5.0	6.0
钼合金($t \leqslant 2$ mm)	400~500 ℃热弯		冷弯	
BM1、BM2	2.0	3.0	4.0	5.0

注:本表用于板材厚 $t < 10$ mm,弯曲角 $\geqslant 90°$,剪切断面良好的情况。

3.3.2 弯曲零件的结构工艺性

弯曲零件的结构,应具有良好的弯曲工艺性,这样可简化工艺过程,提高弯曲零件尺寸精度。弯曲零件的结构工艺性分析是根据弯曲过程的变形规律,并总结弯曲零件实际生产经验提出的。通常结构上主要考虑如下方面。

1. **弯曲零件的弯曲半径**

弯曲零件的弯曲半径不宜过大和过小。过大因受回弹的影响,弯曲零件的精度不易保证;过小时会产生拉裂,弯曲半径应大于表 3.3.1 所列的许可最小相对弯曲半径。否则应选用多次弯曲,并在两次弯曲之间增加中间退火工序。对厚度较厚的弯曲零件可在弯曲角内侧压槽后再进行弯曲(如图 3.3.2 所示)。

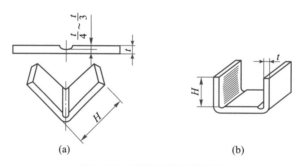

图 3.3.2 压槽后再进行弯曲

2. **弯曲零件形状与尺寸的对称性**

弯曲零件的形状与尺寸应尽可能对称、高度也不应相差太大。当弯曲不对称的弯曲零件时,因受力不均匀,毛坯容易偏移(如图 3.3.3 所示),尺寸不易保证。如图 3.3.3a 所示,若设计的圆角不同,毛坯弯曲时会使板料在圆角处变形力不均匀造成毛坯的偏移,因此设计时应使 $r_1 = r_2$。

$r_3 = r_4$;弯曲时如果左右两边毛坯面积不等,如图 3.3.3b 所示,也会由于摩擦面积不等,两边受力不均匀,造成毛坯的滑动偏移,使弯曲两边尺寸不等,尺寸精度不易保证。为防止毛坯的偏移,在设计模具结构时应考虑增设压料板,如图 3.3.3c 所示,或增加工艺孔定位。

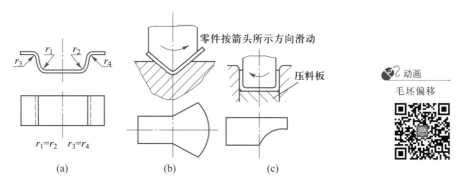

图 3.3.3 弯曲零件形状对弯曲过程的影响

弯曲零件形状应力求简单,边缘有缺口的弯曲零件,若在毛坯上先将缺口冲出,弯曲时会出现叉口现象,严重时难以成形。这时必须在缺口处留有连接带,弯曲后再将连接带切除,如图 3.3.4所示。

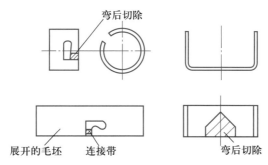

图 3.3.4 弯曲零件边缘缺口对弯曲过程的影响

3. 弯曲零件直边高度对弯曲的影响

保证弯曲零件直边平直的直边高度 h 不应小于 $2t$(如图 3.3.5a 所示),否则需先压槽或加高直边,弯曲后切掉(如图 3.3.5b 所示)。如果所弯直边带有斜线,且斜线达到变形区时可能造成开裂,则应改变零件的形状(如图 3.3.5c、d 所示)。

4. 弯曲零件孔边距离

带孔的板料在弯曲时,如果孔位于弯曲变形区内,则孔的形状会发生畸变。因此,孔边到弯曲半径 r 中心的距离(如图 3.3.6 所示)要满足以下关系:

当 $t < 2$ mm 时,$L \geqslant t$;$t \geqslant 2$ mm 时,$L \geqslant 2t$。

如不能满足上述条件,在结构许可的情况下,可在弯曲变形区上预先冲出工艺孔或工艺槽来改变变形区范围,有意使工艺孔的变形来保证所要求的孔不产生变形,防止孔变形的措施如图 3.3.7所示。

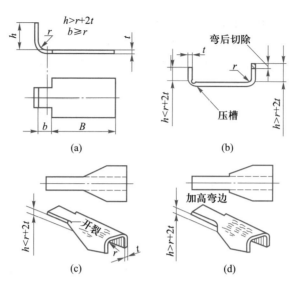

图 3.3.5　弯曲零件直边高度对弯曲过程的影响

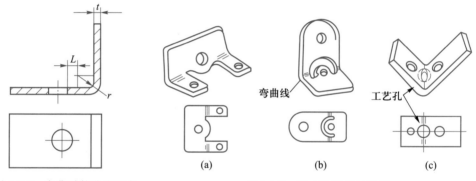

图 3.3.6　弯曲零件孔边距离　　　　　图 3.3.7　防止孔变形的措施

5. 防止弯曲边交接处应力集中的措施

当弯曲如图 3.3.8 所示弯曲零件时,为防止弯曲边交接处由于应力集中,可能产生的畸变和开裂,可预先在折弯线的两端冲裁卸荷孔或卸荷槽,也可以将弯曲线移动一段距离,以离开尺寸突变处。

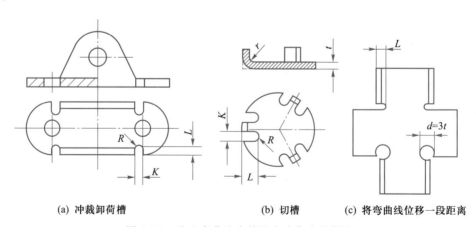

(a) 冲裁卸荷槽　　　　　　　　(b) 切槽　　　　　　　(c) 将弯曲线位移一段距离

图 3.3.8　防止弯曲边交接处应力集中的措施

6. 弯曲零件尺寸的标注应考虑工艺性

弯曲零件尺寸标注不同,会影响冲压工序的安排。如图 3.3.9a 所示的弯曲零件尺寸标注,孔的位置精度不受毛坯展开尺寸和回弹的影响,可简化冲压工艺。采用先落料冲孔,然后再弯曲成形。如图 3.3.9b、c 所示的标注法,冲孔只能安排在弯曲工序之后进行,才能保证孔位置精度的要求。在不存在弯曲零件有一定的装配关系时,应考虑图 3.3.9a 的标注方法。

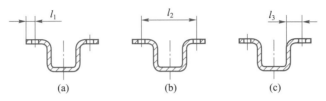

图 3.3.9 弯曲零件尺寸的标注对弯曲工艺的影响

3.3.3 弯曲工艺力的计算

弯曲力是设计弯曲模和选择压力机吨位的重要依据。特别是在弯曲板料较厚、弯曲变形程度较大,材料强度较大时,应对弯曲力进行计算。由于影响弯曲力的因素较多,如材料性能、零件形状、弯曲方法、模具结构、模具间隙和模具工作表面质量等。因此,用理论分析的方法很难准确计算弯曲力。生产中常用经验公式概略计算弯曲力,作为设计弯曲工艺过程和选择冲压设备的依据。

弯曲过程从弹性弯曲开始,其后是变形区内外表层纤维首先进入塑性状态,并逐渐向板的中心扩展,进行自由弯曲,最后当凸、凹模与板料相互接触并冲击毛坯时进行校正弯曲,如图 3.3.10 所示是各弯曲阶段弯曲力和弯曲行程的变化曲线。可以看出,各弯曲阶段的弯曲力大小是不同的,弹性弯曲阶段的弯曲力小,可以忽略不计;自由弯曲阶段的弯曲力不随行程的变化而变化;校正弯曲力随行程急剧增大。

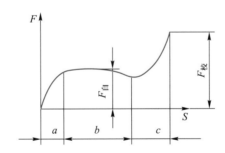

图 3.3.10 各弯曲阶段弯曲力和弯曲行程的变化曲线

a—弹性弯曲阶段;b—自由弯曲阶段;c—校正弯曲阶段

生产中,通常根据板料的机械性能以及厚度和宽度,按经验公式对弯曲力进行估算。

1. 自由弯曲时的弯曲力

V 形弯曲零件弯曲力:
$$F_{自} = \frac{0.6kbt^2\sigma_b}{r + t} \tag{3.3.1}$$

U 形弯曲零件弯曲力：

$$F_{自} = \frac{0.7kbt^2\sigma_b}{r+t} \qquad (3.3.2)$$

式中，$F_{自}$ 为冲压行程结束时的自由弯曲力，N；k 为安全系数，一般取 1.3；b 为弯曲零件的宽度，mm；t 为弯曲材料的厚度，mm；r 为弯曲零件的内弯曲半径，mm；σ_b 为材料的抗拉强度极限，MPa。

2. 校正弯曲时的弯曲力

校正弯曲是在自由弯曲阶段后，进一步对贴合凸模、凹模表面的弯曲零件进行挤压，其校正力比自由压弯力大得多。由于这两个力先后作用，校正弯曲时只需计算校正弯曲力。V 形弯曲零件和 U 形弯曲零件均按下式计算：

$$F_{校} = qA \qquad (3.3.3)$$

式中，$F_{校}$ 为校正弯曲时的弯曲力，N；A 为校正部分垂直投影面积，mm^2；q 为单位面积上的校正力，MPa，其值见表 3.3.2。

表 3.3.2 单位面积上的校正力 q 值   MPa

材料名称	板料厚度 t/mm			
	<1	1~3	3~6	6~10
铝	10~20	20~30	30~40	40~50
黄铜	20~30	30~40	40~60	60~80
10、15、20 钢	30~40	40~60	60~80	80~100
25、30 钢	40~50	50~70	70~100	100~120

3. 顶件和压料力

对于设有顶件装置或压料装置的压弯模，顶件力或压料力 F_Q 值可按式（3.3.4）确定：

$$F_Q = (0.3 \sim 0.8)F_{自} \qquad (3.3.4)$$

4. 压力机吨位的确定

自由弯曲时压力机吨位应为

$$P_{压机} \geq (1.1 \sim 1.2)F_{自} + F_Q \qquad (3.3.5)$$

由于校正力是发生在接近压力机下死点的位置，校正力的数值比自由弯曲力、顶件力和压料力大得多，故 $F_{自}$、F_Q 值可忽略不计。则按校正弯曲力选择压力机的吨位，即

$$P_{压机} \geq (1.1 \sim 1.2)F_{校} \qquad (3.3.6)$$

3.3.4 弯曲零件毛坯展开尺寸的计算

在进行弯曲工艺和弯曲模具设计时，要计算出弯曲零件毛坯的展开尺寸。计算的依据是：变形区弯曲变形前后体积不变；应变中性层在弯曲变形前后长度不变。即：弯曲变形区的应变中性层长度，就是弯曲零件的展开尺寸，也就是所要求的毛坯长度。

1. 应变中性层位置的确定

前述已知，在弹性弯曲时应变中性层与应力中性层是重合的，且通过毛坯横截面中心。在塑性弯曲中，当变形程度较小时，通常也认为应变中性层与弯曲毛坯截面中心轨迹相重合，即 $\rho_0 =$

$r+t/2$。但板料在实际弯曲生产中,冲压件的弯曲变形程度较大,这时应变中性层不与毛坯截面中心层重合,而是向内侧移动,致使应变中性层的曲率半径 $\rho_0 < r+0.5t$。根据弯曲变形前后体积不变的条件,弯曲前变形区的体积为

$$V_0 = Lbt \tag{3.3.7}$$

弯曲后变形区的体积为

$$V = (R^2 - r^2)\frac{\alpha b'}{2\pi} \tag{3.3.8}$$

式中,L 为板料变形区弯曲前的长度,mm;b 为板料变形区弯曲前的宽度,mm;t 为板料变形区弯曲前的厚度,mm;R 为板料弯曲变形区的外圆角半径,mm;b' 为板料变形区弯曲后的宽度,mm;r 为板料弯曲变形区的内圆角半径,mm;α 为弯曲中心角,rad。

因为中性层的长度弯曲变形前后不变,即

$$L = \alpha\rho_0 \tag{3.3.9}$$

而且弯曲变形区变形前后体积不变,即 $V_0 = V$,将式(3.3.7)、式(3.3.8)及式(3.3.9)代入得

$$\rho_0 = \frac{R^2 - r^2}{2t} \cdot \frac{b'}{b} \tag{3.3.10}$$

设板料变形区弯曲后的厚度 $t' = \eta t$,则 $\eta = t'/t < 1$ 为变薄系数,可查表 3.3.3。

表 3.3.3　弯曲 90° 时变薄系数 η 和中性层位移系数 x

r/t	0.1	0.25	0.5	1.0	2.0	4.0	4~8	>8
η	0.82	0.87	0.92	0.96	0.99	0.992	0.995	1.0
x	0.32	0.35	0.38	0.42	0.445	0.470	0.475	0.5

将 $R = r+t' = r+\eta t$ 代入式(3.3.10),整理后可得出

$$\rho_0 = \left(\frac{r}{t} + \frac{\eta}{t}\right)\eta\beta t \tag{3.3.11}$$

式中,$\beta = b'/b$ 为板宽系数。当 $b/t > 3$ 时(宽板弯曲),$\beta = 1$,不考虑畸变。

从式(3.3.11)可以看出,中性层位置与板料厚度 t、弯曲半径 r 以及变薄系数 η 等因素有关。相对弯曲半径 r/t 越小,则变薄系数 η 越小、板厚减薄量越大,中性层位置的内移量越大。而相对弯曲半径 r/t 越大,则变薄系数 η 越大、板厚减薄量变得越小。当 r/t 大到一定值后,变形区减薄的问题已不再存在。在生产实际中为了使用方便,通常采用经验公式(3.3.12)确定中性层的位置:

$$\rho_0 = r+xt \tag{3.3.12}$$

式中,x 是与变形程度有关的中性层位移系数,其值可由表 3.3.3 查得。

2. 弯曲零件毛坯展开长度的计算

确定了中性层位置后,就可进行弯曲零件毛坯长度的计算。一般将 $r > 0.5t$ 的弯曲称为有圆

角半径的弯曲,$r \leqslant 0.5t$ 的弯曲称为无圆角半径的弯曲,如图 3.3.11 所示。

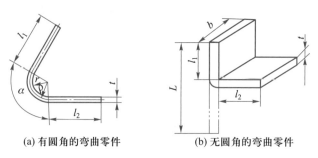

(a) 有圆角的弯曲零件　　　(b) 无圆角的弯曲零件

图 3.3.11　弯曲零件毛坯展开长度的计算

1) 有圆角半径的弯曲($r > 0.5t$)

有圆角半径的弯曲零件,毛坯展开尺寸等于弯曲零件直线部分长度与圆弧部分长度的总和,即

$$L = \sum l_i + \sum \frac{\pi \alpha_i}{180°}(r_i + x_i t) \tag{3.3.13}$$

式中,L 为弯曲零件毛坯总长度,mm;l_i 为各段直线部分长度,mm;α 为各段圆弧部分弯曲中心角,度;r_i 为各段圆弧部分弯曲半径,mm;x_i 为各段圆弧部分中性层位移系数。

弯曲中心角为 90° 的单角弯曲零件毛坯展开长度为

$$L = l_1 + l_2 + \frac{\pi}{2}(r + xt) \tag{3.3.14}$$

2) 无圆角半径的弯曲($r \leqslant 0.5t$)

无圆角半径弯曲零件的展开长度一般根据弯曲前后体积相等的原则,考虑到弯曲圆角变形区以及相邻直边部分的变薄因素,采用经过修正的公式来进行计算,见表 3.3.4。

表 3.3.4　$r \leqslant 0.5t$ 的弯曲零件毛坯展开长度计算表

简　图	计算公式	简　图	计算公式
	$L = l_1 + l_2 + 0.4t$		$L = l_1 + l_2 - 0.4t$
	$L = l_1 + l_2 + l_3 + 0.6t$		$L = l_1 + 2l_2 + 2l_3 + t$ (一次同时弯曲 4 个角)
			$L = l_1 + 2l_2 + 2l_3 + 1.2t$ (分为两次弯曲 4 个角)

3. 铰链弯曲零件

扫描二维码进行阅读。

3.3.5　弯曲零件弯曲工序的安排

弯曲零件的弯曲工序安排是在工艺分析和计算后进行的工艺设计工作。形状简单的弯曲零件,如 V 形件、U 形件、Z 形件等都可以一次弯曲成形。形状复杂的弯曲零件,一般要多次弯曲才能成形。弯曲工序的安排对弯曲模的结构、弯曲零件的精度和生产批量影响很大。

1. 弯曲零件工序安排的原则

(1)对多角弯曲零件,因变形会影响弯曲零件的形状精度,故一般应先弯外角,后弯内角。前次弯曲要给后次弯曲留出可靠的定位部分,并保证后次弯曲不破坏前次已弯曲的形状。

(2)结构不对称弯曲零件,弯曲时毛坯容易发生偏移,应尽可能采用成对弯曲后,再切开的工艺方法,如图 3.3.12 所示。

(3)批量大、尺寸小的弯曲零件,应采用级进模弯曲成形的工艺,如图 3.3.13 所示,以提高生产率。

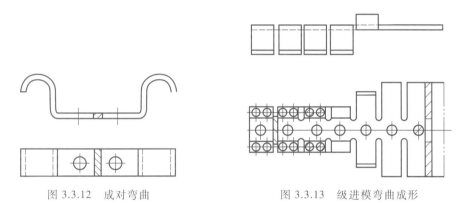

图 3.3.12　成对弯曲　　　　　　　　图 3.3.13　级进模弯曲成形

2. 工序安排实例

如图 3.3.14 所示为一次弯曲成形示例;如图 3.3.15 所示为二次弯曲成形示例;如图 3.3.16 所示为三次弯曲示例;如图 3.3.17 所示为多次弯曲成形示例。

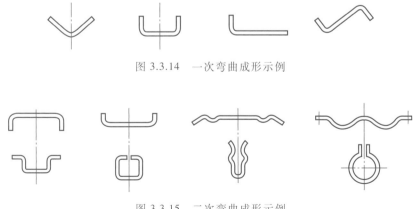

图 3.3.14　一次弯曲成形示例

图 3.3.15　二次弯曲成形示例

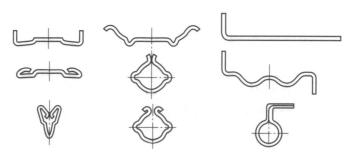

图 3.3.16　三次弯曲成形示例

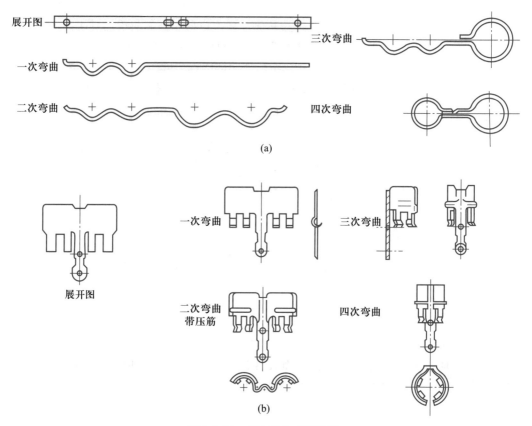

(a)

(b)

图 3.3.17　多次弯曲成形示例

3.4　弯曲模的典型结构设计

弯曲模的结构主要取决于弯曲零件的形状及弯曲工序的安排。最简单的弯曲模只有一个垂直运动;复杂的弯曲模具除了垂直运动外,还有一个乃至多个水平动作。弯曲模结构设计要点为:

（1）弯曲毛坯的定位要准确、可靠,尽可能是水平放置。多次弯曲最好使用同一基准定位。

（2）结构中要能防止毛坯在变形过程中发生位移,毛坯的安放和制件的取出要方便、安全且操作简单。

（3）模具结构尽量简单,并且便于调整修理。对于回弹性大的材料弯曲,应考虑凸模、凹模制造加工及试模修模的可能性以及刚度和强度的要求。

3.4.1 典型的弯曲模结构

1. V形件弯曲模

V形件形状简单,常用的弯曲方法有两种。一种是沿弯曲零件的角平分线方向弯曲,称为V形弯曲;另一种是不对称的V形弯曲或称为L形弯曲。

如图3.4.1所示为V形件弯曲模的基本结构。该模具在压力机上安装及调整方便,对材料厚度的公差要求不严,模具在冲程的下止点对弯曲零件进行校正,因而回弹较小。顶杆7既起顶料作用,又起压料作用,可防止弯曲过程中材料偏移。如图3.4.2所示为L形件弯曲模,用于弯曲两直边长度相差较大的单角弯曲零件。如图3.4.2a所示为基本形式,弯曲零件长的一直边夹紧在凸模1和压料板4之间,另一边沿凹模圆角滑动而向上弯起。毛坯上的工艺孔套在定位钉上,以防止因凸模与压料板之间的压料力不足发生坯料偏移现象。这种弯曲模具结构,因竖边部分没有得到校正,回弹较大。采用如图3.4.2b所示的结构,凹模2和压料板4的工作面有一定的倾斜角,竖直边能得到一定的校正,弯曲后工件的回弹较小。倾角 α 值一般取 $5° \sim 10°$。

动画
V形件弯曲模

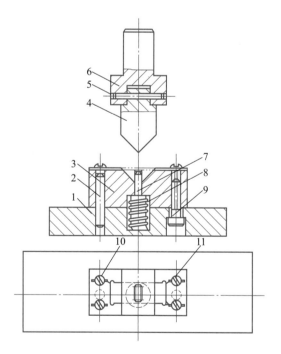

图3.4.1 V形件弯曲模的基本结构

1—下模座;2、5—销钉;3—凹模;4—凸模;6—上模座;

7—顶杆;8—弹簧;9、11—螺钉;10—可调定位板

121

如图 3.4.3 所示为 V 形件精弯模。弯曲时,凸模 1 首先压住坯料,当凸模下降,迫使活动凹模 4 向内转动,并沿靠板与向下滑动使坯料压成 V 形。凸模回程时,弹顶器使活动凹模上升。由于两活动凹模板通过铰链和销子铰接在一起,所以在上升的同时向外转动张开,恢复到原始位置。支架 2 控制回程高度并对活动凹模导向。该模具能保证毛坯与凹模始终保持大面积接触,毛坯在活动凹模上不产生相对滑动和偏移。它适用于弯曲毛坯没有足够的定位支承面、窄长且形状复杂的工件。

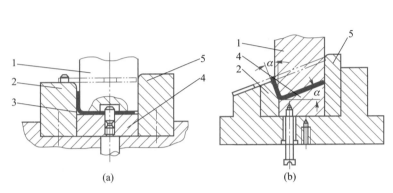

图 3.4.2　L 形件弯曲模

1—凸模;2—凹模;3—定位钉;4—压料板;5—靠板

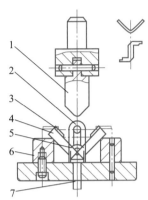

图 3.4.3　V 形件精弯模

1—凸模;2—支架;3—定位板;
4—活动凹模;5—转轴;
6—支承板;7—顶杆

2. U 形件弯曲模

如图 3.4.4 所示为常见 U 形件弯曲模结构。图 3.4.4a 为无背压的直通式凹模,用于精度不高的自由弯曲;图 3.4.4b 有背压用于底部平整度有要求的弯曲零件;图 3.4.4c 用于外形尺寸精度要

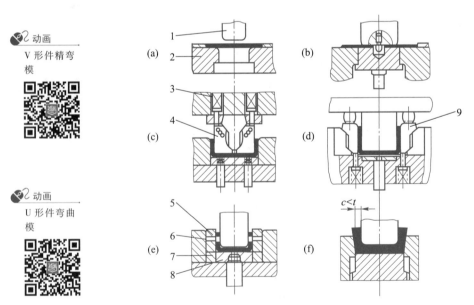

图 3.4.4　常见 U 形件弯曲模结构

1—凸模;2—凹模;3—弹簧;4—凸模活动镶块;5,9—凹模活动镶块;6—定位销;7—转轴;8—顶板

求较高的弯曲零件,凸模采用活动结构;图 3.4.4d 用于内形尺寸精度有要求的弯曲零件,凹模的两侧采用活动结构;图 3.4.4e 中凹模设计成为转轴铰链式结构,凹模活动镶块与顶板用转轴铰接,这样对两侧有孔并要求同轴的弯曲零件能实现精密弯曲;图 3.4.4f 为变薄弯曲模(c 为单面弯曲模具间隙,小于料厚)。

对于弯曲角小于 90°的 U 形件,可在两弯曲角处设置活动凹模镶块,弯曲模下降到与镶块接触时,推动活动凹模镶块摆动,并使材料包紧凸模,如图 3.4.5 所示。夹角小于 90°的 U 形件斜楔弯曲模及相关知识扫描二维码进行阅读。

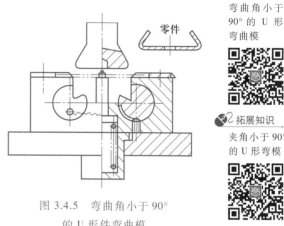

动画
弯曲角小于 90°的 U 形弯曲模

拓展知识
夹角小于 90°的 U 形弯模

3. Z 形件弯曲模

Z 形件一次弯曲即可成形。如图 3.4.6a 所示的弯曲模具结构简单,由于没有压料装置,毛坯受力后容易滑动,仅用于精度不高的 Z 形件弯曲;如图 3.4.6b 所示的结构设置了能够防止毛坯受力滑移的定位销 2 和顶板 1;如图 3.4.6c 所

图 3.4.5 弯曲角小于 90°的 U 形件弯曲模

示的是两直边折弯方向相反的 Z 形弯曲模,该模具由两件凸模(4、10)联合弯曲。为防止坯料的偏移,设置了定位销 2 和顶板 1,凸模 4 与活动凸模 10 的下端面平齐。在下模弹性元件(图中未绘出)的作用下,顶板 1 的上平面与左侧凹模的上平面平齐。定位销 2 和挡料销为毛坯定位。上模下行,活动凸模 10 与顶板 1 将坯料夹紧并下压,使坯料左端弯曲。当顶板 1 的下平面接触下模座后,活动凸模 10 停止下行,橡皮 8 被压缩,凸模 4 下行将坯料右端弯曲成形。当压块 7 与上模座下平面接触后,零件得到校正。上模回程,顶板 1 将弯曲零件顶出。

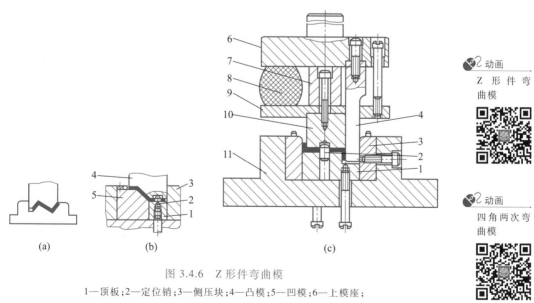

图 3.4.6 Z 形件弯曲模

1—顶板;2—定位销;3—侧压块;4—凸模;5—凹模;6—上模座;
7—压块;8—橡皮;9—凸模固定板;10—活动凸模;11—下模座

4. 四角弯曲模

冂形零件有 4 个角要弯曲。类似这种零件可以一次弯曲成形,也可以分两次弯曲成形。

1) 冂形弯曲零件两次弯曲成形

如图 3.4.7 所示为四角弯曲零件的两次弯曲模,先将平板弯成 U 形件,再将 U 形件扣在二次弯曲的凹模上,用 U 形件内侧定位,再弯成形;如图 3.4.8 所示为倒装式两次弯曲模,第一次弯两个外角,中间两角预弯成 45°,第二次弯曲加整形中间两角,采用这种结构弯曲零件尺寸精度较高,回弹容易控制。

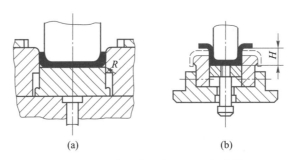

图 3.4.7　四角弯曲零件的两次弯曲模

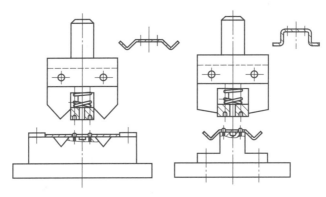

图 3.4.8　倒装式两次弯曲模

2) 冂形弯曲零件一次弯曲成形

如图 3.4.9 所示为一次弯曲成形模。如图 3.4.9a 所示为弯曲初始阶段,如图 3.4.9b 所示为弯曲终止时。初始弯曲中,凸模肩部阻碍了材料转动,加大了材料通过凹模圆角的摩擦力,使弯曲零件侧壁易擦伤、弯薄。成形后零件中的内应力回弹使两肩部与底面不易平行,如图 3.4.9c 所示。

冂形件一次成形弯曲模

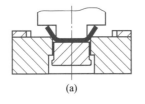
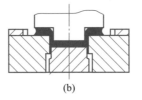

图 3.4.9　一次弯曲成形模

如图 3.4.10 所示为一次弯曲成 ⊔ 形的复合弯曲模，它是将两个简单模复合在一起的弯曲模。凸凹模 1 即是弯曲 U 形的凸模，又是弯曲 ⊔ 形的凹模。弯曲时，先由凸凹模 1 和凹模 2 将毛坯弯成 U 形，然后凸凹模继续下压，与活动凸模作用，将工件弯曲成 ⊔ 形件。这种结构的凹模需要具有较大的行程、空间，凸凹模 1 的壁厚受到弯曲零件高度的限制。此外，由于弯曲过程中毛坯未被夹紧，易产生偏移和回弹，工件的尺寸精度较低。

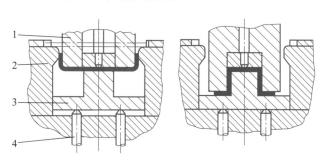

图 3.4.10 一次弯曲成 ⊔ 形的复合弯曲模
1—凸凹模；2—凹模；3—活动凸模；4—推杆

⊔ 形弯曲零件也可采用摆块 ⊔ 形弯曲模，如图 3.4.11 所示，这种模具不但四角可以在一副模具中弯出，而且弯曲零件的精度较高。弯曲时坯料放在凸模端面上，由定位挡板定位。上模下降，凹模和凸模利用弹顶器的弹力弯曲出工件的两个内角，使毛坯弯成 U 形。上模继续下降，推板迫使凸模压缩弹顶器而向下运动。这时铰接在活动凸模两侧面的一对摆块向外摆动，完成两外角的弯曲。

5. 圆形件弯曲模

圆形件的弯曲方法根据圆的直径大小而不同，一般分为小圆弯曲模和大圆弯曲模。

1）直径 $d \leqslant 5$ mm 的小圆圈弯曲零件

该类弯曲零件，一般是先弯成 U 形，然后再弯成圆形，如图 3.4.12 所示。由于这类弯曲零件较小，分次弯曲操作不便，若要获得较高精度的弯曲零件时，可采用多工位级进弯曲成形。小圆一次弯曲模可扫描二维码阅读。

2）直径 $d \geqslant 20$ mm 的大圆圈弯曲零件

圆筒直径 $d \geqslant 20$ mm 的大圆，其弯曲方法是先将毛坯弯成波浪状，然后再弯成圆筒形，如图 3.4.13 所示。弯曲完成后，工件从凸模轴向取出。

对于圆筒直径 $d = 10 \sim 40$ mm，材料厚度大约 1 mm 的圆筒形件，可以采用摆块凹模结构的弯曲模一次弯成，如图 3.4.14 所示。毛坯先由两侧定位板以及凹模块 3 上端定位，弯曲时凸模 2 先将坯料压成 U 形，然后凸模继续下行，下压凹模块的底部，使凹模块绕销轴向内摆动，将工件弯成圆形。弯曲结束后，向右推开支撑 1，将工件从凸模上取下。这种方法生产效率较高，但由于筒形件上部未受到校

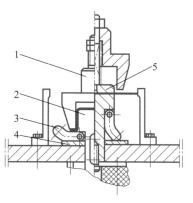

图 3.4.11 摆块 ⊔ 形弯曲模
1—凹模；2—活动凸模；3—摆块；
4—垫板；5—推板

动画
四角一次弯曲复合模

动画
带摆块的四角一次弯曲模

拓展知识
小圆一次弯曲模

正,因而回弹较大。

动画
小圆一次弯曲模

动画
大圆两次弯曲模

动画
大圆一次弯曲模

动画
自动卸件机构摆块式弯曲模

拓展知识
自动卸件机构摆块弯曲模

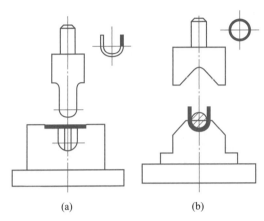

(a)　　　　(b)

图 3.4.12　小圆两次弯曲成形模

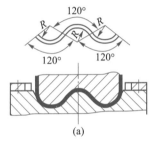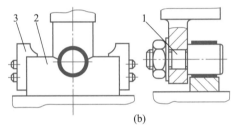

(a)　　　　(b)

图 3.4.13　大圆两次弯曲模
1—凸模;2—凹模;3—定位板

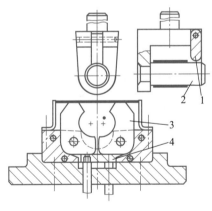

图 3.4.14　摆块一次弯曲模
1—支承;2—凸模;3—摆块凹模;4—垫板

自动卸件机构摆块式弯曲模扫描二维码进行阅读。

6. 铰链弯曲模

铰链弯曲成形,一般分两道工序进行,先将平直的毛坯端部预弯成圆弧,预弯成形尺寸如

图 3.4.15所示,然后再进行卷圆。在预弯工序中,由于弯曲端部的圆弧($\alpha = 75° \sim 80°$)一般不易成形,故将凹模的圆弧中心向里偏移 l 值,使端部材料挤压成形。偏移量 l 值大小见设计资料。预弯结构如图 3.4.16a所示,预弯工序中的凸、凹模成形尺寸如图 3.4.15b 所示。铰链的卷圆成形,通常采用推圆的方法。如图 3.4.16b 所示为直立式铰链弯曲卷圆模结构,适用于材料较厚而且长度较短的铰链,结构较简单,制造容易。如图 3.4.16c 所示为卧式铰链弯曲卷圆模结构,利用斜楔 1 推动卷圆凹模 2 在水平方向进行弯曲卷圆,凸模 3 同时兼作压料部件,结构较复杂,但工件的质量较好。

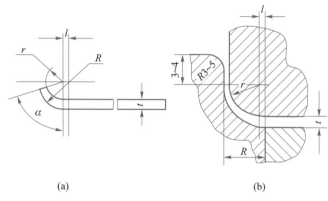

(a)   (b)

图 3.4.15　预弯成形尺寸

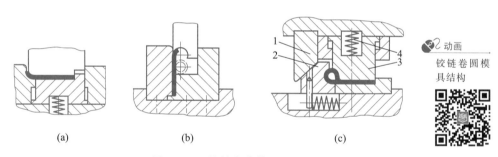

(a)   (b)   (c)

动画
铰链卷圆模
具结构

图 3.4.16　铰链弯曲模
1—斜楔;2—卷圆凹模;3—凸模;4—弹簧

3.4.2　弯曲模主要工作零件结构参数的确定

1. 弯曲凸模和凹模的圆角半径

1)弯曲凸模的圆角半径（r_t）

当弯曲零件的相对弯曲半径 $r/t < 5 \sim 8$,且不小于 r_{min}/t 时,凸模的圆角半径一般等于弯曲零件的圆角半径。若弯曲零件的圆角半径小于最小弯曲半径($r < r_{min}$)时,首次弯曲可先弯成较大的圆角半径,然后采用整形工序进行整形,使其满足弯曲零件圆角的要求。

若弯曲零件的相对弯曲半径较大($r/t > 10$),精度要求较高时,由于圆角半径的回弹大,凸模的圆角半径应根据回弹值作相应的修正。

2)弯曲凹模的圆角半径（r_a）

凹模的圆角半径的大小对弯曲变形力和制件质量均有较大影响,同时还关系到凹模厚度的确定。凹模圆角半径过小,坯料拉入凹模的滑动阻力大,使制件表面易擦伤甚至出现压痕。凹模圆角半径过大,会影响坯料定位的准确性。凹模两边的圆角要求制造均匀一致,当两边圆角有差异时,毛坯两侧移动速度不一致,使其发生偏移。

生产中常根据材料的厚度来选择凹模圆角半径:当 $t \leqslant 2$ mm 时, $r_a = (3 \sim 6) t$;当 $t = 2 \sim 4$ mm 时, $r_a = (2 \sim 3) t$;当 $t > 4$ mm 时, $r_a = 2t$。或按有关设计资料选取。如图3.4.17所示为弯曲模结构尺寸示意图。

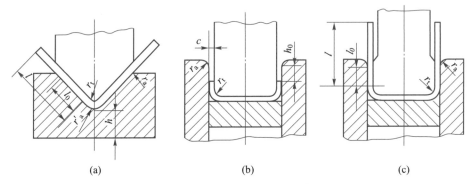

(a)　　　　　　　　　　　　(b)　　　　　　　　　　　　(c)

图 3.4.17　弯曲模结构尺寸示意图

可依据弯曲变形区坯料变薄的特点取 V 形弯曲凹模其底部圆角半径 $r'_a = (0.6 \sim 0.8)(r_t + t)$,或在底部开退刀槽。

2. 凹模工作部分深度

弯曲凹模深度 l_0 要适当。过小时,坯件弯曲变形的两直边自由部分长,弯曲零件成形后回弹大,而且直边不平直。若过大,则模具材料消耗多,而且要求压力机具有较大的行程。弯曲 V 形件时,凹模深度 l_0 及底部最小厚度 h 值参见表 3.4.1。弯曲 U 形件时,若弯边高度不大,或要求两边平直,则凹模深度应大于零件高度,如图 3.4.20b 所示。如果弯曲零件边长较大,而对平直度要求不高时,可采用如图 3.4.20c 所示的凹模形式。弯曲 U 形件的凹模参数见表 3.4.2 和表 3.4.3 所示。

表 3.4.1　凹模深度 l_0 及底部最小厚度 h 值　　　　　　　　　　　mm

弯曲零件边长 l	材料厚度 t					
	$\leqslant 2$		$2 \sim 4$		> 4	
	h	l_0	h	l_0	h	l_0
$10 \sim 25$	20	$10 \sim 15$	22	15	—	—
$> 25 \sim 50$	22	$15 \sim 20$	27	25	32	30
$> 50 \sim 75$	27	$20 \sim 25$	32	30	37	35
$> 75 \sim 100$	32	$25 \sim 30$	37	35	42	40
$> 100 \sim 150$	37	$30 \sim 35$	42	40	47	50

表 3.4.2 弯曲 U 形件凹模的 h_0 值   mm

板料厚度 t	≤ 1	1~2	2~3	3~4	4~5	5~6	6~7	7~8	8~10
h_0	3	4	5	6	8	10	15	20	25

表 3.4.3 弯曲 U 形件的凹模深度 l_0 mm

弯曲零件边长 l	材料厚度 t				
	<1	>1~2	>2~4	>4~6	>6~10
<50	15	20	25	30	35
50~75	20	25	30	35	40
75~100	25	30	35	40	40
100~150	30	35	40	50	50
150~200	40	45	55	65	65

3. 弯曲凸模、凹模之间的间隙

V 形件弯曲模,凸模与凹模之间的间隙是由调节压力机的装模高度来控制。对于 U 形件弯曲模,则必须选择适当的间隙值。凸模和凹模间的间隙值对弯曲零件的回弹、表面质量和弯曲力均有很大的影响。若间隙过大,弯曲零件回弹量增大,误差增加,从而降低了制件的精度。当间隙过小时,会使零件直边料厚减薄和出现划痕,同时还降低凹模寿命。生产中凸模和凹模间的间隙值为

对弯曲有色金属 $\qquad\qquad\qquad c=t_{min}+nt$

对弯曲黑色金属 $\qquad\qquad\qquad c=t+nt$

式中,c 为弯曲凸模与凹模的单面间隙,mm;t、t_{min} 为材料厚度的基本尺寸和最小尺寸,mm;n 为间隙系数,见表 3.4.4。

表 3.4.4 U 形弯曲零件弯曲模的凸、凹模间隙系数 n 值

弯曲件高度 H	弯曲零件宽度 $B≤2H$				弯曲零件宽度 $B>2H$				
	板料厚度 t/mm								
	<0.5	0.6~2	2.1~4	4.1~5	< 0.5	0.6~2	2.1~4	4.2~7.6	7.6~12
10	0.05	0.05	0.04	—	0.10	0.10	0.08	—	—
20	0.05	0.05	0.04	0.03	0.10	0.10	0.08	0.06	0.06
35	0.07	0.05	0.04	0.03	0.15	0.10	0.08	0.06	0.06
50	0.10	0.07	0.05	0.04	0.20	0.15	0.10	0.06	0.06
70	0.10	0.07	0.05	0.05	0.20	0.15	0.10	0.10	0.08
100	—	0.07	0.05	0.05	—	0.15	0.10	0.10	0.08
150	—	0.10	0.07	0.05	—	0.20	0.15	0.10	0.10
200	—	0.10	0.07	0.07	—	0.20	0.15	0.15	0.10

4. 凸模和凹模工作尺寸及公差

设计凸模和凹模工作宽度尺寸与弯曲零件的尺寸标注有关。设计原则是:弯曲零件标注外形尺寸时,则以凹模为设计基准件,间隙取在凸模上;当弯曲零件标注的是内形尺寸时,选择凸模为设计基准件,间隙取在凹模上。如图 3.4.18 所示为工件尺寸标注及模具尺寸示意图。在确定尺寸时,还应注意弯曲零件精度、回弹趋势和模具的磨损规律等。

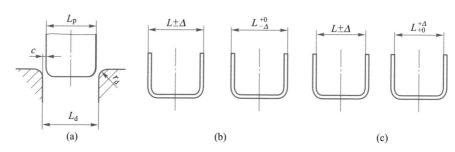

图 3.4.18　工件尺寸标注及模具尺寸示意图

1) 弯曲零件标注外形尺寸(如图 3.4.18b 所示)

当弯曲零件为双向对称偏差时,凹模尺寸为

$$L_d = (L - 0.5\Delta)^{+\delta_d}_{\ 0} \tag{3.4.1}$$

当弯曲零件为单向偏差时,凹模尺寸为

$$L_d = (L - 0.75\Delta)^{+\delta_d}_{\ 0} \tag{3.4.2}$$

凸模尺寸为

$$L_p = (L_d - 2c)^{\ 0}_{-\delta_p} \tag{3.4.3}$$

或者凸模尺寸按凹模实际尺寸配制,保证单面间隙值 c。

2) 弯曲零件标注内形尺寸(如图 3.4.18c 所示)

当弯曲零件为双向对称偏差时,凸模尺寸为

$$L_p = (L + 0.5\Delta)^{\ 0}_{-\delta_p} \tag{3.4.4}$$

当弯曲零件为单向偏差时,凸模尺寸为

$$L_p = (L + 0.75\Delta)^{\ 0}_{-\delta_p} \tag{3.4.5}$$

凹模尺寸为

$$L_d = (L_p + 2c)^{+\delta_d}_{\ 0} \tag{3.4.6}$$

或者凹模尺寸按凸模实际尺寸配制,保证单面间隙值 c。

式中 δ_d、δ_p 是凹模、凸模制造公差,按 IT6~IT8 级公差选取。

习题与思考题

3.1　弯曲过程中材料的变形区发生了哪些变化?试简要说明板料弯曲变形区的应力和应变情况。

3.2　弯曲的变形程度用什么来表示?极限变形程度受到哪些因素的影响?

3.3　为什么说弯曲回弹是弯曲工艺不能忽略的问题？试述减小弯曲回弹的常用措施。

3.4　弯曲零件弯曲工序的安排要注意什么？

3.5　试计算图题 3.5a、b 所示弯曲零件的毛坯展开长度，并完成图题 3.5c 的弯曲工序的安排。

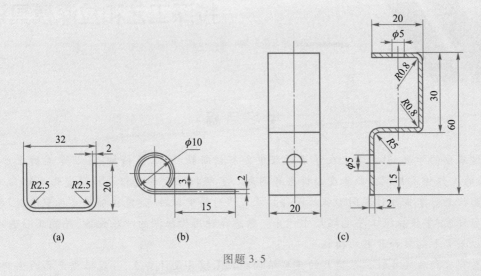

图题 3.5

3.6　什么是专业精神？为什么说专业精神是企业看重的重要品质，是敬业的具体体现？

第4章
拉深工艺和拉深模具设计

学习目标

通过本章的学习,引导学生在学习过程中要有创新精神、工匠精神;帮助学生树立严谨、求实、守信的工作作风并学会多角度分析思考问题。了解拉深变形过程和拉深变形毛坯各部分应力与应变状态。掌握各种不同形状拉深件拉深成形时的变形特点;能正确确定拉深次数、各次拉深的变形程度;掌握拉深工序毛坯尺寸计算。熟悉各种用于拉深的冲压设备,并能正确选用。掌握防止拉深变形起皱和开裂的措施。

熟悉首次和后续各种拉深模具的典型结构和拉深模具设计要点,并能根据产品的生产能力、技术指标和工艺设计的内容正确设计拉深模具。了解软模拉深和变薄拉深。

动画
圆筒形件
拉深

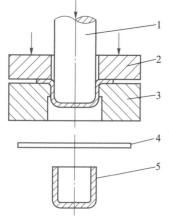

图 4.0.1 开口空心件的拉深
1—凸模;2—压边圈;3—凹模;
4—坯料;5—拉深件

拉深是利用拉深模具将冲裁好的平板毛坯压制成各种开口的空心件,或将已制成的开口空心件加工成其他形状空心件的一种加工方法。拉深也称为拉延。平板毛坯拉深成开口空心件的拉深,如图 4.0.1 所示。其变形过程是:随着凸模的下行,放置在凹模端面上的毛坯外径不断缩小,圆形毛坯逐渐被拉进凸模与凹模间的间隙中形成直壁,而处于凸模底面下的材料则成为拉深件的底,当板料全部拉入凸、凹模间的间隙时,圆筒件拉深过程结束,平板毛坯就变成具有一定的直径和高度的开口空心件。与冲裁工序的冲裁模具相比,拉深凸模和凹模的工作部分不应有锋利的刃口,工作刃口具有一定的圆角半径,凸模与凹模之间的单边间隙稍大于料厚。

用拉深工艺可以成形圆筒形、阶梯形、球形、锥形、抛物线形等旋转体零件,也可成形盒形等非旋转体零件,若将拉深与其他成形工艺(如胀形、翻边等)复合,则可加工出形状非常复杂的零件,如汽车车门等,如图 4.0.2 所示为拉深成形的典型件示意图。因此拉深的应用非常广泛,是冷冲压的基本成形工序之一。

拉深工艺可分为不变薄拉深和变薄拉深两种。后者在拉深后零件的壁部厚度与毛坯厚度相比较,有明显的变薄,零件的特点是底部厚,壁部薄(如弹壳、高压锅)。本章主要介绍不变薄拉深。

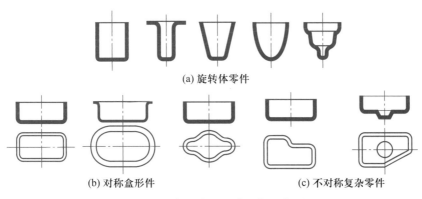

(a) 旋转体零件

(b) 对称盒形件　　　　　　　　(c) 不对称复杂零件

图 4.0.2　拉深成形的典型件示意图

拉深变形过程分析

4.1.1　板料拉深变形过程及其特点

若不采用拉深工艺而是采用折弯方法来成形一圆筒形件,可将毛坯的三角形阴影部分材料去掉,如图 4.1.1 所示,然后沿直径为 d 的圆周折弯,并在缝隙处加以焊接,就可以得到直径为 d,高度为 $h=(D-d)/2$,周边带有焊缝的开口圆筒形件。但圆形平板毛坯在拉深成形过程中并没有去除图中三角形多余的材料,因此只能认为三角形多余的材料是在模具的作用下产生了流动。

为了说明材料是怎样流动的,可以通过如图 4.1.2 所示的网格试验,来认识这一问题。即拉深前,在毛坯上作出距离为 a 的等距离的同心圆与相同弧度 b 辐射线组成的网格,然后将带有网格的毛坯进行拉深。通过比较拉深前后网格的变化情况,来了解材料的流动情况。观察发现,拉深后筒底部的网格变化不明显;而侧壁上的网格变化很大,拉深前等距离的同心圆拉深后变成了与筒底平行的不等距离的水平圆周线,愈靠近口部圆周线的间距愈大,即:$a_1>a_2>a_3>\cdots>a$;原来分度相等的辐射线拉深后变成了相互平行且垂直于底部的平行线,其间距也完全相等,$b_1=b_2=b_3=\cdots=b$。原来形状为扇形网格 $\mathrm{d}A_1$,拉深后在工件的侧壁变成了矩形网格 $\mathrm{d}A_2$,离底部越远矩形的高度越大。测量此时工件的高度,发现筒壁高度大于$(D-d)/2$。这说明材料沿高度方向产生了塑性流动。

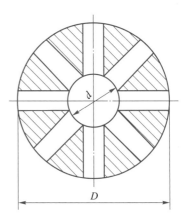

图 4.1.1　毛坯的三角形
阴影部分材料

金属是怎样往高度方向流动,或者说拉深前的扇形网格是怎样变成矩形的,可以从变形区任选一个扇形格子来分析,如图 4.1.3 所示。从图中可看出,扇形的宽度大于矩形的宽度,而高度却小于矩形的高度,要使扇形格子拉深后变成矩形格,必须宽度减小而长度增加。很明显扇形格子只要切向受压产生压缩变形,径向受拉产生伸长变形就能产生这种情况。而在实际的变形过程中,由于有三角形多余材料存在(图 4.1.1),拉深时材料间的相互挤压产生了切向压应力

（图 4.1.3），凸模提供的拉深力产生了径向拉应力。故 $D-d$ 的圆环部分在径向拉应力和切向压应力的作用下径向伸长,切向缩短,扇形格子就变成了矩形格子,三角形多余金属流到工件口部,使高度增加。

动画
拉深网格变化

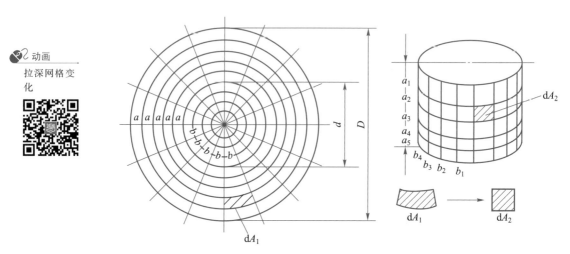

图 4.1.2　拉深网格的变化试验

动画
单元网格挤压变形

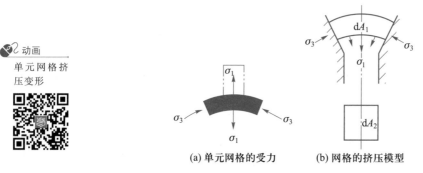

(a) 单元网格的受力　　(b) 网格的挤压模型

图 4.1.3　拉深网格的挤压变形

这一受力过程如同一扇形毛坯被拉着通过一个楔形槽（图 4.1.3b）的变化是类似的,在直径方向被拉长的同时,切向则被压缩。在实际的拉深过程中,当然并没有楔形槽,毛坯上的扇形小单元体也不是单独存在的,而是处在相互联系、紧密结合在一起的毛坯整体上。在凸模力的作用下,变形材料间的相互拉伸作用而产生了径向拉应力 σ_1,而切线方向材料间的相互挤压而产生了切向压应力 σ_3。因此,拉深变形过程可以归结如下:

在拉深过程中,毛坯受凸模拉深力的作用,毛坯内部各个小单元之间产生了内应力,在径向产生拉伸应力 σ_1,切向产生压应力 σ_3。在它们的共同作用下,凸缘变形区材料发生了塑性变形,并不断被拉入凹模内形成圆筒形拉深件。

4.1.2　拉深过程中变形毛坯各部分的应力与应变状态

拉深变形后,沿圆筒形制件侧壁材料厚度和硬度变化的示意图如图 4.1.4 所示。一般是底部厚度略有变薄,且筒壁从下向上逐渐增厚。此外,沿高度方向零件各部分的硬度也不同,越到零件口部硬度越高,这些说明了在拉深变形过程中坯料的变形极不均匀。在拉深的不同时刻,毛坯内各部分由于所处的位置不同,毛坯的变化情况也不一样。为了更深刻地了解拉深变形过程,有必要讨论在拉深过程中变形材料内各部分的应力与应变状态。

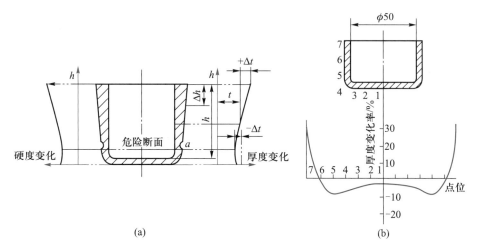

图 4.1.4 沿圆筒形制件侧壁材料厚度和硬度变化的示意图

现以带压边圈的直壁圆筒形件的首次拉深为例,说明在拉深过程中的某一时刻(如图 4.1.5 所示)毛坯的变形和受力情况。假设 σ_1、ε_1 为毛坯的径向应力与应变;σ_2、ε_2 为毛坯的厚向应力与应变;σ_3、ε_3 为毛坯的切向应力与应变。

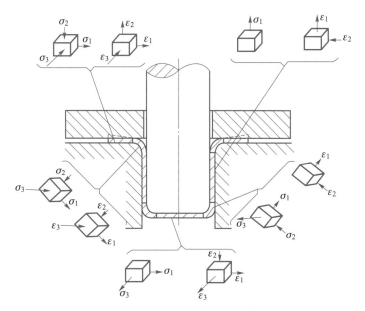

图 4.1.5 拉深中毛坯的应力应变情况

根据圆筒件各部位的受力和变形性质的不同,可将整个变形毛坯分为 5 个区域:

1. 平面凸缘区——主要变形区

这是拉深变形的主要变形区,也是扇形网格变成矩形网格的区域。此处材料被拉深凸模拉入凸模与凹模之间间隙而形成筒壁。这一区域变形材料主要承受切向的压应力 σ_3 和径向的拉

应力 σ_1，厚度方向承受由压边力引起的压应力 σ_2 的作用,该区域是二压一拉的三向应力状态。

由网格试验知,切向压缩与径向伸长的变形均由凸缘的内边向外边逐渐增大,因此 σ_1 和 σ_3 的值也是变化的。

由网格试验知道,变形材料在凸模力的作用下挤入凹模时,切向产生压缩变形 ε_3,径向产生伸长变形 ε_1;而厚向的变形 ε_2,取决于 σ_1 和 σ_3 的比值。当 σ_1 的绝对值最大时,则 ε_2 为压应变,当 σ_3 的绝对值最大时,ε_2 为拉应变。因此该区域的应变也是三向的。

由图 4.1.2 可知,在凸缘的最外缘需要压缩的材料最多,因此该处的 σ_3 是绝对值最大的主应力,凸缘外缘的 ε_2 应是伸长变形。如果此时 σ_3 值过大,则此处材料因受压过大而失稳起皱,导致拉深不能正常进行。

2. 凹模圆角区——过渡区

这是凸缘和筒壁部分的过渡区,材料的变形比较复杂,除有与凸缘部分相同的特点,即径向受拉应力 σ_1 和切向受压应力 σ_3 作用外,厚度方向上还要受凹模圆角的压力和弯曲作用产生的压应力。该区域的变形状态也是三向的:ε_1 是绝对值最大的主应变(拉应变),ε_2 和 ε_3 是压应变,此处材料厚度减薄。

3. 筒壁部分——传力区

这是由凸缘部分材料塑性变形后转化而成,它将凸模的作用力传给凸缘变形区的材料,因此是传力区。拉深过程中筒壁直径受凸模的阻碍不再发生变化,即切向应变 ε_3 为零。如果间隙合适,该区域仅承受单向拉应力 σ_1 的作用,发生少量的径向伸长应变 ε_1 和厚向压缩(变薄)应变 ε_2。该区域为单向应力,平面应变状态。

4. 凸模圆角区——过渡区

这是筒壁和圆筒底部的过渡区,材料承受筒壁较大的拉应力 σ_1、凸模圆角的压力和弯曲作用产生的压应力 σ_2 和切向拉应力 σ_3。在这个区域的筒壁与筒底转角处稍上的位置,拉深开始时材料处于凸模与凹模间,需要转移的材料较少,受变形的程度小,冷作硬化程度低,加之该处材料变薄,使传力的截面积变小,所以此处往往成为整个拉深件强度最薄弱的地方,是拉深过程中的"危险断面"。

5. 圆筒底部——小变形区

这部分材料处于凸模下面,直接接收凸模施加的力并由它将力传给圆筒壁部,因此该区域也是传力区。该处材料在拉深开始就被拉入凹模内,并始终保持平面形状。它受两向拉应力 σ_1 和 σ_3 作用,相当于周边受均匀拉力的圆板。此区域的变形是三向的:ε_1 和 ε_3 为拉伸应变,ε_2 为压缩应变。由于凸模圆角处的摩擦制约了底部材料的向外流动,故圆筒底部变形不大,只有 1% ~ 3%,一般可忽略不计。

4.1.3　拉深变形过程的力学分析

1. 凸缘变形区的应力分析

1) 拉深过程中某时刻凸缘变形区的应力分析

将半径为 R_0 的板料毛坯拉深成为半径为 r 的圆筒形件,如图 4.1.6 所示,采用有压边圈拉深时,在凸模拉深力的作用下,变形区材料径向受拉应力 σ_1 的作用,切向受压应力 σ_3 的作用,厚度方向在压边力的作用下产生厚向压应力 σ_2。若 σ_2 忽略不计(与 σ_1 和 σ_3 比较,σ_2 较小),则可通过变形区的受力分析,求出 σ_1 和 σ_3 的值,即可知变形区的主应力分布情况。

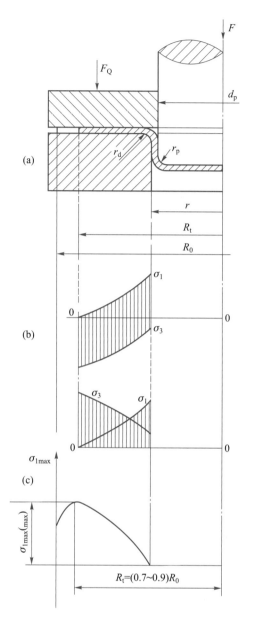

图 4.1.6 圆筒形件拉深时的应力分布

σ_1 和 σ_3 的数值可根据金属微元体塑性变形时的平衡方程和屈服条件来求解。为此从变形区任意半径 R 处截取宽度为 $\mathrm{d}R$、夹角为 $\mathrm{d}\varphi$ 的扇形微元体,微元体两侧受到切向压应力 σ_3,上下圆弧面分别受到拉应力($\sigma_1+\mathrm{d}\sigma_3$)和 σ_1,如图 4.1.7 所示,分析其受力情况,建立微元体的受力的平衡方程得:

$$(\sigma_1+\mathrm{d}\sigma_1)(R+\mathrm{d}R)\mathrm{d}\varphi t-\sigma_1 R\mathrm{d}\varphi t+2\,|\,\sigma_3\,|\,\mathrm{d}R\sin(\mathrm{d}\varphi/2)t=0$$

因为 $|\sigma_3|=-\sigma_3$,取 $\sin(\mathrm{d}\varphi/2)\approx\mathrm{d}\varphi/2$,并略去高阶无穷小,得

$$R\mathrm{d}\sigma_1+(\sigma_1-\sigma_3)\mathrm{d}R=0 \qquad (4.1.1)$$

引入塑性变形时需满足的塑性方程:$\sigma_1-\sigma_3=\beta\,\overline{\sigma}_\mathrm{m}$ 式中 β 值与应力状态有关,其变化范围为 $1\sim1.155$,为了简便取 $\beta=1.1$ 得

137

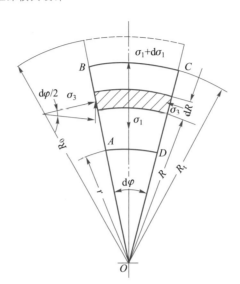

图 4.1.7　首次拉深某瞬间毛坯凸缘部分微元体的受力状态
（带压边而不考虑压边的影响）

$$\sigma_1 - \sigma_3 = 1.1\overline{\sigma}_{\text{m}} \tag{4.1.2}$$

联合上述两式,并考虑边界条件（当 $R = R_{\text{t}}$ 时, $\sigma_1 = 0$）,经数学推导就可以求出径向拉应力 σ_1 和切向压应力 σ_3 的大小为

$$\sigma_1 = 1.1\overline{\sigma}_{\text{m}}\ln(R_{\text{t}}/R) \tag{4.1.3}$$

$$\sigma_3 = -1.1\overline{\sigma}_{\text{m}}\left(1 - \ln\frac{R_{\text{t}}}{R}\right) \tag{4.1.4}$$

式中, $\overline{\sigma}_{\text{m}}$ 为变形区材料的平均抗力,MPa; R_{t} 为拉深中某时刻的凸缘半径,mm; R 为凸缘区内任意点的半径,mm。

当拉深进行到某瞬时,凸缘变形区的外径变为 R_{t} 时,把变形区内不同点的半径 R 值代入式（4.1.3）和式（4.1.4）,就可以算出各点的应力。

讨论 σ_1 和 σ_3 的最大值、最小值及其分布规律:

① 根据式（4.1.3）,在变形区的内边缘（即 $R = r$ 处）,径向拉应力 σ_1 最大,其值为

$$\sigma_{1\max} = 1.1\overline{\sigma}_{\text{m}}\ln(R_{\text{t}}/r) \tag{4.1.5}$$

在变形区的外边缘（即 $R = R_{\text{t}}$ 处）, $\sigma_1 = 0$。

② 根据式（4.1.4）,在变形区的外边缘（即 $R = R_{\text{t}}$ 处）,切向压应力 $|\sigma_3|$ 最大,其值为

$$|\sigma_3|_{\max} = 1.1\overline{\sigma}_{\text{m}} \tag{4.1.6}$$

而在变形区的内边缘（即 $R = r$ 处）, $|\sigma_3|$ 最小,为 $|\sigma_3| = 1.1\overline{\sigma}_{\text{m}}[1 - \ln(R_{\text{t}}/r)]$。

如图 4.1.6b 所示是 σ_1 和 σ_3 的分布规律。从凸缘变形区外侧向内侧, σ_1 由 0 变化到最大值,而 $|\sigma_3|$ 则由最大值变化到最小值。在凸缘变形区中部必有一交点存在（图 4.1.6b）,在此交点处有 $|\sigma_1| = |\sigma_3|$。则

$$1.1\overline{\sigma}_{\text{m}}\ln(R_{\text{t}}/R) = 1.1\overline{\sigma}_{\text{m}}[1 - \ln(R_{\text{t}}/R)]$$

化简得

$$\ln(R_t/R) = 1/2$$

即交点位置为

$$R = 0.61R_t$$

由此交点 $R = 0.61R_t$ 处，向凹模洞口方向的部分，拉应力占优势（$|\sigma_3| < |\sigma_1|$），拉应变 ε_1 为绝对值最大的主变形，而厚度方向的变形 ε_2 是压缩应变（与最大主应变方向相反），厚度变薄。由此交点向外到毛坯边缘的部分，切向压应力占优势（$|\sigma_3| > |\sigma_1|$），压应变 ε_3 为绝对值最大的主应变，而厚度方向上的变形 ε_2 是伸长应变（增厚）。交点处就是变形区在厚度方向发生增厚和减薄变形的分界点。

2）拉深过程中 σ_{1max} 和 $|\sigma_3|_{max}$ 的变化规律

当毛坯半径由 R_0 变到 R_t 时，在凹模洞口处有最大拉应力 σ_{1max}，而在凸缘变形区最外缘处有最大压应力 σ_{3max}。在不同的拉深时刻，它们的值是不同的。了解拉深过程中 σ_{1max} 和 σ_{3max} 如何变化，何时出现最大值 σ_{1max}^{max} 与 σ_{3max}^{max}，就可采取措施来防止拉深时的起皱和破裂。

① σ_{1max} 的变化规律。由 $\sigma_{1max} = 1.1\overline{\sigma}_m \ln(R_t/r)$ 可知 σ_{1max} 与 $\overline{\sigma}_m$ 和 $\ln(R_t/r)$ 两者的乘积有关。随着拉深变形程度逐渐增大，材料的硬化加剧变形区材料的流动应力 $\overline{\sigma}_m$ 增加，使 σ_{1max} 增大。$\ln(R_t/r)$ 表示毛坯变形区的大小，随着拉深的进行，变形区逐渐缩小，使 σ_{1max} 减小。将不同的 R_t 所对应的各个 σ_{1max} 连成曲线（图 4.1.6c），即为拉深过程凸缘变形区 σ_{1max} 的变化规律。从图中可以看出，拉深开始阶段 $\overline{\sigma}_m$ 起主导作用，σ_{1max} 增加很快，并迅速达到 σ_{1max}^{max}，此时 $R_t = (0.7 \sim 0.9)R_0$。继续拉深，$\ln(R_t/r)$ 起主导作用，σ_{1max} 开始减小。

② $|\sigma_3|_{max}$ 的变化规律。因为 $|\sigma_3|_{max} = 1.1\overline{\sigma}_m$，则 $|\sigma_3|_{max}$ 只与材料有关，随着拉深的进行，变形程度增加，材料变形区硬化加剧，$\overline{\sigma}_m$ 增大，则 $|\sigma_3|_{max}$ 也增大。$|\sigma_3|_{max}$ 的变化规律与材料的硬化曲线相似。$|\sigma_3|_{max}$ 增大易引起变形区失稳起皱的趋势，而凸缘变形区厚度的增加却又提高抵抗失稳起皱的能力。所以凸缘变形区材料的起皱取决于这两个因素综合作用的结果。

2. 筒壁传力区的受力分析

扫描二维码进行阅读。

拓展知识
筒壁传力区的受力分析

4.1.4　拉深成形的障碍及防止措施

由上面的分析可知，拉深时毛坯各部分的应力应变状态不同，而且随着拉深过程的进行应力应变状态还在变化，这使得在拉深变形过程中产生了一些特有的现象。

1. 起皱及防皱措施

拉深时凸缘变形区的材料在切向均受到 σ_3 压应力的作用。当 σ_3 过大，材料又较薄，σ_3 超过此时材料所能承受的临界压应力时，材料就会失稳弯曲而拱起。在凸缘变形区沿切向形成高低不平的皱褶的这种现象称为起皱，如图 4.1.8 所示。起皱在拉深薄料时更容易发生，而且首先在凸缘的外缘开始，因为此处的 σ_3 值最大。

动画
毛坯凸缘的起皱

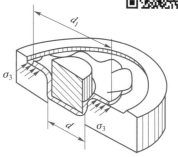

图 4.1.8　毛坯凸缘的起皱情况

变形区一旦起皱,对拉深的正常进行是非常不利的。因为毛坯起皱后,拱起的皱褶很难通过凸、凹模间隙被拉入凹模,如果强行拉入,则拉应力迅速增大,容易使毛坯受过大的拉力而导致断裂报废。即使模具间隙较大,或者起皱不严重,拱起的皱褶能勉强被拉进凹模内形成筒壁,皱褶也会留在工件的侧壁上,从而影响零件的表面质量。同时,起皱后的材料在通过模具间隙时与凸模、凹模间的压力增加,导致与模具间的摩擦加剧,磨损严重,使得模具的寿命大为降低。因此,起皱应尽量避免。拉深是否失稳,与拉深变形区受的切向压力大小和拉深件的凸缘变形区几何尺寸有关,主要决定于下列因素:

1) 毛坯变形区部分材料的相对厚度

毛坯变形区部分的相对料厚用 $t/(D-d)$ 或 $t/(R-r)$ 表示。式中,t 为料厚;D 为毛坯变形区外径;d 为工件直径;r 为工件半径;R 为毛坯变形区半径。毛坯变形区相对料厚越大,即说明 t 较大而 $D-d$ 较小,即变形区较小较厚,因此抗失稳能力强,稳定性好,不易起皱。反之,材料抗纵向弯曲能力弱,容易起皱。

2) 切向压应力 σ_3 的大小

拉深时 σ_3 的值决定于变形程度,变形程度越大,需要转移的剩余材料越多,加工硬化现象越严重,则 σ_3 越大,就越容易起皱。

3) 材料的力学性能

板料的屈强比 σ_s/σ_b 小,则屈服极限小,变形区内的切向压应力也相对减小,因此板料不容易起皱。当板厚向异性系数 γ 大于 1 时,说明板料在宽度方向上的变形易于厚度方向,材料易于沿平面流动,因此不容易起皱。

4) 凹模工作部分的几何形状

与普通的平端面凹模相比,锥形凹模允许用相对厚度较小的毛坯而不致起皱。生产中可用下述公式概略估算拉深件是否会起皱。

平端面凹模拉深时,毛坯首次拉深不起皱的条件是:
$$t/D \geq (0.09 \sim 0.17)(1-d/D)$$

用锥形凹模首次拉深时,材料不起皱的条件是:
$$t/D \geq 0.03(1-d/D)$$

式中,D、d 为毛坯的直径和工件的直径,mm;t 为板料的厚度。

如果不能满足上述式子的要求,就要起皱。在这种情况下,必须采取措施防止起皱发生。最简单的方法(也是实际生产中最常用的方法)是采用压边圈。加压边圈后,材料被强迫在压边圈和凹模平面间的间隙中流动,稳定性得到增加,起皱也就不容易发生。

除此之外,防皱措施还应从零件形状、模具设计、拉深工序的安排、冲压条件以及材料特性等多方面考虑。当然,零件的形状取决于它的使用性能和要求。因此,在满足零件使用要求的前提下,应尽可能降低拉深深度,以减小圆周方向的切向压应力。

在模具设计方面,应注意压边圈和拉深筋的位置和形状;模具表面形状不要过于复杂。在考虑拉深工序的安排时,应尽可能使拉深深度均匀,使侧壁斜度较小;对于深度较大的拉深零件,或者阶梯差较大的零件,可分两道工序或多道工序进行拉深成形,以减小一次拉深的深度和阶梯差。多道工序拉深时,也可用反拉深防止起皱,如图 4.1.9 所示。将前道工序拉深得到直径为 d_1 的半成品,套在筒状凹模上进行反拉深,使毛坯内表面变成外表面。由于反拉深时毛坯与凹模的包角为 180°,板材沿凹模流动的摩擦阻力和变形抗力显著增大,从而使径向拉应力增大,切向压应力的作用相应减小,能有效防止起皱。

冲压条件方面的措施主要是指均衡的压边力和润滑。凸缘变形区材料的压边力一般都是均衡的,但有的零件在拉深过程中,某个局部非常容易起皱,这就应对凸缘的该局部加大压边力。高的压边力虽不易起皱,但易发生高温黏结,因而在凸缘部分进行润滑仍是必要的。

2. 拉裂与防止措施

拉深后得到工件的厚度沿底部向口部方向是不同的,如图4.1.4所示。在圆筒件侧壁的上部厚度增加最多,约为30%;而在筒壁与底部转角稍上的地方板料厚度最小,厚度减少了将近10%,该处拉深时最容易被拉断。通常称此断面为危险断面。当该断面的应力超过材料此时的强度极限时,零件就在此处产生破裂,如图4.1.10所示。即使拉深件未被拉裂,由于材料变薄过于严重,也可能使产品报废。

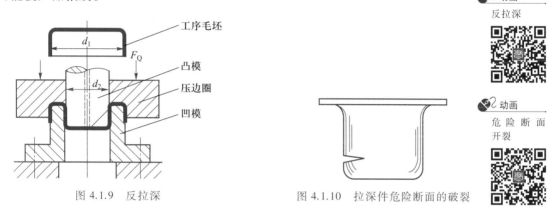

图 4.1.9　反拉深　　　　　　　图 4.1.10　拉深件危险断面的破裂

防止危险断面破裂的根本措施是减小拉深时的变形抗力。通常是根据板料的成形性能,确定合理的拉深系数,采用适当的压边力和较大的模具圆角半径,改善凸缘部分的润滑条件,增大凸模表面的粗糙度,选用 σ_s/σ_b 比值小,且 n 值和 r 值大的材料等。

4.2　直壁旋转体零件拉深工艺设计

圆筒形零件是最典型的拉深件,掌握了它的工艺计算方法后,其他零件的工艺计算可以借鉴其计算方法。下面介绍如何计算圆筒形零件毛坯尺寸、拉深次数、半成品尺寸、拉深力,以及如何确定模具工作部分的尺寸等。

4.2.1　圆筒形拉深件毛坯尺寸计算

1. 拉深件毛坯尺寸计算的原则

1)面积相等原则

由于拉深前和拉深后材料的体积不变,对于不变薄拉深,假设材料厚度拉深前后不变,拉深毛坯的尺寸按"拉深前毛坯表面积等于拉深后零件的表面积"的原则来确定(毛坯尺寸确定还可按等体积,等重量原则)。

2)形状相似原则

拉深毛坯的形状一般与拉深件的横截面形状相似。即零件的横截面是圆形、椭圆形时,其拉深前毛坯展开形状也基本上是圆形或椭圆形。对于异形件拉深,其毛坯的周边轮廓应采用光滑曲线连接,应无急剧的转折和尖角。

拉深件毛坯形状的确定和尺寸计算是否正确,不仅直接影响生产过程,而且对冲压件生产有很大的经济意义,因为在冲压零件的总成本中,材料费用一般占到60%以上。

由于拉深材料厚度有公差,板料具有各向异性;模具间隙和摩擦阻力的不一致以及毛坯的定位不准确等原因,拉深后零件的口部将出现凸耳(口部不平)。为了得到口部平齐,高度一致的拉深件,需要拉深后增加切边工序,将不平齐的部分切去。所以在计算毛坯之前,应先在拉深件上增加切边余量,见表 4.2.1 和表 4.2.2。

表 4.2.1　无凸缘零件切边余量 Δh　　　　mm

拉深件高度 h	拉深相对高度 h/d 或 h/B				附图
	>0.5~0.8	>0.8~1.6	>1.6~2.5	>2.5~4	
≤10	1.0	1.2	1.5	2	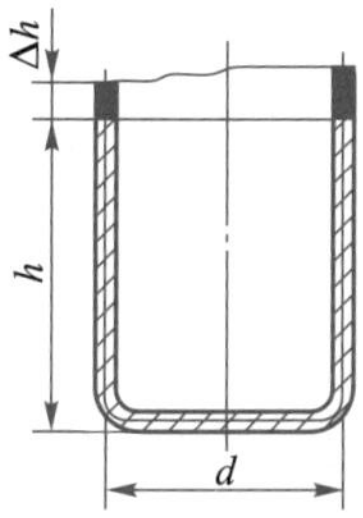
>10~20	1.2	1.6	2	2.5	
>20~50	2	2.5	2.5	4	
>50~100	3	3.8	3.8	6	
>100~150	4	5	5	8	
>150~200	5	6.3	6.3	10	
>200~250	6	7.5	7.5	11	
>250	7	8.5	8.5	12	

表 4.2.2　有凸缘零件切边余量 ΔR　　　　mm

凸缘直径 d_t 或 B_t	相对凸缘直径 d_t/d 或 B_t/B				附图
	<1.5	1.5~2	2~2.5	2.5~3	
≤25	1.8	1.6	1.4	1.2	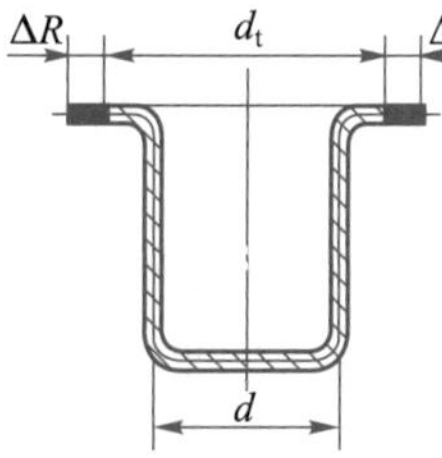
>25~50	2.5	2.0	1.8	1.6	
>50~100	3.5	3.0	2.5	2.2	
>100~150	4.3	3.6	3.0	2.5	
>150~200	5.0	4.2	3.5	2.7	
>200~250	5.5	4.6	3.8	2.8	
>250	6.0	5.0	4.0	3.0	

2. 简单形状的旋转体拉深零件毛坯尺寸的确定

对于简单形状的旋转体拉深零件求其毛坯尺寸时,一般可将拉深零件分解为若干简单的几何体,分别求出它们的表面积后再相加,含切边余量在内(如图 4.2.1 所示)。由于旋转体拉深零件的毛坯为圆形,根据面积相等原则,可计算出拉深零件的毛坯直径,即

圆筒直壁部分的表面积为

$$A_1 = \pi d(H-r) \tag{4.2.1}$$

圆角球台部分的表面积为

$$A_2 = \frac{\pi}{4}\left[2\pi r(d-2r)+8r^2\right] \qquad (4.2.2)$$

底部表面积为

$$A_3 = \frac{\pi}{4}(d-2r)^2 \qquad (4.2.3)$$

工件的总面积为

$$\frac{\pi}{4}D^2 = A_1+A_2+A_3 = \sum A_i$$

则毛坯直径为

$$D = \sqrt{\frac{\pi}{4}\sum A_i} \qquad (4.2.4)$$

$$D = \sqrt{(d-2r)^2+4d(H-r)+2\pi r(d-2r)+8r^2} \qquad (4.2.5)$$

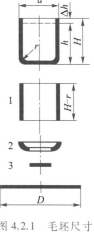

图 4.2.1　毛坯尺寸的确定

式中, D 为毛坯直径,mm; $\sum A_i$ 为拉深零件各分解部分表面积的代数和, mm^2。对于各种简单形状的旋转体拉深零件毛坯直径 D,可以直接按表 4.2.3 所列公式计算。

表 4.2.3　常用的旋转体拉深零件毛坯直径 D 计算公式

序号	零件形状	坯料直径 D
1		$\sqrt{d_1^2+4d_2h+6.28rd_1+8r^2}$ 或 $\sqrt{d_2^2+4d_2H-1.72rd_2-0.56r^2}$
2		当 $r\neq R$ 时, $\sqrt{d_1^2+6.28rd_1+8r^2+4d_2h+6.28Rd_2+4.56R^2+d_4^2-d_3^2}$ 当 $r=R$ 时, $\sqrt{d_4^2+4d_2H-3.44rd_2}$
3		$\sqrt{d_1^2+2r(\pi d_1+4r)}$
4		$\sqrt{2d^2}=1.414d$

序号	零件形状	坯料直径 D
5		$\sqrt{8rh}$ 或 $\sqrt{s+4h}$
6		$\sqrt{d_1^2+2l(d_1+d_2)}$

其他形状的旋转体拉深零件毛坯尺寸的计算可查阅有关设计资料。

4.2.2 无凸缘圆筒形件的拉深工艺计算

1. 拉深系数

拉深系数是表示拉深后圆筒形件的直径与拉深前毛坯(或半成品)的直径之比。如图 4.2.2 所示是用直径为 D 的毛坯拉成直径为 d_n、高度为 h_n 工件的工序顺序。第一次拉成 d_1 和 h_1 的尺寸,第二次半成品尺寸为 d_2 和 h_2,依此最后一次即得工件的尺寸 d_n 和 h_n。其各次的拉深系数为

$$m_1 = d_1/D$$
$$m_2 = d_2/d_1$$
$$\cdots\cdots$$
$$m_{n-1} = d_{n-1}/d_{n-2}$$
$$m_n = d_n/d_{n-1} \tag{4.2.6}$$

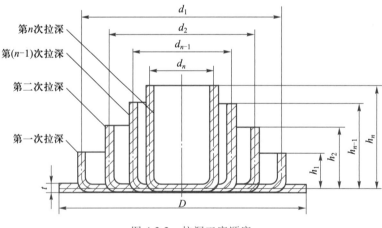

图 4.2.2 拉深工序顺序

工件的直径 d_n 与毛坯直径 D 之比称为总拉深系数 $m_总$,即工件总的变形程度系数

$$m_总 = \frac{d_n}{D} = \frac{d_1}{D}\frac{d_2}{d_1}\cdots\frac{d_{n-1}}{d_{n-2}}\frac{d_n}{d_{n-1}} = m_1 m_2 \cdots m_{n-1} m_n \tag{4.2.7}$$

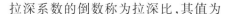

拉深系数的倒数称为拉深比,其值为

$$K_n = 1/m_n = d_{n-1}d_n \qquad (4.2.8)$$

拉深系数是拉深工艺的重要参数,它表示拉深变形过程中坯料的变形程度,m 值愈小,拉深时坯料的变形程度愈大。在工艺计算中,只要知道每次拉深工序的拉深系数值,就可以计算出各次拉深工序的半成品件的尺寸,并确定出该拉深件工序次数。从降低生产成本出发,希望拉深次数越少越好,即采用较小的拉深系数。但根据前述力学分析知,拉深系数的减少有一个限度,这个限度称为极限拉深系数,超过这一限度,会使变形区的危险断面产生破裂。因此,每次拉深选择使拉深件不破裂的最小拉深系数,才能保证拉深工艺的顺利实现。

2. 影响极限拉深系数的因素

极限拉深系数 m_{min} 与下列的因素有关。

1)材料方面

① 材料的力学性能和组织:材料的塑性好、组织均匀、晶粒大小适当、屈强比 σ_s / σ_b 小、塑性应变比值大时,板料的拉深成形性能好,可以采用较小的极限拉深系数。

② 毛坯的相对厚度 t/D:相对厚度 t/D 小时,拉深变形区易起皱,防皱压边圈的压边力加大而引起摩擦阻力也增大,因此变形抗力加大,使极限拉深系数提高;反之,t/D 大时,可不用压边圈,变形抗力减小,有利于拉深,故极限拉深系数可减小。

③ 材料的表面质量:材料的表面光滑,拉深时摩擦力小而容易流动,所以极限拉深系数可减小。

2)模具方面

① 拉深模的凸模圆角半径 r_p 和凹模圆角半径 r_d:凸模圆角半径 r_p 过小时,筒壁和底部的过渡区弯曲变形大,使危险断面的强度受到削弱,极限拉深系数应取较大值;凹模圆角过小时,毛坯沿凹模口部滑动的阻力增加,筒壁的拉应力相应增大,极限拉深系数也应取较大值。

② 凹模表面粗糙度:凹模工作表面(尤其是圆角)光滑,可以减小摩擦阻力和改善金属的流动情况,可选择较小的极限拉深系数值。

③ 模具间隙 c:模具间隙小时,材料进入间隙后的挤压力增大,摩擦力增加,拉深力大,故极限拉深系数提高。

④ 凹模形状:如图 4.2.3 所示的锥形凹模,因其支撑材料变形区的面是锥形而不是平面,防皱效果好,可以减小包角 α,从而减少材料流过凹模圆角时的摩擦阻力和弯曲变形力,因而极限拉深系数降低。

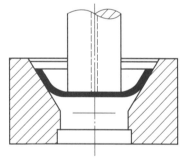

图 4.2.3 锥形凹模

3)拉深条件

① 是否采用压边圈:拉深时若不用压边圈,变形区起皱的倾向增加,每次拉深时变形不能太大,故极限拉深系数应增大。

② 拉深次数:第一次拉深时材料还没有硬化,塑性好,极限拉深系数可小些。以后的拉深因材料已经硬化,塑性愈来愈低,变形越来越困难,故一道比一道的拉深系数大。

③ 润滑情况:润滑好则摩擦小,极限拉深系数可小些。但凸模不必润滑,否则会减弱凸模表面摩擦对危险断面处的有益作用(盒形件例外)。

④ 工件形状:工件的形状不同,则变形时应力与应变状态不同,极限变形量也就不同,因而

极限拉深系数不同。

⑤ 拉深速度:一般情况下,拉深速度对极限拉深系数的影响不太大,但对变形速度敏感的金属(如钛合金、不锈钢和耐热钢等)拉深速度大时,应选用较大的极限拉深系数。

以上分析说明,凡是能增加筒壁传力区拉应力和能减小危险断面强度的因素均使极限拉深系数加大;反之,凡是可以降低筒壁传力区拉应力及增加危险断面强度的因素都有利于毛坯变形区的塑性变形,极限拉深系数就可以减小。

但是,实际生产中,并不是所有的拉深都采用极限拉深系数 $m_{\min}$。因为采用极限值会引起危险断面区域过渡变薄而降低零件的质量。所以当零件质量有较高的要求时,应采用大于极限值的拉深系数。

3. 拉深系数的值与拉深次数

生产上采用的极限拉深系数是考虑了各种具体条件后用试验方法求出的。通常首次拉伸 $m_1 = 0.46 \sim 0.60$,以后各次的拉深系数为 $0.70 \sim 0.86$。直壁圆筒形件有压边圈和无压边圈的极限拉深系数分别可查表 4.2.4 和表 4.2.5。实际生产中采用的拉深系数一般均大于表中所列数字,因采用过小的接近于极限值的拉深系数会使工件在凸模圆角部位过分变薄,在以后的拉深工序中,这变薄严重的缺陷会转移到工件侧壁上去,使零件质量降低。

表 4.2.4 直壁圆筒形件有压边圈的极限拉深系数

各次拉深系数	毛坯相对厚度 $t/D \times 100$					
	2~1.5	1.5~1.0	1.0~0.6	0.6~0.3	0.3~0.15	0.15~0.08
m_1	0.48~0.50	0.50~0.53	0.53~0.55	0.55~0.58	0.58~0.60	0.60~0.63
m_2	0.73~0.75	0.75~0.76	0.76~0.78	0.78~0.79	0.79~0.80	0.80~0.82
m_3	0.76~0.78	0.78~0.79	0.79~0.80	0.80~0.81	0.81~0.82	0.82~0.84
m_4	0.78~0.80	0.80~0.81	0.81~0.82	0.82~0.83	0.83~0.85	0.85~0.86
m_5	0.80~0.82	0.82~0.84	0.84~0.85	0.85~0.86	0.86~0.87	0.87~0.88

注:1. 表中拉深系数适用于 08、10 和 15Mn 等普通的拉深碳钢及黄钢 H62;对拉深性能较差的材料,如 20、25、Q215、Q235、硬铝等应比表中数值大 1.5%~2.0%;对塑性更好的,如软铝应比表中数值小 1.5%~2.0%。

2. 表中数值适用于未经中间退火的拉深,若采用中间退火工序时,可取较表中数值小 2%~3%。

3. 表中较小值适用于大的凹模圆角半径,$r_d = (8\sim15)t$;较大值适用于小的凹模圆角半径,$r_d = (4\sim8)t$。

判断拉深件能否一次拉深成形,仅需比较所需总的拉深系数 $m_{总}$ 与第一次允许的极限拉深系数 m_1 的大小即可。当 $m_总 > m_1$ 时,则该零件可一次拉深成形,否则需要多次拉深。拉深相对高度 H/d 与拉深次数的关系见表 4.2.6。

4.2.5 直壁圆筒形件无压边圈的极限拉深系数

毛坯相对厚度 $t/D \times 100$	各次拉深系数					
	m_1	m_2	m_3	m_4	m_5	m_6
0.8	0.80					
1.0	0.75	0.88				

毛坯相对厚度 $t/D×100$	各次拉深系数					
	m_1	m_2	m_3	m_4	m_5	m_6
1.5	0.65	0.85	0.90			
2.0	0.60	0.80	0.84	0.87	0.90	0.90
2.5	0.55	0.75 0.75	0.80	0.84	0.87	0.90
3.0	0.53	0.75 0.70	0.80	0.84	0.87	0.90
>3	0.50		0.80 0.75	0.84 0.78	0.87 0.82	0.85

注:此表使用要求与表 4.2.4 相同。

表 4.2.6　拉深相对高度 H/d 与拉深次数的关系(无凸缘圆筒形件)

拉深次数	相对高度 H/d					
	毛坯相对厚度 $t/D×100$					
	2~1.5	1.5~1.0	1.0~0.6	0.6~0.3	0.3~0.15	0.15~0.06
1	0.94~0.77	0.84~0.65	0.77~0.57	0.62~0.65	0.52~0.45	0.46~0.38
2	1.88~1.54	1.60~1.32	1.36~1.1	1.13~0.94	0.96~0.83	0.9~0.7
3	3.5~2.7	2.8~2.2	2.3~1.8	1.9~1.5	1.6~1.3	1.3~1.1
4	5.6~4.3	4.3~3.5	3.6~2.9	2.9~2.4	2.4~2.0	2.0~1.5
5	8.9~6.6	6.6~5.1	5.2~4.1	4.1~3.3	3.3~2.7	2.7~2.0

注:本表适于 08、10 等软钢。

4. 后续各次拉深的特点

后续各次拉深所用的毛坯与首次拉深时不同,不是平板而是筒形件。因此,它与首次拉深比,有许多不同之处:

(1)首次拉深时,平板毛坯的厚度和力学性能都是均匀的,而后续各次拉深时筒形毛坯的壁厚及力学性能都不均匀。

(2)首次拉深时,凸缘变形区是逐渐缩小的,而后续各次拉深时,其变形区保持不变,只是在拉深终了以后才逐渐缩小。

(3)首次拉深时,拉深力的变化是变形抗力增加与变形区减小两个相反的因素互相消长的过程,因而在开始阶段较快的达到最大的拉深力,然后逐渐减小到零。而后续各次拉深变形区保持不变,但材料的硬化及厚度增加都是沿筒的高度方向进行的,所以其拉深力在整个拉深过程中一直都在增加,直到拉深的最后阶段才由最大值下降至零,如图 4.2.4 所示。

(4)后续各次拉深时的危险断面与首次拉深时一样,都是在凸模的圆角处,但首次拉深的最大拉深力发

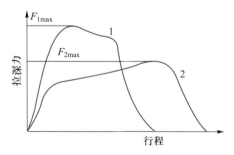

图 4.2.4　首次拉深与二次拉深的拉深力
1—首次拉深;2—二次拉深

生在初始阶段,所以破裂也发在初始阶段,而后续各次拉深的最大拉深力发生在拉深的终了阶段,所以破裂往往发生在结尾阶段。

（5）后续各次拉深变形区的外缘有筒壁的刚性支持,所以稳定性较首次拉深为好。只是在拉深的最后阶段,筒壁边缘进入变形区以后,变形区的外缘失去了刚性支持,这时才易起皱。

（6）后续各次拉深时由于材料已冷作硬化,加上变形复杂（毛坯的筒壁应经过两次弯曲才被凸模拉入凹模内）,所以它的极限拉深系数要比首次拉深大得多,而且通常后一次都大于前一次。

4.2.3　无凸缘圆筒形拉深件的拉深次数和工件尺寸的计算

试确定如图 4.2.5 所示零件（材料为 08 钢,材料厚度 $t = 2$ mm）的拉深次数和各次拉深工序尺寸。

计算步骤如下:

1. 确定切边余量 Δh

根据 $h = 200$ mm, $h/d = 200/88 = 2.28$,查表 4.2.1,并取 $\Delta h = 7$ mm。

2. 按表 4.2.3 序号 1 的公式计算毛坯直径

$$D = \sqrt{d_2^2 + 4d_2 H - 1.72 r d_2 - 0.56 r^2}$$
$$\approx 283 \text{ mm}$$

3. 确定拉深次数

（1）判断能否一次拉出:判断零件能否一次拉出,仅需比较实际所需的总拉深系数 $m_{总}$ 和第一次允许的极限拉深系数 m_1 的大小即可。若 $m_{总} > m_1$,说明拉深该工件的实际变形程度比第一次容许的极限变形程度要小,工件可以一次拉成。若

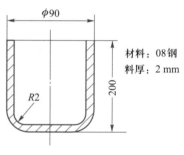

图 4.2.5　零件

$m_{总} < m_1$,则需要多次拉深才能够成形零件。对于图 4.2.5 的零件,由毛坯的相对厚度 $t/D \times 100 = 0.7$,从表 4.2.4 中查出各次的拉深系数为 $m_1 = 0.54$, $m_2 = 0.77$, $m_3 = 0.80$, $m_4 = 0.82$。而该零件的总拉深系数 $m_{总} = d/D = 88/283 = 0.31$。即 $m_{总} < m_1$,故该零件需经多次拉深才能够达到所需尺寸。

（2）计算拉深次数:计算拉深次数 n 的方法有多种,生产上经常用推算法辅以查表法进行计算。就是把毛坯直径或中间工序毛坯尺寸依次乘以查出的极限拉深系数 m_1、m_2、m_3、$\cdots$、m_n,得各次半成品的直径。直到计算出的直径 d_n 小于或等于工件直径 d 为止。则直径 d_n 的下角标 n 即表示拉深次数。例如:

$$d_1 = m_1 D = 0.54 \times 283 \text{ mm} = 153 \text{ mm}$$
$$d_2 = m_2 d_1 = 0.77 \times 153 \text{ mm} = 117.8 \text{ mm}$$
$$d_3 = m_3 d_2 = 0.80 \times 117.8 \text{ mm} = 94.2 \text{ mm}$$
$$d_4 = m_4 d_3 = 0.82 \times 94.2 \text{ mm} = 77.2 \text{ mm}$$

由此可知,该零件要拉深 4 次才行。计算结果是否正确可用表 4.2.6 校核一下。零件的相对高度 $H/d = 207/88 = 2.36$,相对厚度为 0.7,从表中可知拉深次数在 $3 \sim 4$ 之间,和推算法得出的结果相符,这样零件的拉深次数就确定为 4 次。

4. 半成品尺寸的确定

半成品尺寸包括半成品的直径 d_n、筒底圆角半径 r_n 和筒壁高度 h_n。

（1）半成品的直径 d_n：拉深次数确定后，再根据计算直径 d_n 应等于工件直径 d 的原则，对各次拉深系数进行调整，使实际采用的拉深系数大于推算拉深次数时所用的极限拉深系数。

设实际采用的拉深系数为 m_1'、m_2'、m_3'、$\cdots$、m_n'，应使各次拉深系数依次增加，即

$$m_1' < m_2' < m_3' < \cdots < m_n'$$

且 $m_1 - m_1' \approx m_2 - m_2' \approx m_3 - m_3' \approx \cdots \approx m_n - m_n'$。据此，如图 4.2.5 所示零件实际所需拉深系数应调整为：$m_1' = 0.57$，$m_2' = 0.79$，$m_3' = 0.82$，$m_4' = 0.85$。调整好拉深系数后，重新计算各次拉深的圆筒直径即得半成品直径。如图 4.2.5 所示零件的各次半成品尺寸为

第 1 次　　$d_1 = m_1'D = 0.57 \times 283 \ \text{mm} = 161 \ \text{mm}$

第 2 次　　$d_2 = m_2'd_1 = 0.79 \times 161 \ \text{mm} = 127 \ \text{mm}$

第 3 次　　$d_3 = m_3'd_2 = 0.82 \times 127 \ \text{mm} = 104 \ \text{mm}$

第 4 次　　$d_4 = m_4'd_3 = 0.85 \times 104 \ \text{mm} = 83 \ \text{mm}$

（2）半成品高度的确定：各次拉深直径确定后，紧接着是计算各次拉深后零件的高度。计算高度前，应先定出各次半成品底部的圆角半径，现取 $r_1 = 12$，$r_2 = 8$，$r_3 = 5$。参见 4.6.2 节。

根据拉深前后毛坯与零件表面积相等的原则，可推导出求圆筒形件高度的计算式，即

$$h_n = 0.25\left(\frac{D^2}{d_n} - d_n\right) + 0.43\frac{r_n}{d_n}(d_n + 0.32r_n) \tag{4.2.9}$$

式中：D 为毛坯直径；d_n 为各次半成品直径；r_n 为各次拉深半成品底部圆角半径。

将图 4.2.5 所示零件的以上各项计算数值代入上述公式，即求出各次拉深高度为

$$h_1 = \left[0.25\left(\frac{283^2}{161} - 161\right) + 0.43 \times \frac{12}{161}(161 + 0.32 \times 12)\right] \text{mm} = 89 \ \text{mm}$$

$$h_2 = \left[0.25\left(\frac{283^2}{127} - 127\right) + 0.43 \times \frac{8}{127}(127 + 0.32 \times 8)\right] \text{mm} = 129 \ \text{mm}$$

$$h_3 = \left[0.25\left(\frac{283^2}{104} - 104\right) + 0.43 \times \frac{5}{104}(104 + 0.32 \times 5)\right] \text{mm} = 169 \ \text{mm}$$

零件各次拉深的半成品尺寸如图 4.2.6 所示。第 4 次拉深即为零件的实际尺寸，不必计算。

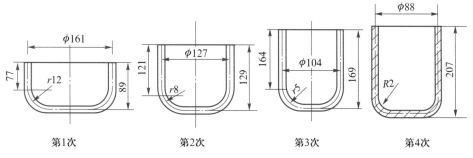

图 4.2.6　零件各次拉深的半成品尺寸

4.2.4　带有凸缘圆筒形件的拉深

有凸缘筒形件的拉深变形原理与一般圆筒形件是相同的，但由于带有凸缘，其拉深方法及计

算方法与一般圆筒形件有一定的差别,有凸缘圆筒形件与坯料图如图 4.2.7 所示。

1. 有凸缘圆筒形件一次成形拉深极限

有凸缘圆筒形件的拉深过程和无凸缘圆筒形件相比,其区别仅在于前者将毛坯拉深至某一时刻,达到了零件所要求的凸缘直径 d_t 时拉深结束;而不是将凸缘变形区的材料全部拉入凹模内。所以,从变形区的应力和应变状态看两者是相同的。

在拉深有凸缘筒形件时,在同样大小的首次拉深系数 $m_1 = d/D$ 的情况下,采用相同的毛坯直径 D 和相同的零件直径 d 时,可以拉深出不同凸缘直径 d_{t1}、d_{t2} 和不同高度 h_1、h_2 的制件,拉深时凸缘尺寸的变化如图 4.2.8 所示。从图示中可知,其 d_t 值愈小,h 值愈高,拉深变形程度也愈大。因此 $m_1 = d/D$ 并不能表达在拉深有凸缘零件时的各种不同的 d_t 和 h 的实际变形程度。

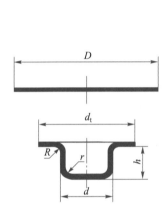

图 4.2.7　有凸缘圆筒形件与坯料图

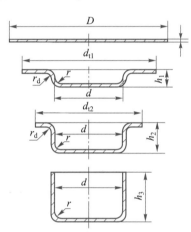

图 4.2.8　拉深时凸缘尺寸的变化

根据凸缘的相对直径 d_t/d 比值的不同,带有凸缘圆筒形件可分为窄凸缘筒形件(d_t/d = 1.1～1.4)和宽凸缘圆筒形件($d_t/d > 1.4$)。窄凸缘件拉深时的工艺计算完全按一般圆筒形件的计算方法,若 h/d 大于一次拉深的许用值时,只在倒数第二道才拉出凸缘或者拉成锥形凸缘,最后校正成水平凸缘,如图 4.2.9 所示。若 h/d 较小,则第一次可拉成锥形凸缘,后校正成水平凸缘。

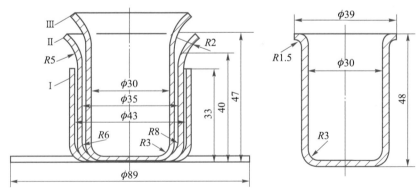

图 4.2.9　窄凸缘圆筒形件拉深

下面着重对宽凸缘件的拉深进行分析,主要介绍其与直壁圆筒形件的不同点。

当 $R=r$ 时,如图 4.2.7 所示,宽凸缘件毛坯直径的计算公式为(见表 4.2.3)

$$D=\sqrt{d_1^2+4dh-3.44dr} \qquad (4.2.10)$$

根据拉深系数的定义,宽凸缘件总的拉深系数仍可表示为

$$m=\frac{d}{D}=\frac{1}{\sqrt{(d_1/d)^2+4h/d-3.44r/d}} \qquad (4.2.11)$$

式中,D 为毛坯直径,mm;d_1 为凸缘直径(包括修边余量),mm;d 为筒部直径(中径),mm;r 为底部和凸缘部的圆角半径(当料厚大于 1 mm 时,r 值按中线尺寸计算,mm)。

从式(4.2.11)知,凸缘件总的拉深系数 m,决定于式中三个比值。其中 d_1/d 的影响最大,其次是 h/d,由于拉深件的圆角半径 r 较小,所以 r/d 的影响小。当 d_1/d 和 h/d 的值愈大,表示拉深时毛坯变形区的宽度愈大,高度愈高,其拉深成形的难度也大。当两者的值超过一定值时,便不能一次拉深成形,必须增加拉深次数。带凸缘圆筒形件第一次拉深成形可能达到的最大相对高度 h_1/d_1 值,参数见表 4.2.7。

表 4.2.7　带凸缘圆筒形件第一次拉深成形的最大相对高度 h_1/d_1

凸缘相对直径 d_1/d_1	毛坯的相对厚度 $t/D\times100$				
	≤2~1.5	<1.5~1.0	<1.0~0.6	<0.6~0.3	<0.3~0.15
≤1.1	0.90~0.75	0.82~0.65	0.70~0.57	0.61~0.50	0.52~0.45
>1.1~1.3	0.80~0.65	0.72~0.56	0.60~0.50	0.53~0.45	0.47~0.40
>1.3~1.5	0.70~0.58	0.63~0.50	0.53~0.45	0.48~0.40	0.42~0.35
>1.5~1.8	0.58~0.48	0.53~0.42	0.44~0.37	0.39~0.34	0.35~0.29
>1.8~2.0	0.51~0.42	0.46~0.36	0.38~0.32	0.34~0.29	0.30~0.25
>2.0~2.2	0.45~0.35	0.40~0.31	0.33~0.27	0.29~0.25	0.26~0.22
>2.2~2.5	0.35~0.28	0.32~0.25	0.27~0.22	0.23~0.20	0.21~0.17
>2.5~2.8	0.27~0.22	0.24~0.19	0.21~0.17	0.18~0.15	0.16~0.13
>2.8~3.0	0.22~0.18	0.20~0.16	0.17~0.14	0.15~0.12	0.13~0.10

注:1. 表中数值适用于 08、10 钢,对于比 10 钢塑性好的金属,取较大的数值,塑性差的金属,取较小的数值。

2. 表中大的数值适用于底部及凸缘大的圆角半径,小的数值适用于小的圆角半径。

带凸缘圆筒形件第一次拉深的极限拉深系数,可见表 4.2.8。后续拉深变形与圆筒形件的拉深类同,所以从第二次拉深开始可参照表 4.2.4 确定后续拉深的极限拉深系数。

表 4.2.8　带凸缘圆筒形件第一次拉深的极限拉深系数 m_1(适用于 08、10 钢)

凸缘相对直径 d_1/d_1	毛坯的相对厚度 $t/D\times100$				
	≤2~1.5	<1.5~1.0	<1.0~0.6	<0.6~0.3	<0.3~0.15
≤1.1	0.51	0.53	0.55	0.57	0.59
>1.1~1.3	0.49	0.51	0.53	0.54	0.55

凸缘相对直径 d_t/d_1	毛坯的相对厚度 $t/D \times 100$				
	≤2~1.5	<1.5~1.0	<1.0~0.6	<0.6~0.3	<0.3~0.15
>1.3~1.5	0.47	0.49	0.50	0.51	0.52
>1.5~1.8	0.45	0.46	0.47	0.48	0.48
>1.8~2.0	0.42	0.43	0.44	0.45	0.45
>2.0~2.2	0.40	0.40	0.42	0.42	0.42
>2.2~2.5	0.37	0.38	0.38	0.38	0.38
>2.5~2.8	0.34	0.35	0.35	0.35	0.35
>2.8~3.0	0.32	0.33	0.33	0.33	0.33

在拉深宽凸缘圆筒形件时,由于凸缘材料并没有被全部拉入凹模,因此同无凸缘圆筒形件相比,宽凸缘圆筒形件拉深具有的特点如下:

(1)宽凸缘件的拉深变形程度不能仅用拉深系数的大小来衡量;

(2)宽凸缘件的首次极限拉深系数比圆筒件要小;

(3)宽凸缘件的首次极限拉深系数值与零件的相对凸缘直径 d_t/d 有关。

2. 宽凸缘圆筒形零件的工艺设计要点

(1)毛坯尺寸的计算:毛坯尺寸的计算仍按等面积原理进行,参考简单形状圆筒形零件毛坯的计算方法计算。毛坯直径的计算公式见表 4.2.3,其中 d_t 要考虑修边余量 ΔR,其值可查表 4.2.2。

(2)判别工件能否一次成形:这只需比较工件实际所需的总拉深系数 $m_{总}$ 和相对高度 h/d 与凸缘件第一次拉深的极限拉深系数和极限拉深相对高度即可。当 $m_{总} > m_1$,$h/d \leqslant h_1/d_1$ 时,可一次拉成,工序计算到此结束;否则应进行多次拉深。

凸缘件多次拉深成形的原则如下:

按表 4.2.7 和表 4.2.8 确定第一次拉深的极限拉深相对高度和极限拉深系数,第一次就把毛坯凸缘直径拉到工件所要求的直径 d_t(包括修边量),并在以后的各次拉深中保持 d_t 不变,仅使已拉成的中间毛坯直筒部分参加变形,直至拉成所需零件为止。

凸缘件在多次拉深成形过程中特别需要注意的是:d_t 一经形成,在后续的拉深中就不能变动。因为后续拉深时,d_t 的微量缩小也会使中间圆筒部分的拉应力过大而使危险断面破裂。为此,必须正确计算拉深高度,严格控制凸模进入凹模的深度。为保证后续拉深凸缘直径不减少,在设计模具时,通常把第一次拉深时拉入凹模的材料表面积比实际所需的面积多拉进 3%~10%(拉深工序多取上限,少取下限),即筒形部的深度比实际的要大些。这部分多拉进凹模的材料从以后的各次拉深中逐步分次返回到凸缘上来(每次 1.5%~3%)。这样做既可以防止筒部被拉破,也能补偿计算上的误差和板材在拉深中的厚度变化,还能方便试模时的调整。返回到凸缘的材料会使筒口处的凸缘变厚或形成微小的波纹,但能保持 d_t 不变,产生的缺陷可通过校正工序得到校正。

(3)拉深次数和半成品尺寸的计算:凸缘件进行多道拉深时,第一道拉深后得到的半成品尺寸,在保证凸缘直径满足要求的前提下,其筒部直径 d_1 应尽可能小,以减少拉深次数,同时又要能尽量多地将板料拉入凹模。

宽凸缘件的拉深次数仍可用推算法求出。具体的做法是:先假定 d_t/d_1 的值,由相对材料厚度从表 4.2.8 中查出第一次拉深系数 m_1,据此求出 d_1,进而求出 h_1,并根据表 4.2.7 的最大相对高度验算 m_1 的正确性。若验算合格,则以后各次的半成品直径可以按一般圆筒形件的多次拉深的方法,按表 4.2.4 的拉深系数值进行计算。即第 n 次拉深后的直径为

$$d_n = m_n d_{n-1} \qquad (4.2.12)$$

式中,d_n 为第 n 次拉深系数,可由表 4.2.4 查得;d_{n-1} 为前次拉深的筒部直径,mm。

当计算到 $d_n \leqslant d$(工件直径)时,总的拉深次数 n 就确定了。

各次拉深后的筒部高度可按式(4.2.13)计算:

$$h_n = \frac{0.25}{d_n}(D_n^2 - d_t^2) + 0.43(r_{pn} + r_{dn}) + \frac{0.14}{d_n}(r_{pn}^2 - r_{dn}^2) \qquad (4.2.13)$$

式中,D_n 为考虑每次多拉入筒部的材料量后求得的假想毛坯直径;d_t 为零件凸缘直径(包括修边量);d_n 为第 n 次拉深后的工件直径;r_{pn} 为第 n 次拉深后圆筒侧壁与底部间的圆角半径;r_{dn} 为第 n 次拉深后凸缘与圆筒侧壁间的圆角半径。

3. 宽凸缘零件的拉深方法

宽凸缘件的拉深方法有两种:一种是薄料、中小型($d_t \leqslant 200$ mm)零件,通常靠减小圆筒形壁部直径和增加高度来达到尺寸要求,即圆角半径 r_p 和 r_d 在首次拉深时就与 d_t 一起成形到工件的尺寸,在后续的拉深过程中基本上保持不变,如图 4.2.10a 所示。这种方法拉深时不易起皱,但制成的零件表面质量较差,容易在直壁部分和凸缘上残留中间工序形成的圆角部分弯曲和厚度局部变化的痕迹,所以最后应加一道压力较大的整形工序。

另一种方法如图 4.2.10b 所示。常用在 $d_t > 200$ mm 的较大型拉深件中。零件的高度在第一次拉深时就基本形成,在以后的拉深过程中基本保持不变,通过减小圆角半径 r_p 和 r_d,逐渐缩小圆筒形直径来拉成零件。此法对厚料更为合适。用本法制成的零件表面光滑平整,厚度均匀,不存在中间工序中圆角部分的弯曲与局部变薄的痕迹。但在第一次拉深时,因圆角半径较大,容易发生起皱,当零件底部圆角半径较小,或者对凸缘有不平度要求时,也需要在最后加一道整形工序。在实际生产中往往将上述两种方法综合起来使用。

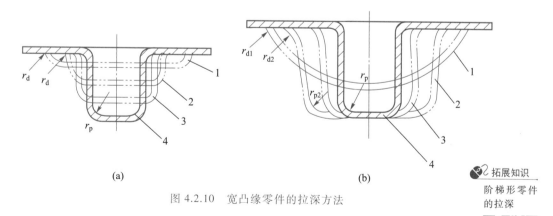

图 4.2.10 宽凸缘零件的拉深方法

4.2.5 阶梯形零件的拉深

扫描二维码进行阅读。

拓展知识
阶梯形零件
的拉深

4.3　非直壁旋转体零件拉深成形特点

4.3.1　曲面形状零件的拉深特点

曲面形状（如球面、锥面及抛物面）零件的拉深,其变形区的位置、受力情况、变形特点等都与圆筒形零件不同,所以在拉深中出现的各种问题和解决方法亦与圆筒形件不同。对于这类零件就不能简单地用拉深系数衡量成形的难易程度,并把拉深系数作为制定拉深工艺和模具设计的依据。

在拉深圆筒形件时,毛坯的变形区仅仅局限于压边圈下的环形部分。而拉深球面零件时,为使平面形状的毛坯变成球面零件形状,不仅要求毛坯的环形部分产生与圆筒形零件拉深时相同的变形,而且还要求毛坯的中间部分也应成为变形区,由平面变成曲面。如图 4.3.1 所示,在拉深球面零件时,毛坯的凸缘部分与中间部分都是变形区,而且在很多情况下,中间部分反而是主要变形区。拉深球面零件时,毛坯凸缘部分的应力状态和变形特点与圆筒形件相同,而中间部分材料的受力情况和变形情况却比较复杂。在凸模力的作用下,位于凸模顶点附近的金属处于双向受拉的应力状态。随着其与顶点距离的加大,切向拉应力 σ_3 减小,而超过一定界限以后变为压应力。在凸模与毛

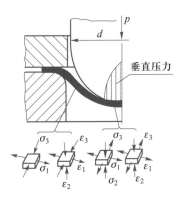

图 4.3.1　球面零件的拉深

坯的接触区内,由于材料完全贴模,这部分材料两向受拉一向受压,与胀形相似。在开始阶段,由于单位压力大,其径向和切向拉应力往往会使材料达到屈服条件而导致接触部分的材料严重变薄。但随着接触区域的扩大和拉应力的减小,其变薄量由球形件顶端往外逐渐减弱。其中存在这样一环材料,其变薄量与同凸模接触前由于切向压缩变形而增厚的量相等。此环以外的材料增厚。拉深球形类零件时,需要转移的材料不仅处在压边圈下面的环形区,而且还包括在凹模口内中间部分的材料。在凸模与材料接触区以外的中间部分,其应力状态与凸缘部分是一样的。因此,这类零件的起皱不仅可能在凸缘部分产生,也可能在中间部分产生,由于中间部分不与凸模接触 ,板料较薄时这种起皱现象更为严重。

锥形零件的拉深与球面零件一样。除具有凸模接触面积小、压力集中、容易引起局部变薄及自由面积大、压边圈作用相对减弱、容易起皱等特点外,还由于零件口部与底部直径差别大,回弹比较严重,因此锥形零件的拉深比球面零件更为困难。

抛物面零件,是母线为抛物线的旋转体空心件,以及母线为其他曲线的旋转体空心件。其拉深时和球面以及锥形零件一样,材料处于悬空状态,极易发生起皱。抛物面零件拉深时和球面零件又有所不同。半球面零件的拉深系数为一常数,只需采取一定的工艺措施防止起皱。而抛物面零件等曲面零件,由于母线形状复杂,拉深时变形区的位置、受力情况、变形特点等都随零件形状、尺寸的不同而变化。

由此可见,其他旋转体零件拉深时,毛坯环形部分和中间部分的外缘具有拉深变形的特点,切向应力为压应力;而毛坯最中间的部分却具有胀形变形的特点,材料厚度变薄,其切向应力为

拉应力。这两者之间的分界线即为应力分界圆。所以,可以说球面零件、锥形零件和抛物面零件等其他旋转体零件的拉深是拉深和胀形两种变形方式的复合,其应力、应变既有拉伸类又有压缩类变形的特征。

这类零件的拉深是比较困难的。为了解决该类零件拉深的起皱问题,在生产中常采用增加压边圈下摩擦力的办法,例如加大毛坯凸缘尺寸、增加压边圈下的摩擦系数和增大压边力、采用带拉深筋的模具结构以及反拉深工艺方法等,以增加径向拉应力和减小切向压应力。

4.3.2　球面零件的拉深方法

球面零件可分为半球形件(如图 4.3.2a 所示)和非半球形件(如图 4.3.2b、c、d 所示)两大类。不论哪一种类型,均不能用拉深系数来衡量拉深成形的难易程度。对于半球形件,根据拉深系数的定义可知,半球面零件拉深系数是与零件直径无关的常数,即

$$m = d/D = d/\sqrt{2}\,d = 0.707$$

因此,这里使用相对料厚 t/D(t 为板料厚度,D 为毛坯直径)来确定拉深的难易和拉深方法。

当 $t/D > 3\%$ 时,采用不带压边圈的有底凹模一次拉成;当 $t/D = 0.5\% \sim 3\%$ 时,采用带压边圈的拉深模拉深;当 $t/D < 0.5\%$ 时,采用带有拉深筋的凹模模具或反拉深工艺模具,图 4.3.3 所示。

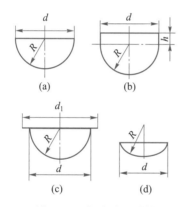

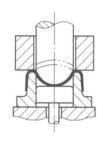

图 4.3.2　各种球面零件　　　图 4.3.3　反拉深工艺模具

动画
不带压料圈的球形件拉深模

动画
带拉深筋凹模的模具

动画
反拉深工艺模具

对于带有高度 $h = (0.1 \sim 0.2)d$ 的圆筒直边,或带有宽度为 $(0.1 \sim 0.15)d$ 的凸缘的非半球面零件,如图 4.3.2b、c 所示,虽然拉深系数有所降低,但对零件的拉深却有一定的好处。当对半球面零件的表面质量和尺寸精度要求较高时,可先拉成带圆筒直边和带凸缘的非半球面零件,然后在拉深后将直边和凸缘切除。

高度小于球面半径(浅球面)的零件,如图 4.3.2d 所示,其拉深工艺按几何形状可分为两类:当毛坯直径 D 较小时,毛坯不易起皱,但成形时毛坯易窜动,而且可能产生一定的回弹,常采用带底拉深模;当毛坯直径 D 较大时,起皱将成为必须解决的问题,常采用强力压边装置或用带拉深筋的模具,拉成有一定宽度凸缘的浅球面零件。这时的变形含有拉深和胀形两种成分。因此零件回弹小,尺寸精度和表面质量均得到提高。当然,加工余料在成形后应予切除。

4.3.3　抛物面零件的拉深方法

抛物面零件拉深时的受力及变形特点与球形件一样,但由于曲面部分的高度 h 与口部直径

d 之比大于球形件,故拉深更加困难。

　　抛物面零件常见的拉深方法有下面几种:

　　(1) 浅抛物面形件($h/d<0.5\sim0.6$):因其高径比接近球形,因此拉深方法同球形件。

　　(2) 深抛物面形件($h/d>0.5\sim0.6$):其拉深难度有所提高。这时为了使毛坯中间部分紧密贴模而又不起皱,通常需采用具有拉深筋的模具以增加径向拉应力。如灯罩的拉深(如图 4.3.4 所示)就是采用有两道拉深筋的模具成形的。

动画

抛物面零件
拉深模

动画

浅锥形件一
次拉深

动画

带拉深筋锥
形件拉深

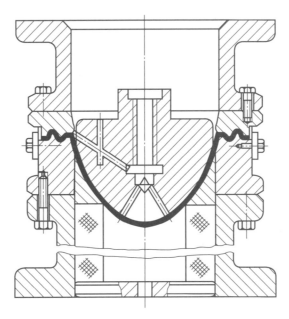

图 4.3.4　深抛物面形件(灯罩)拉深模

　　但这一措施往往受到毛坯顶部承载能力的限制,所以需采用多工序逐渐成形,特别是当零件深度大而顶部的圆角半径又较小时,更应如此。多工序逐渐成形的拉深工艺可采用正拉深或反拉深的办法,在逐步增加高度的同时减小顶部的圆角半径。为了保证零件的尺寸精度和表面质量,在最后一道工序里应保证一定的胀形成分。应使最后一道工序所用中间毛坯的表面积稍小于成品零件的表面积。

　　对形状复杂的抛物面零件,广泛采用液压成形方法。

4.3.4　锥形件的拉深方法

　　扫描二维码进行阅读。

动画

高锥形件锥
面逐步成形
拉深模

拓展知识

锥形件的拉
深方法

4.4　盒形件拉深

　　盒形件属于非旋转体零件,包括方形盒、矩形盒和椭圆形盒等。与旋转体零件的拉深相比,盒形件拉深时,毛坯的变形分布要复杂得多。

4.4.1 盒形件拉深变形特点

从几何形状的特点,矩形盒状零件可以划分为 2 个长度为 $A-2r$ 和 2 个长度为 $B-2r$ 的直边,加 4 个半径为 r 的 1/4 圆筒部分组成,如图 4.4.1 所示。若将圆角部分和直边部分分开考虑,则圆角部分的变形相当于直径为 $2r$、高为 h 的圆筒件的拉深,直边部分的变形相当于弯曲。但实际上圆角部分和直边部分是联系在一起的整体,因此盒形件的拉深又不完全等同于简单的弯曲和拉深复合,有其特有的变形特点,这可通过网格试验进行验证。

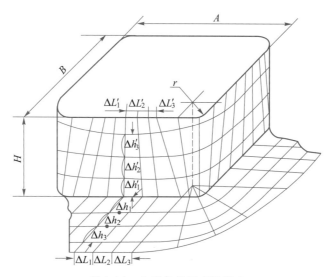

图 4.4.1　盒形件拉深变形特点

拉深前,在毛坯的直边部分画出相互垂直的等距平行线网格,在毛坯的圆角部分,画出等角度的径向放射线与等距离的同心圆弧组成的网格。变形前直边处的横向尺寸是等距的,即 $\Delta L_1 = \Delta L_2 = \Delta L_3$,纵向尺寸也是等距的,拉深后零件表面的网格发生了明显的变化。这些变化主要表现在:

(1) 直边部位的变形:直边部位的横向尺寸 ΔL_1、ΔL_2、ΔL_3 变形后成为 $\Delta L_1'$、$\Delta L_2'$、$\Delta L_3'$,间距逐渐缩小,愈靠直边中间部位,缩小愈少,即 $\Delta L_1 > \Delta L_1' > \Delta L_2' > \Delta L_3'$。纵向尺寸 Δh_1,Δh_2,Δh_3 变形后成为 $\Delta h_1'$、$\Delta h_2'$、$\Delta h_3'$,间距逐渐增大,愈靠近盒形件口部增大愈多,即 $\Delta h_1 < \Delta h_1' < \Delta h_2' < \Delta h_3'$。可见,此处的变形不同于纯粹的弯曲。

(2) 圆角部位的变形:拉深后径向放射线变成上部距离宽,下部距离窄的斜线,而并非与底面垂直的等距平行线。同心圆弧的间距不再相等,而是变大,越向口部越大,且同心圆弧不位于同一水平面内。因此该处的变形不同于纯粹的拉深。

从以上可知,由于有直边的存在,拉深时圆角部分的材料可以向直边流动,这就减轻了圆角部分的变形,使其变形程度与半径同为 r、高度同为 h 的圆筒形件比较起来要小。同时表明圆角部分的变形也是不均匀的,即圆角中心大,相邻直边处变形小。从塑性变形力学观点看,由于减轻了圆角部分材料的变形程度,需要克服的变形抗力也相应减小,危险断面破裂的可能性也减小。盒形件的拉深特点如下:

(1) 凸缘变形区内,径向拉应力 σ_1 的分布不均匀,盒形件拉深时的应力分布如图 4.4.2 所

157

示,圆角部分最大,直边部分最小。即使在角部,平均拉应力 σ_{1m} 也远小于相应圆筒形件的拉应力。因此,就危险断面处的载荷来说,盒形件拉深要小得多。所以,对于相同材料,盒形件拉深的最大成形相对高度要大于相同半径的圆筒形零件。切向压应力 σ_3 的分布也不均匀,圆角最大,直边最小。因此拉深变形时材料的稳定性较好,凸缘不易起皱。

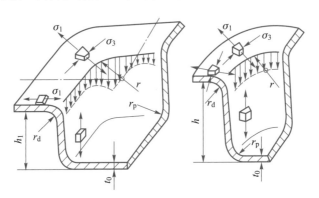

图 4.4.2　盒形件拉深时的应力分布

（2）由于直边和圆角变形区内材料的受力情况不同,直边处材料向凹模流动的阻力要远小于圆角处。并且直边处材料的径向伸长变形小,而圆角处材料的径向伸长变形大,从而使变形区内两处材料的位移量亦不同。

（3）直边部分和圆角部分相互影响的程度,随盒形件形状不同而异。

相对圆角半径 r/B 越小,也就是直边部分所占的比例大,则直边部分对圆角部分的影响越显著。当 $r/B = 0.5$ 时,盒形件实际上已成为圆形件,上述变形差别也就不再存在了。

相对高度 H/B 越大,在相同的 r 下,圆角部分的拉深变形大,转移到直边部分的材料越多,则直边部分也必定会多变形,所以圆角部分的影响也就越大。

随着零件的 r/B 和 H/B 的不同,盒形件毛坯的计算和工序计算的方法也就不同。

4.4.2　盒形零件拉深毛坯的形状与尺寸确定

盒形件毛坯确定的原则是:保证毛坯的表面积应等于加上修边余量后的零件表面积。另外,由于盒形件拉深时周边的变形不均匀,且圆角部分材料在变形中要转移到直边的特点,应按面积相等的原则,把毛坯形状和尺寸进行修正,使毛坯轮廓成光滑的曲线,在拉深以后尽可能保证零件口部高度的一致性。

毛坯的形状和尺寸应根据零件的相对圆角半径 r/B 和相对高度 H/B 的值来进行设计,因这两个参数决定了圆角部分材料向直边部分转移的程度和直边高度的增加量。

1. **低盒形件毛坯尺寸与形状的确定**（$H \leqslant 0.3B$, B 为盒形件的短边长度）

所谓低盒形件是指可以一次拉深成形或虽然要两次拉深,但第二次拉深工序仅用来整形以减小壁部转角及底部圆角的盒形件。对于 r/B 小的低盒形件,其变形时只有少量材料转移到直边相邻部位。拉深时直边部分可认为是简单弯曲变形,按弯曲展开;圆角部分只拉深变形,按圆筒形拉深展开;再用光滑曲线进行修正即得毛坯,该类零件毛坯尺寸计算常用如图 4.4.3 所示的作图法。计算步骤如下:

（1）按弯曲计算直边部分展开长度 l_0 为

$$l_0 = H + 0.57r_p \qquad (4.4.1)$$

式中，$H = H_0 + \Delta H$（不修边时，不加 ΔH），余量见表 4.4.1。

（2）将圆角部分当作直径为 $d = 2r$，高度为 H 的圆筒形件展开，其半径为

$$R = \sqrt{r^2 + 2rH - 0.86r_p(r + 0.16r_p)} \qquad (4.4.2)$$

当 $r = r_p$ 时，有

$$R = \sqrt{2rH} \qquad (4.4.3)$$

（3）通过作图用光滑曲线连接直边和圆角部分，即得毛坯的形状和尺寸。具体作图步骤：由 ab 线段中点 c 向圆弧 R 作切线，再以 R 为半径作圆弧与直边及切线相切，相切后毛坯补充的面积 $+f$ 与切除的面积 $-f$ 近似相等。此方法，在模具设计合理、拉深件高度尺寸精度要求不高、不需进行修边即可满足零件要求时，可不加切边余量 ΔH，可参考表 4.4.1。

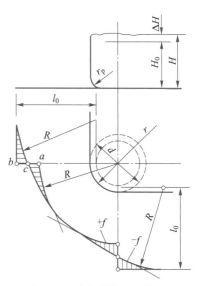

图 4.4.3　低盒形件毛坯作图法

表 4.4.1　盒形件切边余量 ΔH　　　　　　　　　　　　mm

拉深次数	1	2	3	4
切边余量 ΔH	$(0.03 \sim 0.05)H$	$(0.04 \sim 0.06)H$	$(0.05 \sim 0.08)H$	$(0.08 \sim 0.1)H$

2. 多次拉深高盒形件毛坯形状和尺寸的确定

该类零件的变形特点是在多次拉深过程中，直边与圆角部分的变形相互渗透，其圆角部分将有大量材料转移到直边部分。毛坯尺寸仍根据工件表面积与毛坯表面积相等的原则计算。当零件为正方盒形且高度比较大，需要多道工序拉深时可采用圆形毛坯，如图 4.4.4 所示，其直径为

$$D = 1.13\sqrt{B^2 + 4B(H - 0.43r_p) - 1.72r(H + 0.5r) - 4r_p(0.11r_p - 0.18r)} \qquad (4.4.4)$$

式（4.4.4）中的符号如图 4.4.4 所示。

当 $r = r_p$ 时，

$$D = 1.13\sqrt{B^2 + 4B(H - 0.43r) - 1.72r(H + 0.33r)} \qquad (4.4.5)$$

对高度和圆角半径都比较大的长方形盒形件，如图 4.4.5 所示，将尺寸看作由两个宽度为 B 的半方形盒和中间为 $A-B$ 的直边部分连接而成，这样，毛坯的形状就是由两个半圆弧和中间两平行边所组成的长圆形，长圆形毛坯的圆弧半径为

$$R_b = D/2$$

式中，D 是宽为 B 的方形件的毛坯直径，按式（4.4.4）计算；R_b 的圆心距短边的距离为 $B/2$。

长圆形毛坯的长度为

$$L = 2R_b + (A - B) = D + (A - B) \qquad (4.4.6)$$

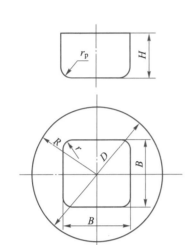 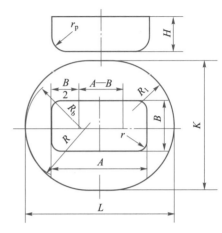

图 4.4.4　正方盒件毛坯的形状与尺寸　　图 4.4.5　高长方盒形件的毛坯形状与尺寸

长圆形毛坯的宽度为

$$K=\frac{D(B-2r)+\left[B+2(H-0.43r_{\mathrm{p}})\right](A-B)}{A-2r} \tag{4.4.7}$$

然后用 $R=K/2$ 过毛坯长度两端作弧,既与 R_{b} 弧相切,又与两长边的展开直线相切,则毛坯的外形即为一长圆形。

4.4.3　盒形件多次拉深的工艺计算

1. 盒形件初次拉深的成形极限

在盒形件的初次拉深时,圆角部分侧壁内的拉应力大于直边部分。因此,盒形件初次拉深的极限变形程度受到圆角部分侧壁传力区强度的限制,这一点和圆筒形件拉深的情况是十分相似的。但是,由于直边部分对圆角部分拉深变形的减轻作用和带动作用,都可以使圆角部分危险断面的拉应力有不同程度的降低。因此,盒形件初次拉深可能成形的极限高度大于圆筒形零件。盒形件的相对圆角半径 r/B 越小(如图 4.4.1 所示),直边部分对圆角部分的影响越强,极限变形程度的提高越显著;反之,r/B 越大,直边部分对圆角部分的影响越小,而且当 $r/B=0.5$ 时,盒形件变成圆筒形件,其极限变形程度也必然等于圆筒形件。

盒形件初次拉深的极限变形程度,可以用盒形件的相对高度 H/r 来表示。由平板毛坯一次拉深可能冲压成的盒形件的最大相对高度决定于盒形件的尺寸 r/B、t/B 和板材的性能,其值可查表 4.4.2。当盒形件的相对厚度较小($t/B<0.01$),而且 $A/B\approx1$ 时,取表中较小的数值;当盒形件的相对厚度较大,即 $t/B>0.015$,而且 $A/B\geqslant2$ 时,取表中较大的数值。表 4.4.2 中的数据适用于拉深用软钢板。

表 4.4.2　盒形件初次拉深的最大相对高度

相对角部圆角半径 r/B	0.4	0.3	0.2	0.1	0.05
相对高度 H/r	2~3	2.8~4	4~6	8~12	10~15

若盒形件的相对高度 H/r 不超过表 4.4.2 中所列的极限值,则盒形件可以用一道拉深工序冲压成功,否则必须采用多道工序拉深的方法进行加工。

2. 方形盒拉深工序形状和尺寸确定(图 4.4.6)

采用直径为 D_0 的圆形毛坯,中间工序都拉深成圆筒形的半成品,在最后一道工序才拉深成方形盒的形状和尺寸。由于最后一道工序从圆形拉深为方形,材料的变形程度大而不均匀,特别是在方形圆角处,必然受到该处材料成形极限的限制。计算时,应从 $n-1$ 道工序,即倒数第二次拉深开始,确定拉深半成品件的工序直径为

$$D_{n-1} = 1.41B - 0.82r + 2\delta \qquad (4.4.8)$$

式中,D_{n-1} 为 $n-1$ 道拉深工序所得圆筒形件半成品的直径,mm;B 为方形盒的内表面宽度,mm;r 为方形盒角部的内圆角半径,mm;δ 为方形盒角部壁间距离,mm。该值是直接影响毛坯变形区拉深变形程度是否均匀的最重要参数。一般取 $\delta = (0.2 \sim 0.25)r$。

由于其他各道工序为圆筒形,所以可参照圆筒形零件的工艺计算方法,来确定其他各道工序尺寸。计算时由内向外反向计算,即

$$D_{n-2} = D_{n-1}/m_{n-1}$$

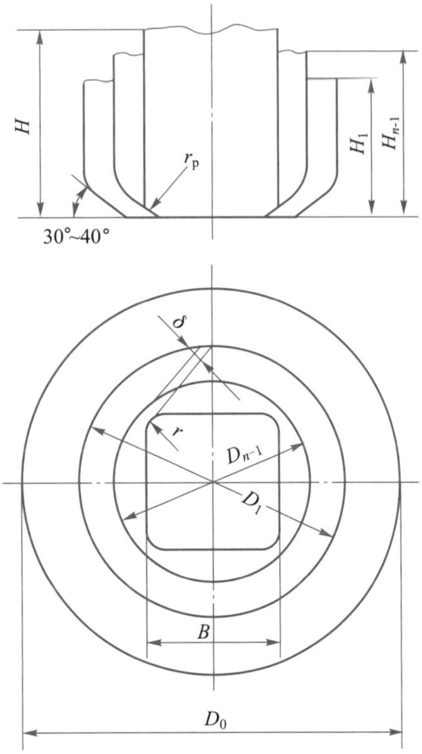

图 4.4.6　方形盒多工序拉深的半成品形状和尺寸

以此类推,直到算出的直径 $D \geqslant D_0$ 为止。式中,拉深系数 m_{n-1} 由表 4.2.4 确定。

3. 长方形盒拉深工序形状和尺寸的确定

长方形盒的拉深方法与正方形盒相似,中间过渡工序可拉深成椭圆形或长圆形,在最后一次拉深工序中被拉深成所要求的形状和尺寸,如图 4.4.7 所示。其计算与作图同样由 $n-1$ 道(倒数第二次拉深)工序开始,由内向外计算。计算时可把矩形盒的 4 个边视为 4 个方形盒的边长,在保证同一角部壁间距离 δ 时,可采用由 4 段圆弧构成的椭圆形筒,作为最后一道工序拉深前的半成品毛坯(是 $n-1$ 道拉深所得的半成品)。其长轴与短轴处的曲率半径分别用 $R_{a(n-1)}$ 和 $R_{b(n-1)}$ 表示,计算过程如下:

(1) $n-1$ 道拉深工序的半成品是椭圆形,其曲率半径的计算式为

$$R_{a(n-1)} = 0.707A - 0.41r + \delta \qquad (4.4.9)$$

$$R_{b(n-1)} = 0.707B - 0.41r + \delta \qquad (4.4.10)$$

式中,圆弧 $R_{a(n-1)}$ 和 $R_{b(n-1)}$ 的圆心,由图 4.4.7 中的尺寸关系确定,分别为 $A/2$ 和 $B/2$。

(2) $n-1$ 道工序椭圆形半成品件的长、短边与高度尺寸为

$$A_{n-1} = 2R_{b(n-1)} + (A-B) \qquad (4.4.11)$$

$$B_{n-1} = 2R_{a(n-1)} - (A-B) \qquad (4.4.12)$$

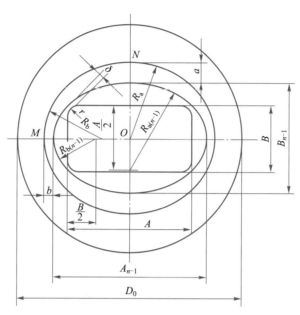

图 4.4.7　长方形盒多工序拉深的半成品形状和尺寸

$$H_{n-1} \approx 0.88H \tag{4.4.13}$$

式中，H 为含修边余量在内的盒形件高度。

（3）$n-2$ 道工序仍然是椭圆形半成品，其形状和尺寸的确定方法如下：

① 计算壁间距 a 和 b 是为了控制从 $n-2$ 道工序拉深至 $n-1$ 道工序的变形程度：

$$\frac{R_{a(n-1)}}{R_{a(n-1)}+a} = \frac{R_{b(n-1)}}{R_{b(n-1)}+b} = 0.75 \sim 0.85 \tag{4.4.14}$$

即

$$a = (0.18 \sim 0.33)R_{a(n-1)} \tag{4.4.15}$$

$$b = (0.18 \sim 0.33)R_{b(n-1)} \tag{4.4.16}$$

② 由 a、b 找出图上的 M 及 N 点。

③ 选定半径 R_a 和 R_b，使其圆弧通过 M 和 N 点，并且又能圆滑相接（其圆心靠近盒形件中心）。

④ $n-2$ 道工序半成品高度概算为：

$$H_{n-2} \approx 0.86H_{n-1} \tag{4.4.17}$$

⑤ 验算 $n-2$ 道工序是否可以由平板毛坯拉深成形（即首次拉深）。如果不能，应按 $n-2$ 道工序的计算方法再确定 $n-3$ 道工序的有关尺寸，直到满足验算的要求。

（4）$n-1$ 次（倒数第二次）拉深凸模端面形状

为了有利于最后一次拉深成盒形件的金属流动，$n-1$ 次拉深凸模底部应具有与拉深零件相似的矩形，然后用 45° 斜角向壁部过渡，如图 4.4.8 所示，图中尺寸

$$Y = B - 1.11r_p \tag{4.4.18}$$

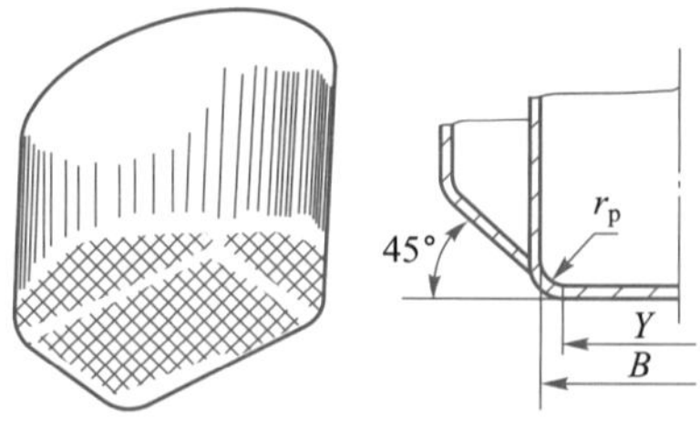

图 4.4.8　$n-1$ 次拉深凸模端面形状

4.5 拉深工艺设计

4.5.1 拉深件的结构工艺性分析

拉深零件的结构工艺性是指拉深零件采用拉深成形工艺的难易程度。良好的工艺性应是坯料消耗少、工序数目少，模具结构简单、加工容易，产品质量稳定、废品少和操作简单方便等。在设计拉深零件时，应根据材料拉深时的变形特点和规律，提出满足工艺性的要求：

1. 对拉深材料的要求

拉深件的材料应具有良好塑性、低的屈强比、大的板厚方向性系数和小的板平面方向性。

2. 对拉深零件形状和尺寸的要求

（1）拉深件高度尽可能小，以便能通过 1~2 次拉深工序成形。圆筒形零件一次拉深的极限高度见表 4.5.1。盒形件当其壁部转角半径 $r=(0.05~0.20)B$ 时，一次拉深高度 $h\leqslant(0.3~0.8)B$。

表 4.5.1　圆筒形零件一次拉深的极限高度

材料名称	铝	硬铝	黄铜	软钢
相对拉深高度 h/d	0.73~0.75	0.60~0.65	0.75~0.80	0.68~0.72

（2）拉深件的形状尽可能简单、对称，以保证变形均匀。对于半敞开的非对称拉深件，可成双拉深后再剖切成两件，组合拉深后剖切如图 4.5.1 所示。

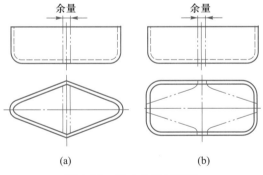

图 4.5.1　组合拉深后剖切

（3）有凸缘的拉深件，最好满足 $d_凸\geqslant d+12t$，而且外轮廓与直壁断面最好形状相似，如图 4.5.2a 所示；否则，拉深困难，切边余量大。在凸缘面上有下凹的拉深件如图 4.5.2b 所示，如下凹的轴线与拉深材料流动方向一致，可以拉出。若下凹的轴线与拉深材料流动方向垂直，则只能在最后校正时压出。

（4）为了使拉深顺利进行，凸缘圆角半径 $r_d\geqslant 2t$，当 $r_d<0.5$ mm 时，应增加整形工序；底部圆角半径 $r_p\geqslant t$，不满足时应增加整形工序，每整形一次，r_p 可减小 1/2；盒形拉深零件壁间圆角半径 $r\geqslant 3t$，尽可能使盒形件高度 $h\leqslant(5-7)r$。

3. 对拉深零件精度的要求

（1）由于拉深件各部位的料厚有较大变化，所以对零件图上的尺寸应明确标注是外壁尺寸

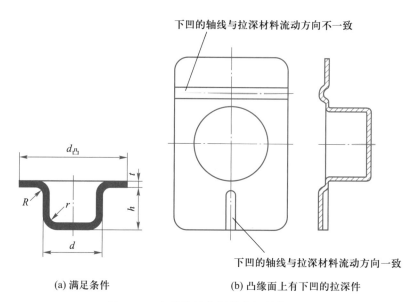

下凹的轴线与拉深材料流动方向不一致

下凹的轴线与拉深材料流动方向一致

(a) 满足条件　　　　　　　　(b) 凸缘面上有下凹的拉深件

图 4.5.2　有凸缘的拉深件拉深结构工艺

还是内壁尺寸,不能同时标注内外尺寸。

（2）由于拉深件有回弹,所以零件横截面的尺寸公差,一般都在 IT12 级以下。如果零件公差要求高于 IT12 级时,应增加整形工序来提高尺寸精度。

（3）多次拉深的零件对外表面或凸缘的表面,允许有拉深过程中所产生的印痕和口部的回弹变形,但必须保证精度在公差允许范围之内。

4.5.2　拉深工艺力的计算

1. 压边力的计算

施加压边力是为了防止毛坯在拉深变形过程中的起皱,压边力的大小对拉深工作的影响很大,如图 4.5.3 所示。如果 F_Q 太大,会增加危险断面处的拉应力而导致破裂或严重变薄,F_Q 太小时防皱效果不好。理论上,首次拉深压边力 F_Q 的大小最好按照如图 4.5.4 所示规律变化,即拉深过程中,当毛坯外径减小至 $R_t = 0.85R_0$ 时,是起皱最严重的时刻,这时压边力 F_Q 应最大,随之 F_Q 逐渐减小。但实际上这很难做到。

生产中,压边力 F_Q 都有一个调节范围,它的确定是建立在实践经验基础上,其大小可按公式计算,见表 4.5.2。不同材料单位压边力取值范围见表 4.5.3。

生产中也可根据第一次的拉深力 F_1 来计算压边力,即

$$F_Q = 0.25F_1 \tag{4.5.1}$$

目前在生产实际中常用的压边装置有以下两大类:

（1）弹性压边装置:这种装置多用于普通冲床。通常有三种:橡皮压边装置(如图 4.5.5a 所示)、弹簧压边装置(如图 4.5.5b 所示)、气垫式压边装置(如图 4.5.5c 所示)。这三种压边装置压边力的变化曲线如图 4.5.5d 所示。另外氮气弹簧技术也逐渐在模具压边装置中被使用,如图 4.5.5e 所示。

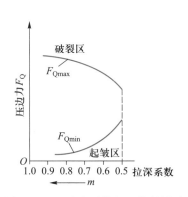

图 4.5.3 压边力对拉深工作的影响

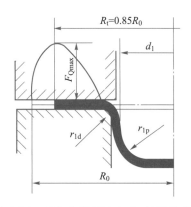

图 4.5.4 首次拉深压边力 F_Q 的理论曲线

表 4.5.2 压边力的计算式

拉深情况	计算式
任何情况拉深件	$F_Q = A \cdot q$
筒形件第一次拉深	$F_Q = \pi/4[D^2 - (d_1 + 2r_d)^2]q$
筒形件以后各次拉深	$F_{Qn} = \pi/4[d_{n-1}^2 - (d_n + 2r_d)^2]q$

注:计算式中,q 为单位压边力,MPa,见表 4.5.3;A 为压边面积。

表 4.5.3 不同材料单位压边力 q MPa

材料名称		单位压边力 q	材料名称	单位压边力 q
铝		0.8~1.2	镀锌钢板	2.5~3.0
紫铜、硬铝(已退火)		1.2~1.8	高合金钢 不锈钢	3.0~4.5
黄铜		1.5~2.0		
软钢	$t<0.5$ mm	2.5~3.0	高温合金	2.8~3.5
	$t>0.5$ mm	2.0~2.5		

　　随着拉深深度的增加,需要压边的凸缘部分不断减少,故需要的压边力也就逐渐减小。从图 4.5.5d 可以看出橡皮及弹簧压边装置的压边力恰好与需要的相反,随拉深深度的增加而增加。因此橡皮及弹簧结构通常只用于浅拉深。

　　气垫式压边装置的压边效果较好,但它结构复杂,制造、使用及维修都比较困难。弹簧与橡皮压边装置虽有缺点,但结构简单,对单动的中小型压力机采用橡皮或弹簧装置还是很方便的。根据生产经验,只要正确地选择弹簧规格及橡皮的牌号和尺寸,就能尽量减少它们的不利方面,充分发挥它们的作用。

　　当拉深行程较大时,应选择总压缩最大、压边力随压缩量缓慢增加的弹簧。橡皮应选用软橡皮(冲裁卸料是用硬橡皮)。橡皮的压边力随压缩量增加很快,因此橡皮的总厚度应选大些,以保证相对压缩量不致过大。建议所选取的橡皮总厚度不小于拉深行程的 5 倍。

　　在拉深宽凸缘件时,为了克服弹簧和橡皮的缺点,采用如图 4.5.6 所示的限位装置(定位销、柱销或螺栓),使压边圈和凹模间始终保持一定的距离 s,达到控制压边力增大的作用。

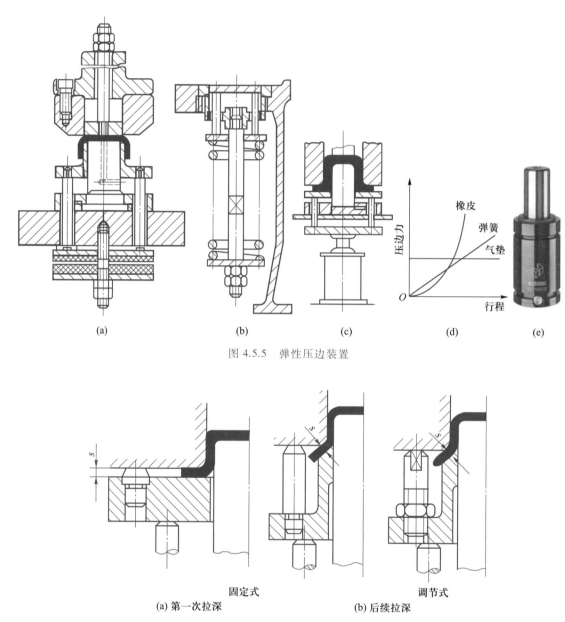

图 4.5.5　弹性压边装置

(a) 第一次拉深　　　固定式

(b) 后续拉深　　　调节式

图 4.5.6　有限位的压边装置

(2)刚性压边装置:这种装置的特点是压边力不随行程变化,拉深时压边效果较好,且模具结构简单。这种结构用于双动压力机,凸模装在压力机的内滑块上,压边装置装在外滑块上。

2. 拉深力的计算

前面已在拉深变形过程的力学分析中对拉深力进行了分析,圆筒形零件拉深时拉深力理论上是由变形区的变形抗力、摩擦力和弯曲变形力等组成。求拉深力的理论计算公式使用很不方便,生产中常用经验公式计算拉深力。圆筒形拉深件采用带压边圈的拉深时可用下式计算拉深力:

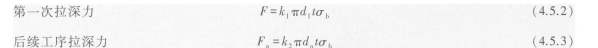

| 第一次拉深力 | $F = k_1 \pi d_1 t \sigma_b$ | (4.5.2) |
| 后续工序拉深力 | $F_n = k_2 \pi d_n t \sigma_b$ | (4.5.3) |

式中,σ_b 为材料的抗拉强度;k_1、k_2 为系数,可查阅有关的冲压设计资料。

当拉深行程较大,特别是采用落料、拉深复合工序的模具结构时,不能简单地将落料力与拉深力叠加来选择压力机(因为压力机的公称压力是指在接近下死点时的压力机压力)。因此,应该注意压力机的压力曲线。否则很可能由于过早地出现最大冲压力而使压力机超载损坏,如图4.5.7所示。一般可按下式做概略计算:

浅拉深时:$\sum F \leq (0.7 \sim 0.8) F_0$

深拉深时:$\sum F \leq (0.5 \sim 0.6) F_0$

式中,$\sum F$ 为拉深力和压边力的总和,在用复合冲压时,还包括其他力;F_0 为压力机的公称压力。

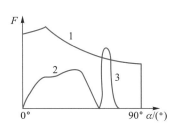

图 4.5.7 拉深力与压力机的压力曲线
1—压力机的压力曲线;
2—拉深力;3—落料力

4.5.3 拉深成形过程中的辅助工序

扫描二维码进行阅读。

拓展知识
辅助工序

4.6 拉深成形模具设计

4.6.1 拉深模的典型结构

拉深模的结构类型较多,由于拉深工作情况和使用的设备不同,模具结构亦不同。按完成工序的顺序可分为首次拉深模和后续各工序拉深模。按模具使用冲压设备的类型又可分为:单动压力机用拉深模、双动和三动压力机用拉深模等。

1. 首次拉深模

1)无压边装置的简单拉深模

如图 4.6.1 所示,毛坯安放在定位板 7 内定位,凸模工作部分长度较大,使拉深件口部位于刮料环 6 下平面,凸模回程时在拉簧 9 的作用下,刮件环从凸模上刮下零件,使零件从下模板的孔中和机床台面孔中掉下。当料厚大于 2 mm 时,可取掉弹簧刮料板,利用拉深件口部回弹尺寸变大的条件,依靠凹模脱料颈台阶卸件如图 4.6.2 所示。

2)有压边装置的简单拉深模

如图 4.6.3 所示,本模具带锥形的凹模 4 固定在上模,故称之为倒装拉深模。凹模内的拉深件靠打板 3 推出。凸模 7 固定在固定板上。锥形压边先将毛坯压成锥形,使毛坯外径产生一定量的收缩,然后再将其拉深成零件形状。这种结构有利于拉深变形,可降低极限拉深系数。如图 4.6.4 所示为有压边装置顺装拉深模。

动画
无压边装置
的首次拉深
模

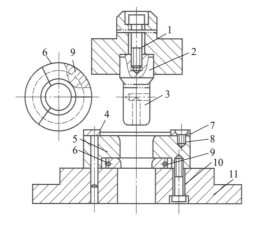

图 4.6.1　无压边装置的简单拉深模(一)

1、8、10—螺钉;2—模柄;3—凸模;4—销钉;5—凹模;
6—刮料环;7—定位板;9—拉簧;11—下模座

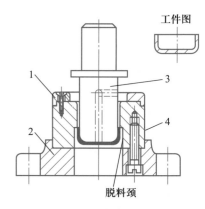

图 4.6.2　无压边装置的简单拉深模(二)

1—定位板;2—下模座;
3—凸模;4—凹模

动画
有压边装置
倒装首次拉
深模

动画
有压边装置
顺装首次拉
深模

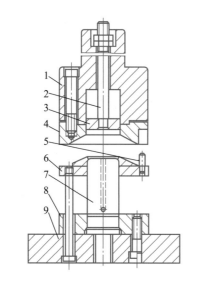

图 4.6.3　有压边装置倒装拉深模

1—上模座;2—打杆;3—打板;4—凹模;5—定位钉;
6—压边圈;7—凸模;8—凸模固定板;9—下模座

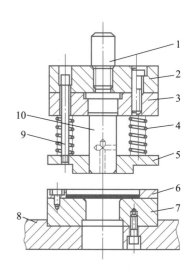

图 4.6.4　有压边装置顺装拉深模

1—模柄;2—上模座;3—凸模固定板;4—弹簧;
5—压边圈;6—定位环;7—凹模;
8—下模座;9—卸料螺钉;10—拉深凸模

3) 双动压力机上使用的首次拉深模

因双动压力机有两个滑块如图 4.6.5 所示,在双动压力机上使用的首次拉深模如图 4.6.6 所示的凸模 1 与拉深滑块(内滑块)相连接,而上模座 2(上模座上装有压边圈 3)与压边滑块(外滑块)相连。拉深时压边滑块首先带动压边圈压住毛坯,然后拉深滑块带动拉深凸模下行进行拉深。此模具因装有刚性压边装置,所以模具结构显得简单,制造周期也短,成本也低,但压力机设备投资较高。

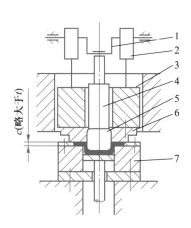

图 4.6.5　双动压力机工作原理

1—曲轴；2—连杆；3—外滑块；4—内滑块；
5—拉深凸模；6—压边圈；7—凹模

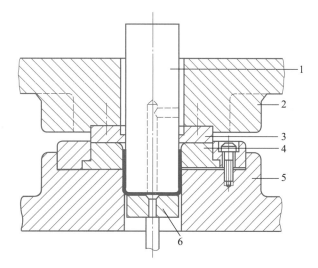

图 4.6.6　双动压力机上使用的首次拉深模

1—凸模；2—上模座；3—压边圈；4—凹模；5—下模座；6—顶件块

2. 后续工序拉深模

对于后续各工序的拉深，毛坯已不是平板形状，而是空心壳体的半成品。因此，其拉深模具必须考虑坯件的正确定位，同时还应该便于操作。

1）无压边圈的后续工序拉深模

如图 4.6.7 所示，本模具采用锥形模口的凹模结构，件 6 的锥面角度一般为 $30°\sim45°$，起到拉深时增强变形区的稳定的作用。拉深毛坯用定位板 5 的内孔定位（定位板的孔与坯件有 0.1 mm 左右的间隙）。拉深零件从下模板和压力机台面的孔漏下。该模具用于直径缩小较少的拉深或整形等。

动画
双动压力机
首次拉深模

动画
双动压力机
后续拉深模

动画
无压边装置
后续拉深模

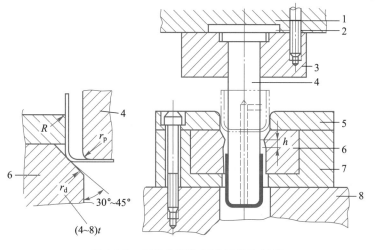

图 4.6.7　无压边圈的后续工序拉深模

1—上模座；2—垫板；3—凸模固定板；4—凸模；5—定位板；6—凹模；7—凹模固定板；8—下模座

2）有压边圈的后续工序拉深模

有压料圈的后续工序拉深模，如图 4.6.8 所示结构是广泛采用的形式。压边圈兼作毛坯的定位圈。由于再次拉深工件一般较深，为了防止弹性压边力随行程的增加而不断增加，可以在压边圈上安装定位销来控制压边力的增长（如图 4.5.6 所示）。

动画

有压边装置
后续工序拉
深模

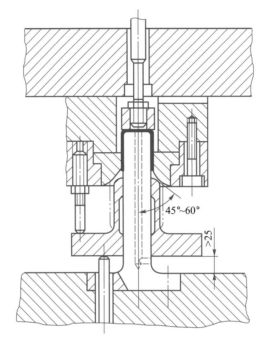

45°~60°

>25

图 4.6.8　有压边圈的后续工序拉深模

3）落料拉深复合模

如图 4.6.9 所示为高矩形盒落料首次拉深的顺装复合模，半成品拉深件和料带排样如图 4.6.9 中所示。由于凹模上安装的固定挡料钉的头部外圆与落料凹模 5 的孔边相切，所以落料时无前后搭边，废料就不会包紧在凸凹模 4 上，模具也省去了卸料板和卸料弹簧。本结构节约材料，操作方便，适用于需切边的中小型零件拉深。

4.6.2　拉深模工作零件的结构和尺寸

拉深模工作部分尺寸主要是指凹模圆角半径 r_d、凸模圆角半径 r_p 以及凸、凹模工作部分的间隙 c 和凸模与凹模的工作尺寸（D_p、D_d）等，如图 4.6.10 所示。

1. 凹模圆角半径 r_d

拉深时，平板毛坯是经过凹模圆角流入洞口形成零件的筒壁。当 r_d 较小时，材料经过凹模圆角部分其变形阻力大，引起摩擦力增加，结果使拉深变形抗力增加，拉深力增大还容易使危险断面材料严重变薄甚至于破裂，在这种情况下，材料变形受限制，必须采用较大的拉深系数。较小的 r_d 还会使拉深件表面刮伤，结果使工件的表面质量受损。另外，r_d 小时，材料对凹模的压力增加，模具磨损加剧，使模具的寿命降低。

r_d 太大时，毛坯变形区与凹模表面的接触面积减小，拉深初期毛坯与凸模、凹模的位置关系如图 4.6.11 所示。在拉深后期毛坯外缘过早脱离压边作用而起皱，使拉深件质量不好，在侧壁下部和口部形成皱褶。在生产上一般应尽量避免采用过小的凹模圆角半径,在保证工件质量的前提下尽量取较大的 r_d 值,以满足模具寿命的要求。通常可按经验公式计算:

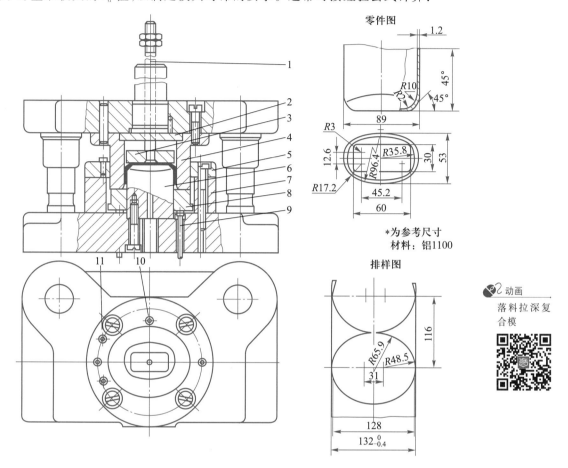

图 4.6.9　高矩形盒落料首次拉深的顺装复合模

1—打杆;2—垫板;3—打板;4—凸凹模;5—落料凹模;6—拉深凸模;

7—垫块;8—推件块;9—推杆;10—挡料钉;11—导料钉

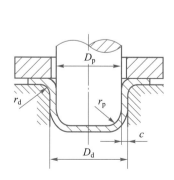

图 4.6.10　拉深模工作部分尺寸

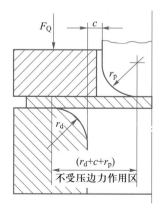

图 4.6.11　拉深初期毛坯与凸模、凹模的位置关系

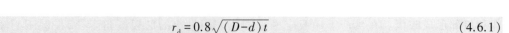

$$r_{d} = 0.8\sqrt{(D-d)t} \tag{4.6.1}$$

$$r_{dn} = (0.6 \sim 0.8)r_{d(n-1)} \geq 2t \tag{4.6.2}$$

式中,D 为毛坯直径或上道工序拉深件直径;d 为本道工序拉深件的直径。

第一次拉深的凹模圆角半径也可以按表 4.6.1 中参数进行选取。

表 4.6.1 第一次拉深凹模圆角半径 r_d

拉深零件	板料厚度 t/mm				
	$\geq 2.0 \sim 1.5$	$< 1.5 \sim 1.0$	$< 1.0 \sim 0.6$	$< 0.6 \sim 0.3$	$< 0.3 \sim 0.1$
无凸缘	$(4 \sim 7)t$	$(5 \sim 8)t$	$(6 \sim 9)t$	$(7 \sim 10)t$	$(8 \sim 13)t$
有凸缘	$(6 \sim 10)t$	$(8 \sim 13)t$	$(10 \sim 16)t$	$(12 \sim 18)t$	$(15 \sim 22)t$

注:当材料拉深性能好,且有良好润滑时,可适当减小。

2. 凸模圆角半径 r_p

凸模圆角半径对拉深的影响不像凹模圆角半径那样显著。r_p 过小,毛坯在该处受到较大的弯曲变形,使危险断面的强度降低,过小的 r_p 会引起危险断面局部变薄甚至开裂,也影响拉深件的表面质量。r_p 过大时,凸模端面与毛坯接触面积减小,如图 4.6.11 所示,易使拉深件底部变薄增大和圆角处出现内皱。一般,第一次拉深凸模圆角半径 r_p 为:

$$r_{p} = (0.7 \sim 1.0)r_{d} \tag{4.6.3}$$

以后各次拉深凸模圆角半径 r_p 为:

$$r_{p(n-1)} = (d_{n-1} - d_{n-2} - 2t)/2 \tag{4.6.4}$$

式中,d_{n-1} 为本工序的拉深直径;d_n 为下道工序的拉深直径。

最后一次拉深时,凸模圆角半径应等于零件圆角半径,$r_{pn} = r_{零件} \geq t$,否则应加整形工序,以得到 $r_{零件}$。

3. 凸模与凹模之间的间隙 c

拉深模凸模与凹模之间的间隙对拉深力、制件质量、模具寿命等都有很大的影响。如间隙过大,拉深件口部小的皱纹得不到挤平而残留在表面,同时零件回弹变形大、有锥度、精度差。

间隙过小,摩擦阻力增大、零件变薄严重,甚至拉裂,同时模具磨损加大,寿命低。拉深模的间隙数值主要决定于拉深方法、零件形状及尺寸精度等。确定间隙的原则是:既要考虑板料本身的公差,又要考虑板料在变形中的增厚现象,间隙选择一般都比毛坯厚度略大一些。

1) 无压边圈拉深模的单边间隙(最后一次拉深取小值)

$$c = (1 \sim 1.1)t_{max} \tag{4.6.5}$$

2) 有压边圈拉深模的单边间隙值(见表 4.6.2)

对于精度要求高的拉深件,为了减小回弹和提高表面粗糙度和尺寸精度,最后一次常采用拉深间隙值为:$c = (0.9 \sim 0.95)t$。

3) 盒形件拉深模凸模与凹模之间的间隙值

当精度要求高时,直边部分间隙为 $c = (0.9 \sim 1.05)t$;当精度要求不高时,直边部分间隙为 $c = (1.1 \sim 1.3)t$。

表 4.6.2　有压边圈拉深模的单边间隙值　　　　　　　　　　　　　　　　mm

完成拉深工艺的总次数											
1	2		3			4			5		
拉深顺序											
1	1	2	1	2	3	1、2	3	4	1、2、3	4	5
凸模与凹模的单边间隙 c											
$(1\sim 1.1)t$	$1.1t$	$(1\sim 1.05)t$	$1.2t$	$1.1t$	$(1\sim 1.05)t$	$1.2t$	$1.1t$	$(1\sim 1.05)t$	$1.2t$	$1.1t$	$(1\sim 1.05)t$

圆角部分的间隙应比直边部分增大 $0.1t$。

4）拉深模凸、凹模间隙取向按下述原则决定：

① 除最后一次拉深外,其余各工序的拉深间隙不做规定;

② 最后一道拉深,当零件要求外形尺寸时,间隙取在凸模上;当零件要求内形尺寸时,间隙取在凹模上。

4. 凸模与凹模工作尺寸及公差

在对凸、凹模工作部分尺寸及公差设计时,应考虑到拉深件的回弹、壁厚的不均匀和模具的磨损规律。零件的回弹,使口部尺寸增大;筒壁上下厚度的差异使零件精度不高;模具磨损最严重的是凹模,而凸模磨损最小,所以计算尺寸的原则是：

（1）对于多次拉深时的中间过渡拉深工序,其半成品尺寸要求不高。这时,模具的尺寸只要取半成品过渡尺寸即可,基准选用凹模或凸模没有强制规定。

（2）最后一道工序的凸模、凹模尺寸和公差应按零件的要求来确定。

当零件要求外形尺寸时（如图 4.6.12a 所示）,以凹模设计为基准,先计算凹模尺寸,再确定凸模尺寸。

$$D_d = (D_{max} - 0.75\Delta)^{+\delta_d}_{0} \tag{4.6.6}$$

$$D_p = (D_d - 2c)^{0}_{-\delta_p} \tag{4.6.7}$$

当零件要求内形尺寸时（如图 4.6.12b 所示）,以凸模设计为基准,先计算凸模尺寸,再确定凹模尺寸。

$$D_p = (D_{min} + 0.4\Delta)^{0}_{-\delta_p} \tag{4.6.8}$$

$$D_d = (D_{min} + 0.4\Delta + 2c)^{+\delta_d}_{0} \tag{4.6.9}$$

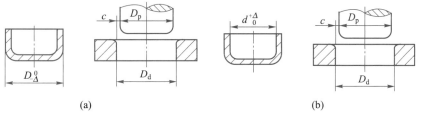

(a)　　　　　　　　　　　　　　(b)

图 4.6.12　拉深零件尺寸与模具尺寸

模具制造公差 δ_p、δ_d 应根据拉深件的公差等级来选定。当零件公差为 IT13 级以上者，δ 采用 IT6~8 级；当零件公差为 IT14 级以下者，δ 采用 IT10 级。

凸模工作表面粗糙度一般要求为 $Ra = 0.8\ \mu m$；圆角和端面表面粗糙度要求为 $Ra = 1.6\ \mu m$。

凹模工作平面与模腔表面粗糙度要求为 $Ra = 0.8\ \mu m$；圆角表面粗糙度一般要求为 $Ra = 0.4\ \mu m$。

5. 拉深凸模和凹模结构形式

凸、凹模的结构设计，是在保证其工作强度的情况下，要有利于拉深变形金属的流动，有利于提高拉深件的质量和提高板料的成形性能，减少拉深工序次数。拉深件的材料、形状和尺寸大小、拉深方法和变形程度不同时，模具的结构亦不同。

拉深凸模与凹模的结构形式取决于工件的形状、尺寸以及拉深方法、拉深次数等工艺要求。不同的结构形式对拉深的变形情况、变形程度的大小及产品的质量均有不同的影响。

当毛坯的相对厚度较大，不易起皱，不需用压边圈压边时，应采用锥形凹模，如图 4.2.3 所示。这种模具在拉深的初期就使毛坯呈曲面形状，因而较平端面拉深凹模具有更大的抗失稳能力，故可以采用更小的拉深系数进行拉深。

当毛坯的相对厚度较小，必须采用压边圈进行多次拉深时，应该采用如图 4.6.13 所示的模具结构。图 4.6.13a 中凸、凹模具有圆角结构，用于拉深直径 $d \leqslant 100$ mm 的拉深件。图 4.6.13b 中凸、凹模具有斜角结构，用于拉深直径 $d \geqslant 100$ mm 的拉深件。

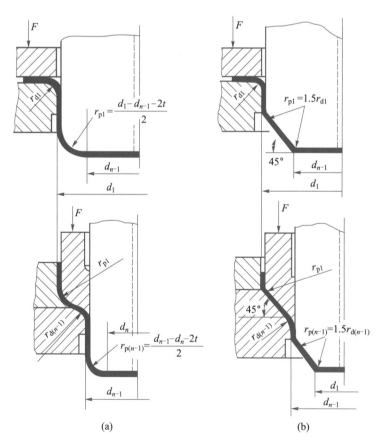

图 4.6.13　带压边圈的多次拉深模具结构

174

采用有斜角的凸模和凹模,除具有改善金属的流动,减少变形抗力,材料不易变薄等一般锥形凹模的特点外,还可减轻毛坯反复弯曲变形的程度,提高零件侧壁的质量,使毛坯在下次工序中容易定位。不论采用哪种结构,均需注意前后两道工序的冲模在形状和尺寸上的协调,应做到:

① 前道工序得到的半成品形状有利于后道工序的成形;

② 后道工序压边圈的形状和尺寸应与前道工序凸模的相应部位形状一致;

③ 后道工序中拉深凹模的锥面角度 α 也要与前道工序凸模的斜角一致;

④ 前道工序凸模的锥顶径 d_{n-1} 应比后续工序凸模的直径 d_2 小,即:$d_{n-1}<d_2$,以避免毛坯产生不必要的反复弯曲,使工件筒壁的质量变差等,如图 4.6.14 所示。

⑤ 为了使最后一道拉深后零件的底部平整,如果是圆角结构的冲模,其最后一次拉深凸模圆角半径的圆心应与倒数第二道拉深凸模圆角半径的圆心位于同一条中心线上。如果是斜角的冲模结构,则倒数第二道工序凸模底部的斜线应与最后一道的凸模圆角半径相切,斜角尺寸的确定如图 4.6.15 所示。

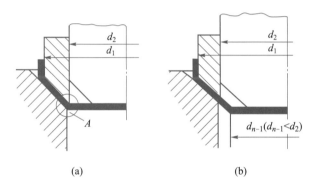
图 4.6.14　最后拉深中毛坯底部尺寸的变化

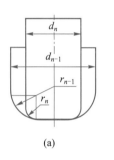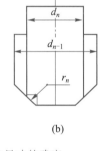
图 4.6.15　斜角尺寸的确定

凸模与凹模的锥角 α 对拉深有一定的影响。α 大对拉深变形有利,但 α 过大时相对厚度小的材料可能要引起皱纹,因而 α 的大小可根据材料的厚度确定。一般当料厚为 0.5~1.0 mm 时,$\alpha=30°~40°$;当料厚为 1.0~2.0 mm 时,$\alpha=40°~50°$。

为了便于取出工件,拉深凸模应设计出排气孔,如图 4.6.13 中虚线所示。其尺寸可查表 4.6.3。

表 4.6.3　排气孔尺寸　　　　　　　mm

凸模直径	~50	>50~100	>100~200	>200
排气孔直径	5	6.5	8	9.5

其他拉深方法扫描二维码进行阅读。

拓展知识
其他拉深方法

习题与思考题

4.1　圆筒形零件拉深时,毛坯变形区的应力应变状态是怎样的?

4.2　拉深工艺中,会出现哪些失效形式? 说明产生的原因和防止措施。

4.3　影响极限拉深系数的因素有哪些? 拉深系数对拉深工艺有何意义?

4.4　有凸缘筒形零件与无凸缘筒形零件拉深比较,有哪些特点? 工艺计算有何区别?

4.5　非直壁旋转体零件的拉深有哪些特点? 如何减小回弹和起皱问题?

4.6　阐述盒形零件拉深变形特点和毛坯的确定方法。

4.7　拉深模压边圈有哪些结构形式? 适用于哪些情况?

4.8　拉深凹模工作部分有哪些结构形式? 设计时应注意哪些问题?

4.9　软模拉深方法为什么能提高零件的精度和表面质量?

4.10　变薄拉深工艺具有哪些特点?

4.11　计算确定图题 4.11 所示拉深零件的拉深次数和各工序尺寸,绘制各工序草图并标注全部尺寸。

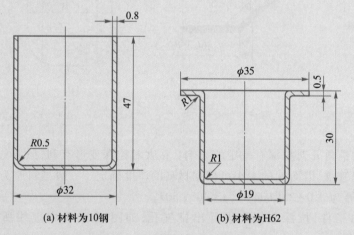

(a) 材料为10钢　　　　(b) 材料为H62

图题 4.11

4.12　结合所学的专业知识和工程案例,谈谈培养创新精神、工匠精神、严谨的工作作风在工程实际中有什么意义和重要性?

第5章

其他成形工艺和模具设计

学 习 目 标

通过本章工程案例的学习,提高学生的工程素质。熟悉胀形、翻边、缩口、旋压等成形工艺的变形特点,掌握胀形、翻边、缩口、旋压等成形工艺,并能根据零件成形的要求,设计能达到产品形状和质量要求的胀形、翻边、缩口、旋压工艺的模具结构。

在冲压生产中,除常用的冲裁、弯曲和拉深等工序外,还有胀形、翻边、缩口、旋压、校形等局部成形冲压工序。每种工序都有各自的变形特点,这些成形工序的共同特点是通过材料的局部变形来改变毛坯或工序件的形状,但各自的变形特点差异较大。它们可以是独立的冲压工序,如空心零件胀形、钢管缩口、封头旋压等,但在生产中往往还和其他冲压工序组合在一起成形一些复杂形状的冲压零件。下面分别介绍胀形、翻边和缩口等成形工序的变形特点、成形工艺和模具设计的基本方法。

5.1 胀形

胀形与其他冲压成形工序的主要不同之处是,胀形时变形区在板面方向呈双向拉应力状态,在板厚方向上是减薄,即厚度减薄表面积增加。胀形主要用于加强筋、花纹图案、标记等平板毛坯的局部成形;波纹管、高压气瓶、球形容器等空心毛坯的胀形;管接头的管材胀形;飞机和汽车蒙皮等薄板的拉胀成形。汽车覆盖件等曲面复杂形状零件成形时也常常包含胀形。

常用的胀形方法有钢模胀形和以液体、气体、橡胶等作为施力介质的软模胀形。软模胀形由于模具结构简单,工件变形均匀,能成形复杂形状的工件,如液压胀形、橡胶胀形;另外,高速、高能特种成形的应用越来越受到人们的重视,如爆炸胀形、电磁胀形等。

5.1.1 胀形变形特点与胀形极限变形程度

1. 胀形变形特点

如图 5.1.1 所示,为球头凸模胀形平板毛坯时的胀形变形区及应力应变图。图中涂黑部分表示胀形变形区。胀形变形具有如下特点:

(1)在毛坯胀形的变形区内,切向应力 $\sigma_\theta > 0$,径向应力 $\sigma_\rho > 0$,切向应变 $\varepsilon_\theta > 0$,径向应变 $\varepsilon_\rho > 0$,厚向应变 $\varepsilon_t < 0$,且在球头凸模胀形时的底部 $\sigma_\theta = \sigma_\rho$ 和 $\varepsilon_\theta = \varepsilon_\rho = 0.5\left|\varepsilon_t\right|$。所以,胀形变形属板

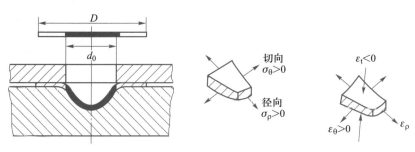

图 5.1.1 胀形变形区及其应力应变图

平面方向的双向拉应力状态(板厚方向的应力忽略不计),变形主要是由材料厚度方向的减薄量支持板面方向的伸长量而完成的,变形后材料厚度减薄,表面积增大。胀形属伸长类变形。

(2)胀形变形时由于毛坯受到较大压边力的作用或由于毛坯的外径超过凹模孔直径的 3~4 倍,使塑性变形仅局限于凸模投影面积的范围(图中涂黑部分),板料不向变形区外转移也不从变形区外进入变形区。

(3)由于胀形变形时材料板面方向处于双向受拉的应力状态,所以变形不会产生失稳起皱现象,成品零件表面光滑,质量好。成形极限主要受拉伸破裂的限制。

(4)由于毛坯的厚度相对于毛坯的外形尺寸极小,胀形变形时拉应力沿板厚方向的变化很小,因此当胀形力卸除后回弹小,工件几何形状容易固定,尺寸精度容易保证。对汽车覆盖件等较大曲率半径的零件的成形和有些零件的冲压校形,常采用胀形方法或加大其胀形成分的成形方法。

2. 胀形极限变形程度

胀形的极限变形程度是零件在胀形时不产生破裂所能达到的最大变形。各种胀形的成形极限的表示方法,因不同的变形区分布及模具结构、工件形状、润滑条件、材料性能等因素的影响而各不相同,如胀形系数、胀形深度、双向拉应力下的成形极限图(FLD)等,管形毛坯胀形时常用胀形系数表示成形极限,压凹坑等板料胀形时常用胀形深度表示成形极限。胀形系数、胀形深度等是以材料发生破裂时试样的某些总体尺寸达到的极限值来表示的。

胀形极限变形程度主要取决于材料的塑性和变形的均匀性:塑性好,成形极限可提高;应变硬化指数 n 值大,可促使变形均匀,成形极限也可提高;润滑、制件的几何形状、模具结构等,凡是可以使胀形变形均匀的各种因素,均能提高成形极限。如平板毛坯的局部胀形,同等条件下圆形比方形或其他形状的胀形高度值要大。此外,材料厚度增加,也可以使成形极限提高。

5.1.2 平板毛坯的起伏成形

平板毛坯在模具的作用下发生局部胀形而形成各种形状的凸起或凹下的冲压方法称为起伏成形,起伏成形主要用于加工加强筋、局部凹槽、文字、花纹等,如图 5.1.2 所示。

由宽凸缘圆筒形零件的拉深可知,当毛坯的外径超过凹模孔直径的 3~4 倍时,拉深就变成了胀形。平板毛坯起伏成形时的局部凹坑或凸台,主要是由凸模接触区内的材料在双向拉应力作用下的变薄来实现的。起伏成形的极限变形程度,多用胀形深度表示,对于形状比较简单的零件可以近似地按单向拉伸变形处理,即

$$\varepsilon_{极} = \frac{l_1 - l_0}{l_0} \times 100\% \leqslant K\delta \tag{5.1.1}$$

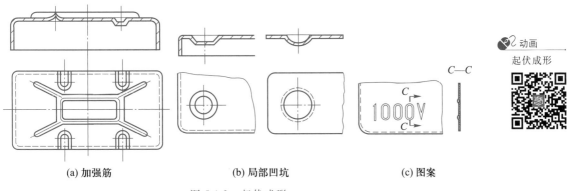

(a) 加强筋　　　　　　(b) 局部凹坑　　　　　(c) 图案

图 5.1.2　起伏成形

式中,$\varepsilon_{极}$ 为起伏成形的极限变形程度;δ 为材料单向拉伸的延伸率;l_0、l_1 分别为起伏成形变形区变形前后截面的长度,如图 5.1.3 所示;K 为形状系数,对于加强筋,$K = 0.7 \sim 0.75$(半圆加强筋取大值,梯形加强筋取小值)。

欲要提高胀形极限变形程度,可以采用如图 5.1.4 所示的两次胀形法:第一次用大直径的球头凸模使变形区达到在较大范围内聚料和均化变形的目的,得到最终所需的表面积材料;第二次成形,达到所要求的尺寸。如果制件圆角半径超过了极限范围,还可以采用先加大胀形凸模圆角半径和凹模圆角半径,胀形后再整形的方法成形。另外,降低凸模表面粗糙度值、改善模具表面的润滑条件也能取得一定的效果。

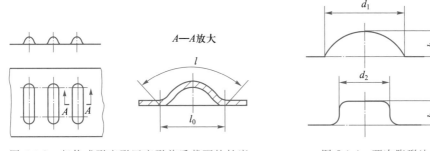

图 5.1.3　起伏成形变形区变形前后截面的长度　　　图 5.1.4　两次胀形法

1. 压加强筋

常见加强筋形式和尺寸见表 5.1.1。加强筋结构比较复杂,所以成形极限多用总体尺寸表示。当加强筋与边缘距离小于 $(3 \sim 3.5)t$ 时,由于在成形过程中,边缘材料要向内收缩,成形后需增加切边工序,因此应预留切边余量。多凹坑胀形时,还要考虑到凹坑之间的影响。

用刚性凸模压制加强筋的变形力按式 5.1.2 计算:

$$F = KLt\sigma_{\mathrm{b}} \tag{5.1.2}$$

式中,F 为变形力,N;K 为系数,$K = 0.7 \sim 1$,加强筋形状窄而深时取大值,宽而浅时取小值;L 为加强筋的周长,mm;t 为料厚,mm;σ_{b} 为材料的抗拉强度,MPa。

用软模胀形可按式 5.1.3 计算:

$$F = Ap \tag{5.1.3}$$

式中,A 为胀形投影面积;p 为单位压力。

单位压力可按下式近似计算(不考虑材料厚度变薄):

$$p = K \frac{t}{R} \sigma_b$$

式中,p 为单位压力;K 为形状系数,球面形状取 $K=2$,长条形筋取 $K=1$;R 为球半径或筋的圆弧半径;σ_b 为材料的抗拉强度(考虑材料硬化的影响)。

表 5.1.1　常见加强筋形式和尺寸

简图	R	h	r	B 或 D	α
	$(3 \sim 4)t$	$(2 \sim 3)t$	$(1 \sim 2)t$	$(7 \sim 10)t$	
	$(1.5 \sim 2)t$		$(0.5 \sim 1.5)t$	$\geq 3h$	$15° \sim 30°$

2. 压凹坑

压凹坑时,成形极限常用极限胀形深度表示,如果是纯胀形,凹坑深度受材料塑性限制不能太大。用球头凸模对低碳钢、软铝等胀形时,可达到的极限胀形深度 h 约等于球头直径 d 的1/3。用平头凸模胀形可能达到的极限深度取决于凸模的圆角半径,其极限深度见表 5.1.2。

表 5.1.2　平头凸模压凹坑的极限深度

简图	材料	极限深度 h
	软钢	$\leq (0.15 \sim 0.20)d$
	铝	$\leq (0.10 \sim 0.15)d$
	黄铜	$\leq (0.15 \sim 0.22)d$

若工件底部允许有孔,可以预先冲出小孔,使其底部中心部分材料在胀形过程中易于向外流动,以达到提高成形极限的目的,有利于达到胀形要求,最后再将孔冲裁到尺寸。

5.1.3　空心毛坯的胀形

空心毛坯胀形是将空心件或管状坯料胀出所需曲面的一种加工方法。用这种方法可以成形高压气瓶、球形容器、波纹管、自行车多通接头（如图 5.1.5 所示）等产品或零件。如图 5.1.6 和图 5.1.7 所示分别是钢模胀形和软模胀形示意图。圆柱形空心毛坯胀形时的应力状态如图 5.1.8 所示，其变形特点仍然是厚度减薄，表面积增加。

如图 5.1.6 所示的钢模胀形中，分瓣凸模 2 在向下移动时因锥形芯轴 3 的作用向外胀开，使毛坯 5 胀形成所需形状尺寸的工件。胀形结束后，分瓣凸模在顶杆 6 的作用下复位，拉簧使分瓣凸模合拢复位，便可取出工件。凸模分瓣越多，所得到的工件精度越高，但模具结构复杂，成本也较高。因此，用分瓣凸模钢模胀形不宜加工形状复杂的零件。

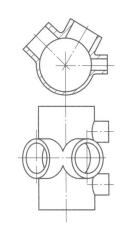
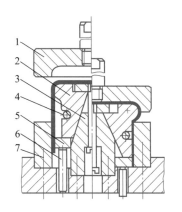

图 5.1.5　自行车多通接头　　　图 5.1.6　钢模胀形示意图

1—凹模；2—分瓣凸模；3—锥形芯轴；
4—拉簧；5—毛坯；6—顶杆；7—下凹模

在图 5.1.7 所示的自行车多通接头软模胀形中，凸模压柱 1、4 将力传递给橡胶棒等软体介质，软体介质再将力作用于毛坯上使之胀形，材料向阻力最小的方向变形，并贴合于可以分开的分块凹模 2，从而得到所需形状尺寸的工件。冲床回程时，橡胶棒复原为柱状，下模推出分块凹模，取出工件。

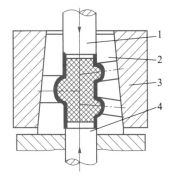

1. 胀形系数

空心毛坯胀形的变形程度用胀形系数表示，即：

$$K = \frac{d_{max}}{d_0} \qquad (5.1.4)$$

图 5.1.7　软模胀形示意图

1、4—凸模压柱；
2—分块凹模；3—模套

式中，K 为胀形系数；d_0 为毛坯直径；d_{max} 为胀形后工件的最大直径。

极限胀形系数与工件切向延伸率的关系式为：

$$\delta = \frac{\pi d'_{max} - \pi d_0}{\pi d_0} = K_{max} - 1 \qquad (5.1.5)$$

或

$$K_{max} = 1 + \delta \qquad (5.1.6)$$

式中，K_{max} 表示极限胀形系数（d_{max} 达到胀破时的极限值为 d'_{max}）。

极限胀形系数和切向许用延伸率 $\delta_{\theta P}$ 试验值见表 5.1.3。如采取轴向加压或对变形区局部加热等辅助措施,还可以提高极限变形程度。

表 5.1.3 极限胀形系数和切向许用延伸率试验值

材　　料		厚度/mm	极限胀形系数 K_{max}	切向许用延伸率 $\delta_{\theta_p} \times 100$
纯铝	L1、L2	1.0	1.28	28
	L3、L4	1.5	1.32	32
	L5、L6	2.0	1.32	32
铝合金	LF21-M	0.5	1.25	25
黄铜	H62	0.5～1.0	1.35	35
	H68	1.5～2.0	1.40	40
低碳钢	08F	0.5	1.20	20
	10、20	1.0	1.24	24
不锈钢	1Cr18Ni9Ti	0.5	1.26	26
		1.0	1.28	28

2. 胀形力

钢模胀形所需压力的计算公式可以根据力的平衡方程式推导得到,其表达式为

$$F = 2\pi H t \sigma_b \cdot \frac{\mu + \tan\beta}{1 - \mu^2 - 2\mu\tan\beta} \tag{5.1.7}$$

式中,F 为所需胀形压力;H 为胀形后高度;t 为材料厚度;μ 为摩擦系数,一般 $\mu = 0.15 \sim 0.20$;β 为芯轴锥角,一般 $\beta = 8°、10°、12°、15°$;σ_b 为材料的抗拉强度。

圆柱形空心毛坯进行软模胀形时,所需胀形压力 $F = Ap$。A 为成形面积,单位压力 p 为

$$p = 2\sigma_b \left(\frac{t}{d_{max}} + m \frac{t}{2R} \right) \tag{5.1.8}$$

式中,m 为约束系数,当毛坯两端不固定且轴向可以自由收缩时 $m = 0$,当毛坯两端固定且轴向不可以自由收缩时 $m = 1$;其他符号的意义如图 5.1.8 所示。

动画
液体胀形

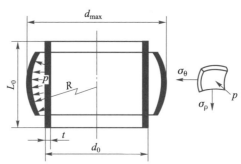

图 5.1.8 圆柱形空心毛坯胀形时的应力状态

3. 胀形毛坯尺寸的计算

圆柱形空心毛坯胀形时,为增加材料在周围方向的变形程度和减小材料的变薄,毛坯两端一般不固定,使其自由收缩。因此,毛坯长度 L_0(图 5.1.8)应比工件长度增加一定的收缩量。毛坯长度可按下式近似计算:

$$L_0 = L[1+(0.3\sim0.4)\delta]+\Delta h \tag{5.1.9}$$

式中,L 为工件的母线长度,mm;δ 为工件切向延伸率,见式(5.1.5);Δh 为修边余量,约 5~20,mm。

5.1.4 胀形模设计举例

如图 5.1.9 所示为罩盖胀形零件,生产批量为中批,材料为 10 钢,料厚 0.5 mm,设计该零件的胀形模具。

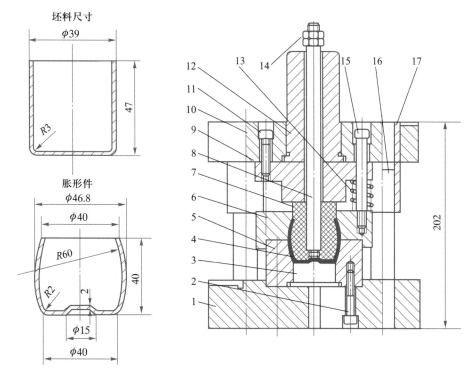

图 5.1.9　罩盖胀形零件

1—下模板;2—螺栓;3—压凹坑凸模;4—压凹坑凹模;

5—胀形下模;6—胀形上模;7—聚氨酯橡胶;8—拉杆;9—上固定板;

10—上模板;11—螺栓;12—模柄;13—弹簧;14—螺母;15—拉杆螺栓;16—导柱;17—导套

1. 零件成形工艺分析

该零件侧壁属空心毛坯胀形,底部属起伏成形,具有胀形工艺的典型特点,筒形半成品毛坯由拉深获得。

2. 工艺计算

1)底部压凹坑计算

查表 5.1.2 并计算得:

极限胀形深度 $h=(0.15\sim0.20)d=(2.25\sim3)\,\mathrm{mm}$，此值大于工件底部凹坑的实际高度 $2\,\mathrm{mm}$，一次胀形就能获得底部压凹尺寸。

压凹坑所需成形力由式（5.1.2）计算（取 $\sigma_b=430\,\mathrm{MPa}$）：

$$F_{压凹}=KLt\sigma_b=0.7\times\pi\times15\times0.5\times430\,\mathrm{N}=7\,088.55\,\mathrm{N}$$

2）侧壁胀形计算

胀形系数 K 由式（5.1.4）计算：

$$K=\frac{d_{max}}{d_0}=\frac{46.8}{39}=1.2$$

查表 5.1.3 得极限胀形系数为 1.24。该工序的胀形系数小于极限胀形系数，侧壁可以一次胀形成形。

侧壁胀形的单位压力近似按两端不固定形式计算，$m=0$、$\sigma_b=430\,\mathrm{MPa}$，由式（5.1.8）得：

$$p=2\sigma_b\left(\frac{t}{d_{max}}+m\frac{t}{2R}\right)=2\times430\times(0.5\div46.8+0\times0.5\div2\times60)\,\mathrm{MPa}=9.19\,\mathrm{MPa}$$

$$F_{侧胀}=Ap=\pi d_{max}Lp=3.14\times46.8\times40\times9.19\,\mathrm{N}=54\,019.55\,\mathrm{N}$$

胀形前毛坯的原始长度 L_0 由式（5.1.9）计算，$\delta=\frac{\pi d_{max}-\pi d_0}{\pi d_0}=\frac{46.8-39}{39}=0.2$，可以计算工件母线长 $L=40.8\,\mathrm{mm}$，取修边余量 $\Delta h=3\,\mathrm{mm}$，则：

$$L_0=L[1+(0.3\sim0.4)\delta]+\Delta h=[40.8\times(1+0.35\times0.2)+3]\,\mathrm{mm}=46.66\,\mathrm{mm}$$

L_0 取整为 47 mm，则胀形前毛坯取外径为 39 mm、高 47 mm 的圆筒形件。

3）总成形力

$$F=F_{压凹}+F_{侧胀}=(7\,088.55+54\,019.55)\,\mathrm{N}=61\,108.1\,\mathrm{N}=61.11\,\mathrm{kN}$$

3. 模具结构设计

胀形模如图 5.1.9 所示。侧壁靠聚氨酯橡胶 7 的胀压成形，底部靠压凹坑凸模 3 和压凹坑凹模 4 成形，为便于取件，将模具型腔侧壁设计成胀形下模 5 和胀形上模 6。

5.2　翻边

翻边是将毛坯或半成品的外边缘或孔边缘沿一定的曲线翻成竖立的边缘的冲压方法，如图 5.2.1所示。当翻边的沿线是一条直线时，翻边变形就转变成为弯曲，所以也可以说弯曲是翻边的一种特殊形式。但弯曲时毛坯的变形仅局限于弯曲线的圆角部分，而翻边时毛坯的圆角部分和边缘部分都是变形区，所以翻边变形比弯曲变形复杂得多。用翻边方法可以加工形状较为复杂且有良好刚度的立体零件，能在冲压件上制取与其他零件装配的部位，如机车车辆的客车中墙板翻边、客车脚蹬门压铁翻边、汽车外门板翻边、摩托车油箱翻孔、金属板小螺纹孔翻边等。翻边可以代替某些复杂零件的拉深工序，改善材料的塑性流动以免破裂或起皱。代替先拉后切的方法制取无底零件，可减少加工次数，节省材料。

按变形的性质，翻边可分为伸长类翻边和压缩类翻边。伸长类翻边的共同特点是毛坯变形区在切向拉应力的作用下产生切向的伸长变形，极限变形程度主要受变形区开裂的限制（如

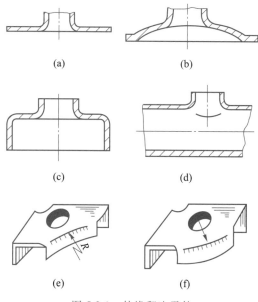

(a)　　　　　　　　(b)

(c)　　　　　　　　(d)

(e)　　　　　　　　(f)

图 5.2.1　外缘翻边零件

图 5.2.1a~e 所示)。压缩类翻边的共同特点是,除靠近竖边根部圆角半径附近区域的金属产生弯曲变形外,毛坯变形区的其余部分在切向压应力的作用下产生切向的压缩变形,其变形特点属于压缩类变形,应力状态和变形特点与拉深相同,极限变形程度主要受毛坯变形区失稳起皱的限制,如图 5.2.1f 所示翻边属于压缩类翻边。此外,按竖边壁厚是否强制变薄,可分为变薄翻边和不变薄翻边。按翻边的毛坯及工件边缘的形状,可分为内孔(圆孔或非圆孔)翻边、平面外缘翻边和曲面翻边等。

5.2.1　内孔翻边

1. 内孔翻边的变形特点

如图 5.2.2 所示为圆孔翻边及其应力应变分布示意图。在翻边过程中,毛坯外缘部分由于受到压边力 $F_压$ 的约束或由于外缘宽度与翻边孔直径之比较大,通常是不变形的(不变形区),竖壁部分已经变形,属传力区,带孔底部是变形区。如图 5.2.2a 所示,变形区处于双向拉应力状态(板厚方向的应力忽略不计),变形区在拉应力的作用下要变薄,这一点与胀形相同。圆孔翻边属于伸长类翻边。翻边时毛坯变形区切向受拉应力 σ_θ 作用,产生切向拉应变 ε_θ;径向也受拉应力 σ_r 作用,产生比较小的径向拉应变 ε_r。由图 5.2.2b 可知,在孔边部 σ_θ 和 ε_θ 为最大值,而 σ_r 为零,孔边缘为单向拉应力状态,根据屈服准则可以判定孔边部是最先发生塑性变形的部位,厚度变薄最严重,因而也最容易产生裂纹。

对于非圆孔的内孔翻边,如图 5.2.3 所示,变形区沿翻边线的应力与应变分布是不均匀的。在翻边高度相同的情况下,曲率半径较小的部位,切向拉应力和切向伸长变形较大;而曲率半径较大的部位,切向拉应力和切向伸长变形较小。直线部位与弯曲变形相似,由于材料的连续性,曲线部分的变形将扩展到直线部位,使曲线部分的切向伸长变形得到一定程度的减轻。

2. 圆孔翻边的极限变形程度

圆孔翻边的变形程度用翻边系数 m 表示,翻边系数为翻边前孔径 d_0 与翻边后孔径 D 的比

值,其表达式为:

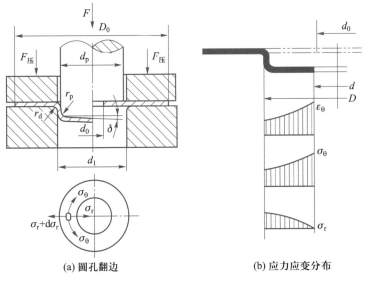

(a) 圆孔翻边　　　　　　　　　　　　(b) 应力应变分布

图 5.2.2　圆孔翻边及其应力应变分布示意图

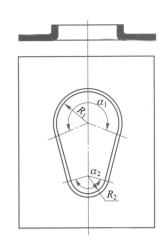

图 5.2.3　非圆孔的内孔翻边

$$m = \frac{d_0}{D}$$　　　　　　　　　　　　　(5.2.1)

显然,m 值越小,变形程度越大。翻边孔边缘不破裂所能达到的最小翻边变形程度为极限翻边系数,极限翻边系数用 m_{min} 表示。低碳钢的极限翻边系数见表 5.2.1。

表 5.2.1　低碳钢的极限翻边系数 m_{min}

凸模形状	预制孔形状	预制孔相对直径 d_0/t									
		100	50	35	20	15	10	8	5	3	1
球形凸模	钻孔	0.70	0.60	0.52	0.45	0.40	0.36	0.33	0.30	0.25	0.20
	冲孔	0.75	0.65	0.57	0.52	0.48	0.45	0.44	0.42	0.42	
平底凸模	钻孔	0.80	0.70	0.60	0.50	0.45	0.42	0.40	0.35	0.30	0.25
	冲孔	0.85	0.75	0.65	0.60	0.55	0.52	0.50	0.48	0.47	

注:采用表中 m_{min} 值时,实际翻边后口部边缘会出现小的裂纹,如果工件不允许开裂,则翻边系数须加大 10%~15%。

非圆孔翻边较圆孔翻边的极限翻边系要小一些,其值可按下式近似计算:

$$m'_{min} = \frac{m_{min}\alpha}{180°}$$　　　　　　　　　　　　(5.2.2)

式中,m_{min} 为圆孔翻边的极限翻边系数;α 为曲率部位中心角。

式(5.2.2)只适用于中心角 $\alpha \le 180°$。当 $\alpha > 180°$ 或直边部分很短时,直边部分的影响已不明显,极限翻边系数的数值按圆孔翻边计算。

影响极限翻边系数的主要因素有:

1)材料的塑性

材料的延伸率 δ、应变硬化指数 n 和各向异性系数 r 越大,极限翻边系数就越小,有利于翻边。

2）孔的加工方法

预制孔的加工方法决定了孔的边缘状况,孔的边缘无毛刺、撕裂、硬化层等缺陷时,极限翻边系数就越小,有利于翻边。目前,预制孔主要用冲孔或钻孔方法加工,表 5.2.1 中数据显示,钻孔比冲孔的 m_{min} 小。但采用冲孔方法生产效率高,冲孔会形成孔口表面的硬化层、毛刺、撕裂等缺陷,导致极限翻边系数变大。采取冲孔后进行热处理退火、修孔或沿与冲孔方向相反的方向进行翻孔使毛刺位于翻孔内侧等方法,能获得较低的极限翻边系数。

3）预制孔的相对直径

由表 5.2.1 可以发现,预制孔的相对直径 d_0/t 越小,极限翻边系数越小,有利于翻边。

4）凸模的形状

由表 5.2.1 可以发现,球形凸模的极限翻边系数比平底凸模的小。此外,抛物面、锥形面和较大圆角半径的凸模也比平底凸模的极限翻边系数小。因为在翻边变形时,球形或锥形凸模是凸模前端最先与预制孔口接触,在凹模口区产生的弯曲变形比平底凸模的小,更容易使孔口部产生塑性变形。所以相同翻边孔径 D 和材料厚度 t 时,前者可以翻边的预制孔径更小,因而极限翻边系数就越小。

3. 内孔翻边的工艺设计

1）预孔直径 d_0 和翻边高度 H

① 一次翻边成形。当翻边系数 m 大于极限翻边系数 m_{min} 时,可采用一次翻边成形。当 $m \leqslant m_{min}$ 时可采用多次翻边,由于在第二次翻边前往往要将中间毛坯进行软化退火,故该方法较少采用,可采用拉深后翻边的工艺。对于一些较薄料的小孔翻边,可以不先加工预制孔,而是采用带尖锥形凸模在翻边前先完成刺孔继而进行翻边的方法。

如图 5.2.4 所示是平板毛坯一次翻孔示意图,d_0 与 H 按下式计算:

$$d_0 = D - 2(H - 0.43r - 0.72t) \tag{5.2.3}$$

$$H = \frac{D}{2}\left(1 - \frac{d_0}{D}\right) + 0.43r + 0.72t = \frac{D}{2}(1 - m) + 0.43r + 0.72t \tag{5.2.4}$$

上式是按中性层长度不变的原则推导的,是近似公式,当 $m = m_{min}$ 时,$H = H_{max}$。生产实际中往往通过试冲来检验和修正计算值。

② 拉深后再翻边。当 $m \leqslant m_{min}$ 时,可采用先拉深后翻边的方法达到要求的翻边高度,如图 5.2.5所示。这时应先确定翻边高度 h,再根据翻边高度确定预制孔直径 d_0 和拉深高度 h_1,从图中的几何关系可得翻边高度 h:

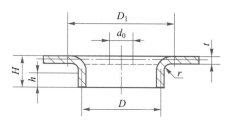

图 5.2.4　平板毛坯一次翻孔示意图

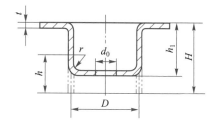

图 5.2.5　拉深件底部冲孔后翻边

187

$$h = \frac{D-d_0}{2} - \left(r+\frac{t}{2}\right) + \frac{\pi}{2}\left(r+\frac{t}{2}\right) \approx \frac{D}{2}(1-m) + 0.57r \qquad (5.2.5)$$

$$h_1 = H - h + r + t \qquad (5.2.6)$$

上式中当 $m = m_{\min}$ 时，$h = h_{\max}$，此时有最小拉深高度 $h_{1\min}$。可以根据极限翻边系数求得最小预制孔直径 $d_{0\min} = m_{\min}D$，也可以根据下式求得：

$$d_0 = D + 1.14r - 2h \qquad (5.2.7)$$

先拉深后翻边的方法是一种很有效的方法，但若是先加工预制孔后拉深，则孔径有可能在拉深过程中变大，使翻边后达不到要求的尺寸。

2）凸、凹模形状及尺寸

翻边凸模的形状有锥形、曲面形（球形、抛物面形等）和平底形，如图 5.2.6 所示为翻边凸、凹模形状及尺寸，图中凸模直径 D_0 段为凸模工作部分，凸模直径 d_0 段为导正部分，1 为整形台阶，2 为锥形过渡部分。其中：图 5.2.6a 为带导正销的锥形凸模，当竖边高度不高、竖边直径大于 10 mm 时，可设计整形台阶，当翻边模采用压边圈时，可不设整形台阶；图 5.2.6b 为一种双圆弧形无导正的曲面形凸模，当竖边直径大于 6 mm 时用平底，竖边直径小于或等于 6 mm 时用圆底；图 5.2.6c 为带导正的平底形凸模。此外，还有用于无预制孔的带尖锥形凸模。

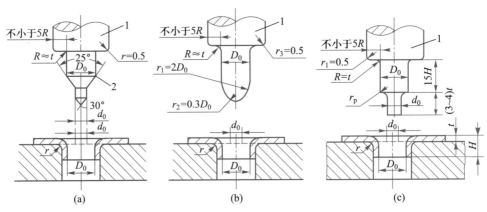

图 5.2.6　翻边凸、凹模形状及尺寸

凸、凹模尺寸可参照拉深模的尺寸确定原则确定，只是应注意保证翻边间隙。凸模圆角半径 r_p 越大越好，最好用曲面或锥形凸模，对平底凸模一般取 $r_p \geq 4t$。凹模圆角半径可以直接按工件要求的大小设计，但当工件凸缘圆角半径小于最小值时应加整形工序。

3）凸、凹模间隙

由于翻边变形区材料变薄，为了保证竖边的尺寸及其精度，翻边凸、凹模之间的间隙以稍小于材料厚度为宜，可取单边间隙 $c = (0.75 \sim 0.85)t$。若翻边成螺纹底孔或需与轴配合的小孔，则取 $c = 0.7t$ 左右。

4）翻边力与压边力

在所有凸模形状中，圆柱形平底凸模翻边力最大，其计算公式为：

$$F = 1.1\pi t(D-d_0)\sigma_b \qquad (5.2.8)$$

式中,σ_b 为材料的抗拉强度。

曲面凸模的翻边力可选用平底凸模翻边力的 70%~80%。

由于翻边时压边圈下的坯料是不变形的,所以在一般情况下,其压边力比拉深时的压边力要大,压边力的计算可参照拉深压边力计算并取偏大值。当外缘宽度相对竖边直径较大时,所需的压边力较小,甚至可不需压边力。这一点刚好与拉深相反,拉深时外缘宽度相对拉深直径越大,越容易失稳起皱,所需压边力越大。

5.2.2 平面外缘翻边

1. 平面外缘翻边的变形特点

平面外缘翻边可分为内凹外缘翻边和外凸缘翻边,由于不是封闭轮廓,故变形区内沿翻边线上的应力和变形是不均匀的。如图 5.2.7a 所示为内凹外缘翻边,其应力应变特点与内孔翻边近似,变形区主要受切向拉应力作用,属于伸长类平面翻边,材料变形区外缘边所受拉伸变形最大,容易开裂。如图 5.2.7b 所示是外凸缘翻边(也称为折边),其应力应变特点类似于浅拉深,变形区主要受切向压应力作用,属于压缩类平面翻边,材料变形区受压缩变形容易失稳起皱。

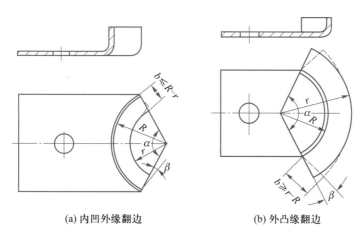

(a) 内凹外缘翻边　　　　　　　　　(b) 外凸缘翻边

图 5.2.7　外缘翻边

2. 极限变形程度

内凹外缘翻边的变形程度用翻边系数 E_s 表示:

$$E_s = \frac{b}{R-b} \tag{5.2.9}$$

外凸缘翻边的变形程度用翻边系数 E_c 表示:

$$E_c = \frac{b}{R+b} \tag{5.2.10}$$

式中,R、b 的含义如图 5.2.7 所示。内凹外缘翻边时 $b \leqslant R-r$,外凸缘翻边时 $b \geqslant r-R$。

内凹外缘翻边的极限变形程度主要受材料变形区外缘边开裂的限制,外凸缘翻边的极限变形程度主要受材料变形区失稳起皱的限制。假如在相同翻边高度的情况下,曲率半径 R 越小,则

E_s 和 E_c 越大,变形区的切向应力和切向应变的绝对值越大;相反当 R 趋向于无穷大时,E_s 和 E_c 为零,此时变形区的切向应力和切向应变值为零,翻边变成弯曲。外缘翻边的极限翻边系数见表 5.2.2。

表 5.2.2　外缘翻边的极限翻边系数

材料	$E_{cmax}/\%$		$E_{smax}/\%$	
	用橡胶成形	用模具成形	用橡胶成形	用模具成形
L4M	6	40	25	30
L4Y1	3	12	5	8
LF21M	6	40	23	30
LF21Y1	3	12	5	8
LF2M	6	35	20	25
LF3Y1	3	12	5	8
LY12M	6	30	14	20
LY12Y	0.5	9	6	8
LY11M	4	30	14	20
LY11Y	0	0	5	6
H62 软	8	45	30	40
H62 半硬	8	16	10	14
H68 软	8	55	35	45
H68 半硬	4	16	10	14
10	—	10	—	38
20	—	10	—	22
1Cr18Ni9 软	—	10	—	15
1Cr18Ni9 硬	—	10	—	40

3. 平面外缘翻边的毛坯尺寸

内凹外缘翻边的毛坯形状计算可参照内孔翻边的方法计算,外凸缘翻边的毛坯形状计算可参照浅拉深的方法计算。但是,在确定毛坯最后形状和尺寸时,如果翻边高度较大,应对毛坯轮廓进行修正,如图 5.2.7 所示。最终通过试模来确定毛坯尺寸。

5.2.3　变薄翻边

变薄翻边是使已成形的竖边在较小的凸、凹模间隙中挤压,使之强制变薄的方法。变薄翻边属体积成形,如果用一般翻边方法达不到要求的翻边高度时,可采用变薄翻边方法增加竖边高度。变薄翻边常用于 M5 以下的小螺纹底孔翻边,此时凸模下方材料的变形与圆孔翻边相似,但竖边的最终壁厚和高度是靠凸、凹模间的挤压变薄来达到的。

变薄翻边的变形程度用变薄系数表示,其表达式为:

$$K = \frac{t_1}{t_0}$$

$$(5.2.11)$$

式中,$K = 0.4 \sim 0.55$;t_1为工件竖边厚度;t_0为毛坯厚度。

有关变薄翻边的设计工艺参数参考冲压设计资料。

5.2.4 翻边模结构设计及举例

如图 5.2.8 所示为内孔翻边模,其结构与拉深模基本相似。如图 5.2.9 所示为落料、拉深、冲孔、翻边复合模。凸凹模 8 与落料凹模 4 均固定在固定板 7 上,以保证同轴度。冲孔凸模 2 压入凸凹模 1 内,并以垫片 10 调整它们的高度差,以此控制冲孔前的拉深高度,确保翻出合格的零件高度。该模的工作顺序是:上模下行,在凸凹模 1 的落料刃口与落料凹模 4 的作用下,模具首先落料;上模继续下行,在凸凹模 1 的内壁和凸凹模 8 的外壁相互作用下将坯料拉深,冲模缓冲器的力通过顶杆 6 传递给顶件块 5 并对坯料施加压料力;当拉深到设计深度后由冲孔凸模 2 和凸凹模 8 的内壁刃口进行冲孔,在模具继续下行的冲程中完成翻边;当上模回程时,在顶件块 5 和推件块 3 的共同作用下将工件推出,料带由卸料板 9 卸下。

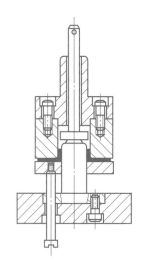

图 5.2.8　内孔翻边模

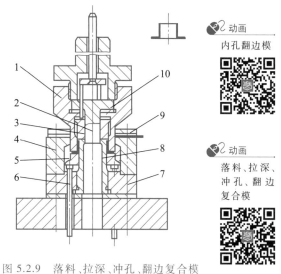

图 5.2.9　落料、拉深、冲孔、翻边复合模

1、8—凸凹模;2—冲孔凸模;
3—推件块;4—落料凹模;5—顶件块;
6—顶杆;7—固定板;9—卸料板;10—垫片

如图 5.2.10 所示为内外缘翻边复合模,毛坯套在件 7 上定位,同时件 7 又是内缘翻边的凹模,为保证件 7 的位置准确与外缘翻边凹模 3 按 H7/h6 配合装配。压料板 5 既起压料作用,同时又起整形作用,在冲压至下止点时,应与下模刚性接触,成形结束后,该件起到顶件作用。

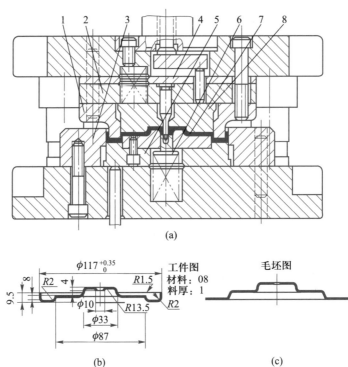

图 5.2.10　内外缘翻边复合模

1—外缘翻边凸模；2—凸模固定板；3—外缘翻边凹模；4—内缘翻边凸模；
5—压料板；6—顶件块；7—内缘翻边凹模；8—推件板

5.3　缩口

缩口是将预先成形好的圆筒件或管件坯料，通过缩口模具将其口部缩小的一种成形工序。缩口工序的应用比较广泛，可用于子弹壳、炮弹壳、钢制气瓶、自行车车架立管、自行车坐垫鞍管等零件的成形。对细长的管状类零件，有时用缩口代替拉深可取得更经济的效果。如图 5.3.1a 所示是采用拉深和冲底孔工序成形的制件，共需 5 道工序；如图 5.3.1b 所示采用管状毛坯缩口工序，只需 3 道工序。与缩口相对应的是扩口工序。

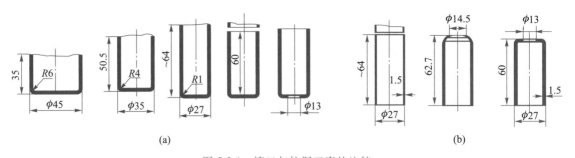

图 5.3.1　缩口与拉深工序的比较

5.3.1 缩口成形特点与变形程度

1. 缩口成形的变形特点

缩口成形的变形特点如图 5.3.2 所示,变形区主要受两向压应力作用,其中切向压应力 σ_θ 的绝对值最大。σ_θ 使直径缩小,厚度和高度增加,所以切向压应变 ε_θ 为最大主应变,径向应变为 ε_ρ,厚向应变 ε_t 为拉应变。变形区由于受到较大切向压应力的作用易产生切向失稳而起皱,起传力作用的筒壁区由于受到轴向压应力的作用也容易产生轴向失稳而起皱,所以失稳起皱是缩口工序的主要成形障碍。缩口属于压缩类成形工序,常见的缩口形式有斜口式、直口式和球面式,如图 5.3.3 所示。

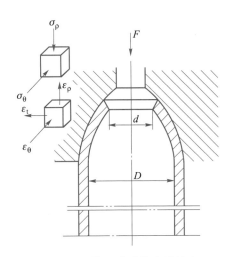

图 5.3.2 缩口成形的变形特点

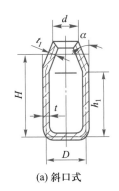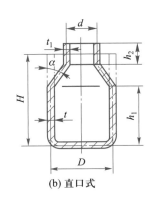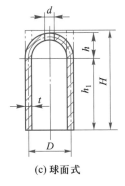

(a) 斜口式　　　　(b) 直口式　　　　(c) 球面式

图 5.3.3 常见的缩口形式

2. 缩口变形程度

缩口变形程度用缩口系数 m_s 表示,其表达式为:

$$m_s = \frac{d}{D} \tag{5.3.1}$$

式中,d 为缩口后直径;D 为缩口前直径。

缩口极限变形程度用极限缩口系数 $m_{s\min}$ 表示,$m_{s\min}$ 取决于对失稳条件的限制,其值大小主要与材料的机械性能、坯料厚度、模具的结构形式和坯料表面质量有关。材料的塑性好、屈服强度比值大,则允许的缩口变形程度大(极限缩口系数 m_{smin} 小);坯料越厚,抗失稳起皱的能力就越强,有利于缩口成形;采用内支承(模芯)模具结构,口部不易起皱;合理模角、小的锥面粗糙度值和好的润滑条件,可以降低缩口力,对缩口成形有利。当缩口变形所需压力大于筒壁材料失稳临界压力时,此时非变形区筒壁将首先失稳,也将限制一次缩口的极限变形程度。

不同材料和厚度的平均缩口系数 m_0 见表 5.3.1。一些材料在不同模具结构形式下的极限缩口系数可参考表 5.3.2。当计算出的缩口系数 m_s 小于表中值时,要进行多次缩口。

表 5.3.1　不同材料和厚度的平均缩口系数 m_0

材料	材料厚度/mm		
	~0.5	>0.5~1.0	>1.0
黄铜	0.85	0.80~0.70	0.70~0.65
软钢	0.85	0.75	0.70~0.65

表 5.3.2　不同模具结构的极限缩口系数 m_{smin}

材料	模具结构形式		
	无支承	外支承	内外支承
软钢	0.70~0.75	0.55~0.60	0.30~0.35
黄铜(H62、H68)	0.65~0.70	0.50~0.55	0.27~0.32
铝	0.68~0.72	0.53~0.57	0.27~0.32
硬铝(退火)	0.73~0.80	0.60~0.63	0.35~0.40
硬铝(淬火)	0.75~0.80	0.68~0.72	0.40~0.43

5.3.2　缩口工艺计算

1. 缩口次数及其缩口系数确定

当计算出的缩口系数 m_s 小于极限缩口系数 m_{smin} 时,要进行多次缩口,其缩口次数 n 由下式确定:

$$n = \frac{\lg m_s}{\lg m_0} = \frac{\lg d - \lg D}{\lg m_0} \tag{5.3.2}$$

式中,m_s 为总缩口系数,$m_s = d/D$(见式 5.3.1);m_0 为平均缩口系数,其值参见表 5.3.1。

n 的计算值一般是小数,应进位成整数。

多次缩口工序中第一次采用比平均值 m_0 小 10% 的缩口系数,以后各次采用比平均值 m_0 大 5%~10% 的缩口系数。考虑材料的加工硬化以及后续缩口可能增加的生产成本等因素,缩口次数不宜过多。

2. 毛坯尺寸计算

毛坯尺寸的主要设计参数是缩口毛坯高度 H,按照图 5.3.3 所示的不同的缩口形式,根据体积不变的条件,可得如下毛坯高度计算公式:

斜口形式：

$$H = (1 \sim 1.05) \times \left[h_1 + \frac{D^2 - d^2}{8D\sin\alpha} \left(1 + \sqrt{\frac{D}{d}}\right) \right] \qquad (5.3.3)$$

直口形式：

$$H = (1 \sim 1.05) \times \left[h_1 + h_2\sqrt{\frac{d}{D}} + \frac{D^2 - d^2}{8D\sin\alpha} \left(1 + \sqrt{\frac{D}{d}}\right) \right] \qquad (5.3.4)$$

球面形式：

$$H = h_1 + \frac{1}{4}\left(1 + \sqrt{\frac{D}{d}}\right)\sqrt{D^2 - d^2} \qquad (5.3.5)$$

3. 缩口力

在有外支承和无支承的缩口模上缩口，其缩口力可按下式估算：

$$F = k\left[1.1\pi D t_0 \sigma_b \left(1 - \frac{d}{D}\right)(1 + \mu\cot\alpha)\frac{1}{\cos\alpha} \right] \qquad (5.3.6)$$

式中，F 为缩口力，N；k 为速度系数，用曲柄压力机时 $k = 1.15$；σ_b 为材料的抗拉强度，MPa；μ 为工件与凹模接触面的摩擦系数。

其他符号意义如图 5.3.3 所示。

值得注意的是，当缩口变形所需压力大于筒壁材料失稳临界压力时，此时筒壁将先失稳，缩口就无法进行。此时，要对有关工艺参数进行调整。

5.3.3 模具结构设计及举例

缩口模结构根据支承情况分为无支承、外支承和内外支承三种形式，如图 5.3.4 所示。设计缩口模时，可根据缩口变形情况和缩口件的尺寸精度要求选取相应的支承结构。此外还可采用旋压缩口法，靠旋轮沿一定的轨迹（或芯模）进行缩口变形，其模具是旋轮和芯模。

动画
有夹紧装置的缩口模

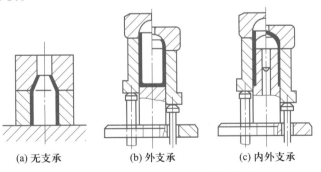

(a) 无支承　　　(b) 外支承　　　(c) 内外支承

图 5.3.4　不同支承方法的缩口模结构形式

动画
无支承缩口模

缩口凹模锥角的正确选用很关键。在相同缩口系数和摩擦系数条件下，锥角越小，缩口变形力在轴向的分力越小，但同时变形区范围增大使摩擦阻力增加，所以理论上应存在合理锥角 $\alpha_合$，在此合理锥角情形下缩口时缩口力最小，变形程度得到提高，通常可取 $2\alpha_合 \approx 52.5°$。

由于缩口变形后的回弹，使缩口工件的尺寸往往比凹模内径的实际尺寸稍大。所以对有配合要求的缩口件，在模具设计时应进行修正。

如图 5.3.5 所示是钢制气瓶缩口模。材料为 1 mm 的 08 钢。缩口模采用外支承结构,一次缩口成形。由于气瓶锥角接近合理锥角,所以凹模锥角也接近合理锥角,凹模表面粗糙度值 $Ra = 0.4$。

如图 5.3.6 所示为挡环缩口扩口复合模,此复合模可同时成形。

动画
外支承缩口模

动画
内外支承缩口模

动画
缩口扩口复合模

动画
旋压

拓展知识
旋压

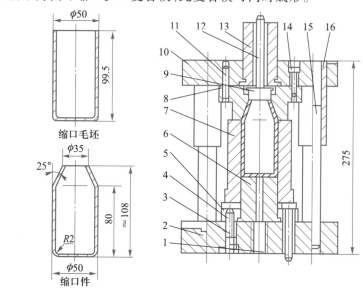

图 5.3.5　钢制气瓶缩口模

1—顶杆;2—下模板;3、14—螺栓;4、11—销钉;5—下固定板;6—垫板;7—外支承套;
8—缩口凹模;9—顶出器;10—上模板;12—打料杆;13—模柄;15—导柱;16—导套

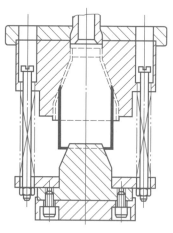

图 5.3.6　挡环缩口扩口复合模

5.4　旋压

扫描二维码进行阅读。

196

习题与思考题

5.1 何为胀形、翻边、缩口？在这些成形工序中,由于变形过度而出现的材料损坏形式分别是什么？

5.2 胀形、翻边、缩口的变形程度分别是如何表示的？如果零件的变形超过了材料的极限变形程度,它们在工艺上分别可以采取哪些措施？

5.3 冲头形状对翻边高度有何影响？胀形冲头的圆角半径对局部胀形深度有何影响？

5.4 试设计计算图题5.4所示翻边件的预制孔直径及翻边系数。材料:Q235。

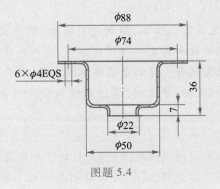

图题 5.4

5.5 旋压的变形原理与特点是什么？

第6章
汽车覆盖件成形工艺和模具设计

学习目标

通过本章的学习,培养学生的家国情怀,树立爱岗敬业、不畏困难的敬业精神和精益求精的工匠精神。了解覆盖件结构的特征和覆盖件冲压成形特点;熟悉覆盖件冲压成形工艺设计,能正确设计冲压方向、工艺补充、拉深筋等。了解覆盖件拉深工序、修边工序、翻边工序设计要点及工序间工艺的要求,熟悉覆盖件拉深模、修边模、翻边模结构和成形方向转换机构。掌握覆盖件模具常用的材料。

汽车覆盖件主要指覆盖汽车发动机和底盘、构成驾驶室和车身的一些零件,如轿车的车轮挡泥板、顶盖、车门、发动机盖、后备舱盖等,轿车覆盖件如图 6.0.1 所示。由于覆盖件的结构尺寸较大,所以也称为大型覆盖件。除汽车外,拖拉机、摩托车、部分燃气灶面等也有覆盖件。和一般冲压件相比,覆盖件具有材料薄、形状复杂、多为空间曲面且曲面间有较高的连接要求、结构尺寸较大、表面质量要求高、刚性好等特点。所以覆盖件在冲压工艺制定、冲模设计和模具制造上难度都较大,并具有其独自的特点。

汽车覆盖件冲压成形工艺相对一般零件的冲压工艺更复杂,所需要考虑的问题也更多,一般需要多道冲压工序才能完成。常用的主要冲压工序有:落料、拉深、校形、修边、切断、翻边和冲孔等。其中最关键的工序是拉深工序。在拉深工序中,毛坯变形复杂,其成形性质已不是简单的拉深成形,而是拉深与胀形同时存在的复合成形。然而,拉深成形受到多方面因素的影响,仅按覆盖件零件本身的形状尺寸设计工艺不能实现拉深成形,必须在此基础上进行工艺补充形成合理的压料面形状、选择合理的拉深方向、合理的毛坯形状和尺寸、冲压工艺参数等。因为工艺补充量、压料面形状的确定、冲压方向的选择直接关系到拉深件的质量,甚至关系到冲压拉深成形的成败,因此可以认为是汽车覆盖件冲压成形的核心技术,标志着冲压成形工艺设计的水平。如果拉深件设计不好或冲压工艺设计不合理,拉深过程中将出现冲压件的破裂、起皱、折叠、畸变和回弹等质量问题。

在制定冲压工艺流程时,要根据具体冲压零件的各项质量要求来考虑工序的安排,以最合理的工序分工保证零件质量。同时必须考虑到复合工序在模具设计时实现的可能性与难易程度。

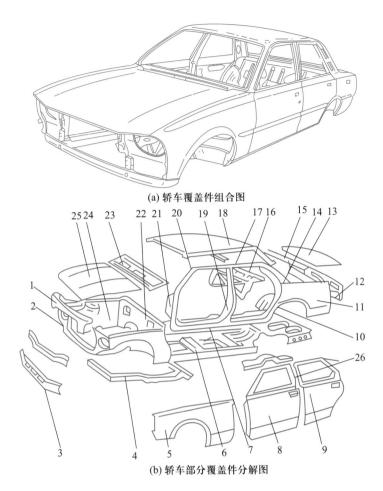

(a) 轿车覆盖件组合图

(b) 轿车部分覆盖件分解图

图 6.0.1　轿车覆盖件

1—发动机罩前支撑板;2—固定框架;3—前群板;4—前框架;5—前翼子板;6—地板总成;

7—门槛;8—前门;9—后门;10—车轮挡泥板;11—后翼子板;12—后围板;13—后备舱盖;14—后立柱;

15—后围上盖板;16—后窗台板;17—上边梁;18—顶盖;19—中立柱;20—前立柱;

21—前围侧板;22—前围板;23—前围上盖板;24—前挡泥板;25—发动机盖;26—门窗框

6.1　覆盖件的结构特征与成形特点

6.1.1　覆盖件的结构特征

从总体上来说,汽车覆盖件的总体结构特点,决定了其冲压成形过程中的变形特点。但实际上,由于其结构复杂,难以从整体上进行变形特点分析。因此,为能够比较科学地分析判断汽车覆盖件的变形特点,生产出高质量的冲压件,必须以现有的冲压成形理论为基础,对这类零件的结构组成进行分析,把一个汽车覆盖件的形状看成是由若干个"基本形状"(或其一部分)组成的。这些"基本形状"有:直壁轴对称形状(包括变异的直壁椭圆形状)、曲面轴对称形状、圆锥体形状及盒形形状等。而每种基本形状都可分解成由法兰形状、轮廓形状、侧壁形状、底部形状组成,如图 6.1.1 所示。这些基本形状的零件冲压变形特点、主要冲压工艺参数的确定已经基本可以定量化计算,各种因素对冲压成形的影响已基本明确。通过对基本形状的零件冲压变形特点的分析,并考虑各基本形状之间的相互影响,就能够分析出覆盖件的主要变形特点,判断出各部位的变形难点。

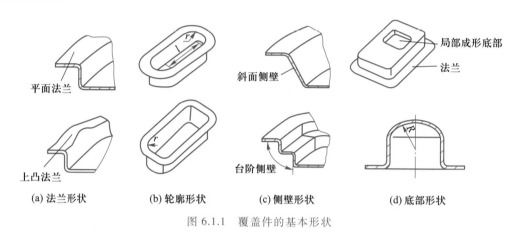

图 6.1.1　覆盖件的基本形状

6.1.2　覆盖件的成形特点和质量要求

1. 覆盖件成形特点

覆盖件成形的主要工序是拉深工序,拉深过程如图 6.1.2 所示,包括:① 坯料放入,坯料因其自重作用有一定程度的向下弯曲(图 6.1.2a);② 通过压边装置压边,同时压制拉深筋(图 6.1.2b);③ 凸模下降,板料与凸模接触,随着接触区域的扩大,板料逐步与凸模贴合(图 6.1.2c);④ 凸模继续下移,材料不断被拉入模具型腔,并使侧壁成形(图 6.1.2d);⑤ 凸、凹模合模,材料被压成模具型腔形状(图 6.1.2e);⑥ 继续加压使工件定型,凸模到达下止点(图 6.1.2f);⑦ 卸载(图 6.1.2g)。由于覆盖件有形状复杂、表面质量要求高等特点,与普通冲压加工相比有如下成形特点:

(1)汽车覆盖件冲压成形时,内部的毛坯不是同时贴模,而是随着冲压过程的进行而逐步贴模。这种逐步贴模的过程,使毛坯保持塑性变形所需的成形力不断变化;毛坯各部位板面内的主应力方向与大小、板平面内两主应力之比等受力情况不断变化;毛坯(特别是内部毛坯)产生变形的主应变方向与大小、板平面内两主应变之比等变形情况也随之不断地变化;即毛坯在整个冲压过程中的变形路径不是一成不变的,而是变路径的。

(2)成形工序多。覆盖件的冲压工序一般要经过 4~6 道工序,多的有近 10 多道工序。要获得一个合格的覆盖件,通常要经过下料、拉深、修边(或有冲孔)、翻边(或有冲孔)、冲孔等工序才能完成。拉深、修边和翻边是最基本的三道工序。

(3)覆盖件拉深往往不是单纯的拉深,而是拉深、胀形、弯曲等的复合成形。不论形状如何复杂,常采用一次拉深成形。

(4)由于覆盖件多为非轴对称、非回转体的复杂曲面形状零件,拉深时变形不均匀,拉深时起皱和拉裂可能都会发生。为此,常采用增加工艺补充面和拉深筋等控制变形的措施。

(5)对大型覆盖件拉深,需要较大和较稳定的压边力。所以,广泛采用双动压力机。

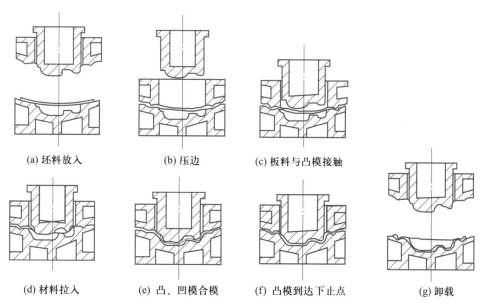

(a) 坯料放入　　　　(b) 压边　　　　(c) 板料与凸模接触

(d) 材料拉入　　　　(e) 凸、凹模合模　　　　(f) 凸模到达下止点　　　　(g) 卸载

图 6.1.2　覆盖件拉深过程

（6）材料多采用如 08 号钢等冲压性能好的钢板,且要求钢板表面质量好、尺寸精度高。随着汽车质量越来越小,高强度钢板和铝合金材料也在车身中广泛应用。

（7）制定覆盖件的拉深工艺和设计模具时,要以覆盖件图样和主模型为依据。覆盖件图样是在主图样板的基础上绘制的,在覆盖件图样上只能标注一些主要尺寸,以满足与相邻的覆盖件的装配尺寸要求和外形的协调一致,尺寸一般以覆盖件的内表面为基准来标注。主模型是根据定型后的主图板、主样板及覆盖件图样为依据制作的尺寸比例为 1∶1 的汽车外形的模型。它是模具、焊装夹具和检验夹具制造的标准,常用木材和玻璃钢制作。主模型是覆盖件图样必要的补充,只有主模型才能真正表示覆盖件的信息。由于 CAD/CAM 技术的推广应用,主模型正在被计算机虚拟实体模型所代替。传统的由油泥模型到主模型的汽车设计过程,正在被概念设计、参数化设计等现代设计方法所取代,因而从根本上改变了设计制造过程,大大提高了设计与制造周期,提高了制造精度。

2. 覆盖件的质量要求

汽车覆盖件由于其使用特点的要求,除了要求外观上的宜人性,还要求有合理的强度与刚度,在焊装组装时有良好的配合精度,因此一般而言有如下要求:

（1）表面质量。表面不允许出现畸变的波纹、褶皱、擦伤、压痕等缺陷。

（2）尺寸精度。用于保证汽车零件装配的良好工艺,便于实现焊装的自动化以及车身形状的一致性。

（3）刚性。经过拉延工序后的制件在塑性变形后,零件的强度和刚度得到了一定提高,从而使汽车不会过早产生损坏或使用过程中产生较大的噪声。

（4）形状精度。汽车覆盖件特别是外覆盖件,其形状精度要求相当严格,除了本身反映设计的要求,更关键的是能够在喷涂后体现车辆的美观和质感。

（5）工艺性。要求有可靠的拉深性能,方便冲压工艺的设计与模具设计,从而以最经济、最稳定的工艺方法获得高质量产品。

6.1.3　覆盖件的成形分类

由于汽车覆盖件的形状多样性和成形复杂性,对汽车覆盖件冲压成形进行科学分类就显得十分重要。汽车覆盖件的冲压成形以变形材料不发生破裂为前提,一个覆盖件成形时,各部位材料的变形方式和大小不尽相同,但通过试验方法定量地找出局部变形最大的部位,并确定出此部位材料的变形特点,归属哪种变形方式,对应于哪些主要成形参数,其参数值范围多大,这样在冲压成形工艺设计和选材时,只要注意满足变形最大部位的成形参数要求,就可以有效地防止废品产生。

汽车覆盖件的冲压成形分类以零件上易破裂或起皱部位材料的主要变形方式为依据,并根据成形零件的外形特征、变形量大小、变形特点以及对材料性能的不同要求,可将汽车覆盖件冲压成形分为 5 类:深拉深成形类、胀形拉深成形类、浅拉深成形类、弯曲成形类和翻边成形类。

6.1.4　覆盖件的主要成形障碍及其防止措施

由于覆盖件形状复杂,多为非轴对称、非回转体的复杂曲面形状零件,因而决定了覆盖件拉深时的变形不均匀,所以拉深时的起皱和开裂是主要成形障碍。

另外覆盖件成形时,同一零件上往往兼有多种变形性质,例如直边部分属弯曲变形,周边的圆角部分为拉深,内凹弯边属翻边,内部窗框以及凸、凹形状的窝和埂则为拉胀成形。不同部位上产生起皱的原因及防止方法也各不相同。同时,由于各部分变形的相互牵制,覆盖件成形时材料被拉裂的倾向更为严重。

1. 覆盖件成形时的起皱及防皱措施

如图 6.1.2 所示覆盖件的拉深过程中,当板料与凸模刚开始接触,板面内就会产生切向压应力,随着拉深的进行,当压应力超过允许值时,板料就会失稳起皱。

薄板失稳起皱其实质是由板面内的压应力引起的。但是,产生失稳起皱的原因的直观表现形式是多种多样的,常见的拉深变形起皱有:圆角凸缘上的拉深起皱、直边凸缘上的诱导皱纹、斜壁上的内皱等。解决起皱的办法是增加工艺补充材料或设置拉深筋。

除材料的性能因素外,各种拉深条件对失稳起皱有如下影响:① 拉深时板料的曲率半径越小越容易引起压应力,越容易起皱;② 凸模与板料的初始接触位置越靠近板料的中央部位,引起的压应力越小,产生起皱的危险性就越小;③ 从凸模与板料开始接触到板料全面贴合凸模,贴模量越大,越容易发生起皱,且起皱越不容易消除;④ 拉深的深度越深,越容易起皱;⑤ 板料与凸模的接触面越大,压应力越靠近模具刃口或凸模与板料的接触区域,由于接触对材料流动的约束,随着拉深成形的进行而使接触面增大,对起皱的产生和发展的抑制作用将增加。

生产实际中,可结合覆盖件的几何形状、精度要求和成形特点等情况,根据失稳起皱的力学机理以及拉深条件对失稳起皱的影响等因素,从覆盖件的结构、成形工艺以及模具设计等多方面采取相应的防皱措施。对于形状比较简单、变形比较容易的零件,或零件的相对厚度较大的零件,采用平面压边装置即可防止起皱。对形状复杂、变形比较困难的零件,则要通过设置合理的工艺补充面和拉深筋等方法才能防止起皱。

2. 覆盖件成形时的开裂及防裂措施

覆盖件成形时的开裂是由于局部拉应力过大造成的,由于局部拉应力过大导致局部大的胀形变形而开裂。开裂主要发生在圆角部位、压窝和窗框四角凸模圆角处厚度变薄较大的部位。

同时,凸模与坯料的接触面积过小、拉深阻力过大等都有可能导致材料局部胀形变形过大而开裂。也有由于拉深阻力过大、凹模圆角过小或凸模与凹模间隙过小等原因造成的整圈破裂。

为了防止开裂,应从覆盖件的结构、成形工艺以及模具设计等多方面采取相应的措施。覆盖件的结构上,可采取的措施有:各圆角半径最好大一些、曲面形状在拉深方向的实际深度应浅一些、各处深度均匀一些、形状尽量简单且变化尽量平缓一些等。拉深工艺方面,可采取的主要措施有:拉深方向尽量使凸模与坯料的接触面积大、合理的压料面形状和压边力使压料面各部位阻力均匀适度、降低拉深深度、开工艺孔和工艺切口(如图 6.1.3 所示)

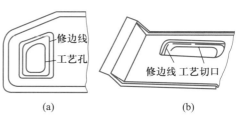

图 6.1.3 工艺孔和工艺切口

等。模具设计上,可采取设计合理的拉深筋、采用较大的模具圆角、使凸模与凹模间隙合理等措施。

防皱和防裂措施所涉及的一些内容,将在后面的工艺和模具设计内容中介绍。

6.2 覆盖件冲压成形工艺设计

6.2.1 确定冲压方向

覆盖件的冲压工艺包括拉深、修边、翻边等多道工序,确定冲压方向应从拉深工序开始,然后制定以后各工序的冲压方向。应尽量将各工序的冲压方向设计成一致的,这样可使覆盖件在流水线生产过程中不需要进行翻转,便于流水线作业,减轻操作人员的劳动强度,提高生产效率,也有利于模具制造。

1. 拉深方向的选择

1)拉深冲压方向对拉深成形的影响

所选的拉深方向是否合理,将直接影响凸模的成形面能否完全进入凹模、是否能最大限度地减少拉深件各部分的深度差、变形是否均匀、能否充分发挥材料的塑性变形能力、是否有利于防止破裂和起皱。同时还影响到工艺补充部分的多少,以及后续工序的方案。

2)拉深方向选择的原则

(1)保证能将拉深件的所有空间形状(包括棱线、肋条、和鼓包等)一次拉深出来,不应有凸模接触不到的死角或死区,要保证凸模与凹模的工作面的所有部位都能够接触。如图 6.2.1a 所示,若选择冲压方向 A,则凸模不能全部进入凹模,造成零件右下部的 a 区成为"死区",不能成形出符合要求的形状。选择冲压方向 B 后,则可以使凸模全部进入凹模,成形出零件的全部形状。如图 6.2.1b 所示是按拉深件底部的反成形部分最有利于成形面确定的拉深方向,若改变拉深方向则不能保证 90° 角。

(2)有利于降低拉深件的深度。拉深深度太深,会增加拉深成形的难度,容易产生破裂、起皱等质量问题;拉深深度太浅,则会使材料在成形过程中得不到较大的塑性变形,覆盖件刚度得不到加强。因此,所选择的拉深方向应使拉深件的深度适中,既能充分发挥材料的塑性变形能力,又能使成形过程顺利完成。

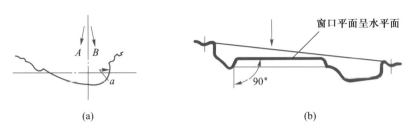

图 6.2.1　拉深方向的选择

（3）尽量使拉深深度差最小，以减小材料流动和变形分布的不均匀性。如图 6.2.2a 所示深度差大，材料流动性差；而按图 6.2.2a 所示的点画线改变拉深方向后成为图 6.2.2b，使两侧的深度相差较小，材料流动和变形差减小，有利于成形。如图 6.2.2c 所示是对一些左、右件可利用对称拉深达到一次两件成形，便于确定合理的拉深方向，使进料阻力均匀。

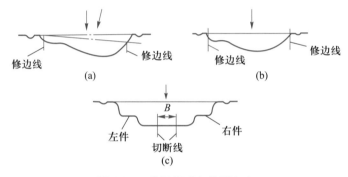

图 6.2.2　拉深深度与拉深方向

（4）保证凸模开始拉深时与拉深毛坯有良好的接触状态。开始拉深时凸模与拉深毛坯的接触面积要大，接触面应尽量靠近冲模中心。如图 6.2.3 所示为凸模开始拉深时与拉深毛坯的接触状态示意图。如图 6.2.3a 所示上图由于接触面积小，接触面与水平面夹角 α 大，接触部位容易产生应力集中而开裂。所以凸模顶部最好是平的，并成水平面。可以通过改变拉深方向或压料面形状等方法增大接触面积。如图 6.2.3b 所示上图由于开始接触部位偏离冲模中心，在拉深过程中

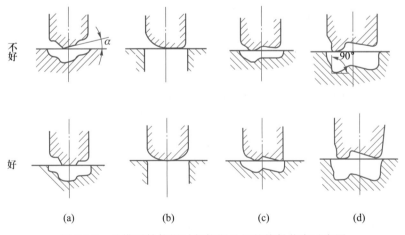

图 6.2.3　凸模开始拉深时与拉深毛坯的接触状态示意图

毛坯两侧的材料不能均匀拉入凹模,而且毛坯可能经凸模顶部窜动使凸模顶部磨损加快并影响覆盖件表面质量。如图 6.2.3c 所示上图由于开始接触的点既集中又少,在拉深过程中毛坯可能经凸模顶部窜动而影响覆盖件表面质量。同样可以通过改变拉深方向或压料面形状等方法增大接触面积。如图 6.2.3d 所示,由于形状上有 90°的侧壁要求决定了拉深方向不能改变,只能使压料面形状变为倾斜面,使两个地方同时接触。

还应指出,拉深凹模里的凸包形状必须低于压料面形状,否则在压边圈还未压住压料面时凸模会先与凹模里的凸包接触,毛坯因处于自由状态而引起弯曲变形,使拉深件的内部形成大皱纹甚至材料重叠。

2. 修边方向的确定及修边形式

1）修边方向的确定

所谓修边就是将拉深件修边线以外的部分切掉。理想的修边方向,是修边刃口的运动方向和修边表面垂直。

若修边是在拉深件的曲面上,则理想的修边方向有无数个,这是在同一工序中不可能实现的。因此,必须允许修边方向与修边表面有一个夹角。该夹角的大小一般不应小于 10°,如果太小,材料不是被切断而是被撕开,严重的会影响修边质量。

覆盖件拉深成形后,由于修边和冲孔位置不同,其修边和冲孔工序的冲压方向有可能不同。由于覆盖件在修边模中的摆放位置只能是一个,如果采用修边冲孔复合工序,冲压方向在同一工序中可能有两个或两个以上。这时,在模具结构上就要采取特殊机构来实现。

2）修边形式

修边形式可分为垂直修边、水平修边和倾斜修边三种,如图 6.2.4 所示。

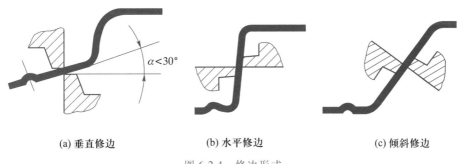

(a) 垂直修边   (b) 水平修边   (c) 倾斜修边

图 6.2.4 修边形式

当修边线上任意点的切线与水平面的夹角 α 小于 30°时,采用垂直修边。由于垂直修边模结构最为简单,废料处理也比较方便,所以在进行工艺设计时应优先选用。

拉深件的修边位置在侧壁上时,由于侧壁与水平面的夹角较大,为了接近理想的冲裁条件,故采用水平修边。凸模(或凹模)的水平运动可通过斜滑块机构或加装水平方向运动的液压装置来实现。所以模具的结构比较复杂。

由于修边形状的限制,修边方向需要倾斜一定的角度,这时只好采用倾斜修边。倾斜修边模的结构也是采用斜滑块机构或加装水平方向运动的液压来实现。

3. 翻边方向的确定及翻边形式

1）翻边方向的确定

翻边工序对于一般的覆盖件来说是冲压工序的最后成形工序,翻边质量的好坏和翻边位置

的准确度,直接影响整个汽车车身的装配和焊接的质量。合理的翻边方向应满足下列两个条件:
① 翻边凹模的运动方向和翻边凸缘、立边相一致;② 翻边凹模的运动方向和翻边基面垂直。

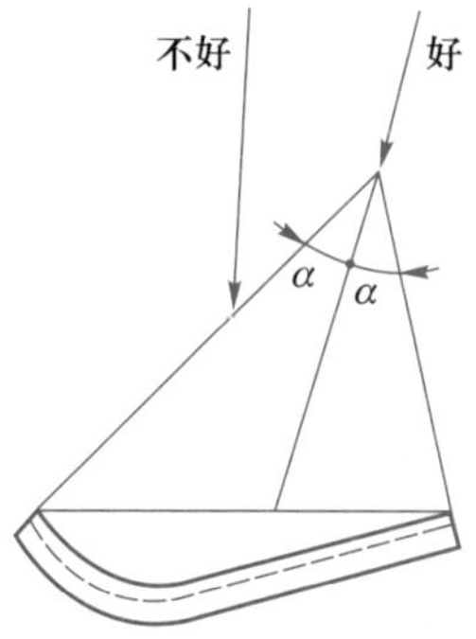

对于曲面翻边,翻边线上包含了若干段不同性质的翻边,要同时满足以上两个条件是不可能的。对于曲面翻边方向的确定,要考虑下面两个问题:① 使翻边线上任意点的切线尽量与翻边方向垂直;② 使翻边线两端连线上的翻边分力尽量平衡。因此,对于曲线翻边的翻边方向,一般取翻边线两端点切线夹角平分线,而不取翻边线两端点连线的垂直方向,如图 6.2.5 所示。

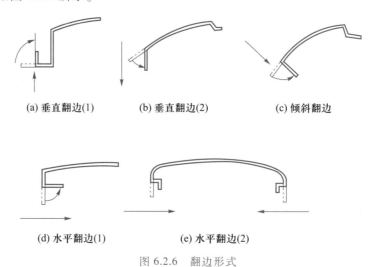

图 6.2.5　曲线翻边示意图

2) 翻边形式

按翻边凹模的运动方向,翻边形式可分为垂直翻边、倾斜翻边和水平翻边三种,如图 6.2.6 所示。

(a) 垂直翻边(1)　　　(b) 垂直翻边(2)　　　(c) 倾斜翻边

(d) 水平翻边(1)　　　(e) 水平翻边(2)

图 6.2.6　翻边形式

6.2.2　拉深工序的工艺处理

拉深件的工艺处理包括设计工艺补充、压料面形状、翻边的展开、冲工艺孔和工艺切口等内容,是针对拉深工艺的要求对覆盖件进行的工艺处理措施。

1. 工艺补充部分的设计

为了实现覆盖件的拉深,需要将覆盖件的孔、窗口填平,开口部分连接,设计有利于成形的压料面等。这种根据拉深工序的要求增添余料的工艺处理称为工艺补充。工艺补充是拉深件不可缺少的部分,工艺补充部分在拉深完成后要将其修切掉,过多的工艺补充将增加材料的消耗。因此,应在满足拉深条件的情况下,尽量减少工艺补充部分,以提高材料的利用率,如图 6.2.7所示为工艺补充示意图。

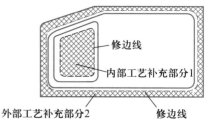

图 6.2.7　工艺补充示意图

工艺补充设计的原则:

(1) 内孔封闭补充原则(为防止开裂采用、冲孔或工艺切口除外）；

（2）简化拉深件结构形状原则，如图 6.2.8 所示；

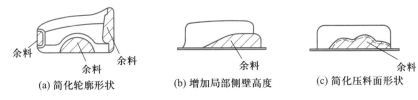

| (a) 简化轮廓形状 | (b) 增加局部侧壁高度 | (c) 简化压料面形状 |

图 6.2.8　简化拉深件结构形状原则

（3）对后工序有利原则（如对修边、翻边定位可靠，模具结构简单）。

根据修边位置的不同，常用的几种工艺补充部分如图 6.2.9 所示。

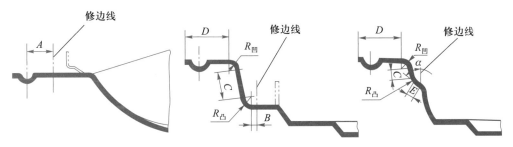

(a) 修边线在压料面上，垂直修边　(b) 修边线在拉深件底面上，垂直修边　(c) 修边线在拉深件翻边
展开斜面上，垂直修边

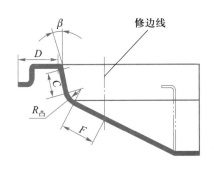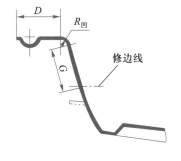

(d) 修边线在拉深件斜面上，垂直修边　　(e) 修边线在拉深件侧壁上，水平修边或倾斜修边

图 6.2.9　常用的几种工艺补充部分

修边线在压料面上，垂直修边时，如图 6.2.9a 所示。为了在修磨拉深筋时不影响到修边线，修边线距拉深筋的距离 A 应在一定范围。一般取 $A = 15 \sim 25$ mm，拉深筋宽时取大值，窄时取小值。

修边线在拉深件底面上，垂直修边时，如图 6.2.9b 所示。修边线距凸模圆角半径 $R_{凸}$ 的距离 B 应保证不因凸模圆角半径的磨损影响到修边线，一般取 $B = 3 \sim 5$ mm。$R_{凸} = 3 \sim 10$ mm，拉深深度浅时取小值，深时取大值。如凹模圆角半径 $R_{凹}$ 是工艺补充的组成部分，一般取 $R_{凹} = 6 \sim 10$ mm。$R_{凹}$ 以外的压料面部分 D 可按一根拉深筋或一根半拉深筋确定。

修边线在拉深件翻边展开斜面上，垂直修边时，如图 6.2.9c 所示。修边线距凸模圆角半径 $R_{凸}$ 的距离 E 和图 6.2.9b 中的 B 值相似。修边方向与修边表面的夹角 α 不应小于 $50° \sim 60°$，因 α

角过小时,在采用垂直修边时,会使切面过尖,且刃口变钝后修边处容易产生毛刺。

修边线在拉深件斜面上,垂直修边时,如图 6.2.9d 所示,因修边线距凸模圆角半径 $R_凸$ 的距离 F 是变化的,一般只控制几个最小尺寸。为了从拉深模中取出拉深件和放入修边模定位方便,拉深件的侧壁 C 的侧壁斜度 β 一般取 $= 3° \sim 10°$。考虑拉深件定位稳定、可靠和根据压料面形状的需要,一般取 $C = 10 \sim 20$ mm。

水平修边或倾斜修边主要应用于修边线在拉件的侧壁上时,如图 6.2.9e 所示。当侧壁与水平面的夹角接近或等于直角时,采用水平修边。而侧壁与水平面的夹角较大时,特别是侧壁与水平面的夹角在 45°左右时,则采用倾斜修边。此时,因修边线距凹模圆角半径 $R_凹$ 的距离 G 是变化的,一般只控制几个最小尺寸。由于修边模要采用改变压力机滑块运动方向的机构,为了考虑修边模的凹模强度,修边线距凹模圆角半径 $R_凹$ 的距离 G 应尽量大,一般取 $G > 25$ mm。

2. 压料面的设计

压料面是工艺补充中的一个重要部分,即凹模圆角半径以外的部分。压料面的形状不但要保证压料面上的材料不皱,而且应尽量造成凸模下的材料能下凹以降低拉深深度,更重要的是要保证拉入凹模里的材料不皱不裂。因此,压料面形状应由平面、圆柱面、双曲面等可展面组成,如图 6.2.10 和图 6.2.11 所示。

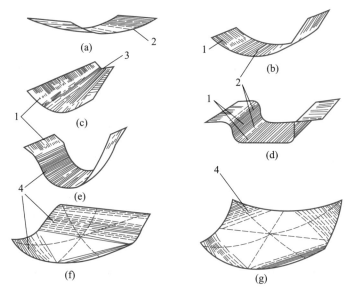

图 6.2.10　压料面形状

1—平面;2—圆柱面;3—圆锥面;4—直曲面

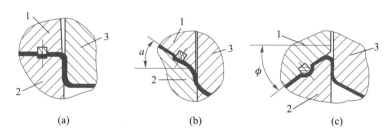

图 6.2.11　压料面与冲压方向的关系

1—压边圈;2—凹模;3—凸模

压料面有两种:一种是压料面就是覆盖件本身的一部分;另一种是由工艺补充部分补充而成。压料面就是覆盖件本身的一部分时,由于形状是既定的,为了便于拉深,虽然其形状能做局部修改,但必须在以后的工序中进行整形以达到覆盖件凸缘面的要求。若压料面是由工艺补充部分补充而成,则要在拉深后切除。

确定压料面形状必须考虑以下几点。

1)降低拉深深度

降低拉深深度,有利于防皱防裂。如果压料面就是覆盖件本身的一部分时,不存在降低拉深深度的问题。如果压料面是由工艺补充部分补充而成,必要时就要考虑降低拉深深度的问题。如图 6.2.12 所示是降低拉深深度的示意图,如图6.2.12a所示是未考虑降低拉深深度的压料面形状,如图 6.2.12b 所示是考虑降低拉深深度的压料面形状,图中斜面与水平面的夹角 α 称为压料面的倾角。对于斜面和曲面压料面,压料面倾角 α 一般不应大于45°;对于双曲面压料面,压料面倾角 α 应小于30°。$\alpha=0°$时是平的压料面,压料效果最好,但很少有全部压料面全是平的覆盖件,且此时拉深深度最大,容易拉皱和拉裂。压料面倾角太大,也容易拉皱,还会给压边圈强度带来一定的影响。

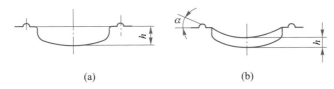

(a)   (b)

图 6.2.12   降低拉深深度的示意图

2)凸模对毛坯一定要有拉伸作用

这是确定压料面形状必须充分考虑的一个重要因素。只有使毛坯各部分在拉深过程中处于拉伸状态,并能均匀地紧贴凸模,才能避免起皱。有时为了降低拉深深度而确定的压料面形状,有可能牺牲了凸模对毛坯的拉伸作用,这样的压料面形状是不能采用的。只有当压料面的展开长度小于凸模表面的展开长度时,凸模才对毛坯产生拉伸作用。如图 6.2.13a 所示,只有压料面的展开长度 $A'B'C'D'E'$ 小于凸模表面的展开长度 $ABCDE$ 时才能产生拉伸作用。

有些拉深件虽然压料面的展开长度比凸模表面的展开长度短,可是并不一定能保证最后不起皱。这是因为从凸模开始接触毛坯到下止点的拉深过程中,在各个瞬间位置的压料面展开长度比凸模表面的展开长度有长、有短,短则凸模使毛坯产生拉伸作用,长则因拉伸作用减小甚至无拉伸作用导致起皱。若拉深过程中形成的皱纹浅而少,再继续拉深时则有可能消除,最后拉深出满意的拉深件来;若拉深过程中形成的皱纹多或深,再继续拉深时也无法消除,最后留在拉深件上。如图 6.2.13b 所示的压料面形状,虽然压料面的展开长度比凸模表面的展开长度短,可是压料面夹角 β 比凸模表面夹角 α 小,因此在拉深过程中有几个瞬间位置因"多料"产生了起皱,如图 6.2.13c 所示。所以在确定压料面形状时,还要注意使 $\alpha<\beta<180°$。

3. 工艺孔和工艺切口

在制件上压出深度较大的局部突起或鼓包,有时靠从外部流入材料已很困难,继续拉深将产生破裂。这时,可考虑采用冲工艺孔或工艺切口,以从变形区内部得到材料补充,如图 6.1.3 所示。

工艺孔或工艺切口的位置、大小和形状,应保证不因拉应力过大而产生径向裂口,又不能因拉应力过小而形成皱纹、缺陷波及覆盖件表面。工艺孔或工艺切口必须设在拉应力最大的拐角处,因此冲工艺孔或工艺切口的位置、大小、形状和时间应在调整拉深模时现场试验确定。

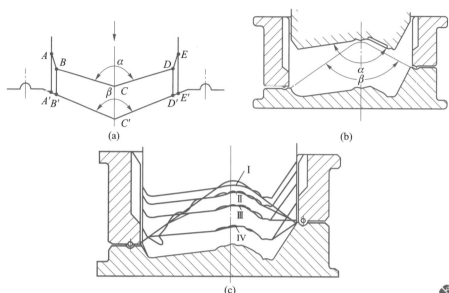

图 6.2.13　凸模对毛坯产生拉伸作用的条件

拓展知识

覆盖件拉深
件图的绘制

4. 覆盖件拉深件图的绘制

扫描二维码进行阅读。

6.2.3　拉深、修边和翻边工序间的关系

覆盖件成形各工序间是相互关联的,在确定覆盖件冲压方向和增加工艺补充部分时,还要考虑修边、翻边时工序件的定位和各工序件的其他相互关系等问题。

拉深件在修边工序中的定位有三种:① 用拉深件的侧壁形状定位,该方法用于空间曲面变化较大的覆盖件,由于一般凸模定位装置高出送料线,操作不如凹模定位方便,所以尽量采用外表面侧壁定位;② 用拉深筋形状定位,该方法用于一般空间曲面变化较小的浅拉深件,优点是方便、可靠和安全,缺点是由于考虑定位块结构尺寸、修边凹模镶块强度、凸模对拉深毛坯的拉深条件、定位稳定和可靠等因素增加了工艺补充部分的材料消耗;③ 用拉深时冲压的工艺孔定位,该方法用于不能用前述两种方法定位时的定位,优点是定位准确、可靠,缺点是操作时工艺孔不易套入定位销,而且增加了拉深模的设计制造难度,应尽量少用。工艺孔定位必须是两个工艺孔,且孔距越远定位越可靠。工艺孔一般布置在工艺补充面上,并在后续工序中切掉。

修边件在翻边工序中的定位,一般用工序件的外形、侧壁或覆盖件本身的孔定位。

此外,还要考虑工件的进出料的方向和方式、修边废料的排除、各工序件在冲模中的位置等问题。

拓展知识

覆盖件模具
设计案例

6.3　**覆盖件成形模具的典型结构和主要零件的设计**

6.3.1　覆盖件拉深模

1. 拉深模的典型结构

覆盖件拉深设备有单动压力机和双动压力机,形状复杂的覆盖件必须采用双动压力机拉深。

根据设备不同,覆盖件拉深模也可分为单动压力机上覆盖件拉深模和双动压力机上覆盖件拉深模,如图 6.3.1 和图 6.3.2 所示。

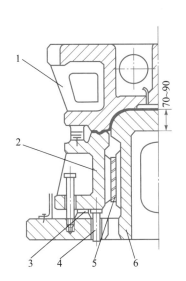

图 6.3.1 单动压力机上覆盖件拉深模
1—凹模;2—压边圈;3—调整垫;
4—气顶杆;5—导板;6—凸模

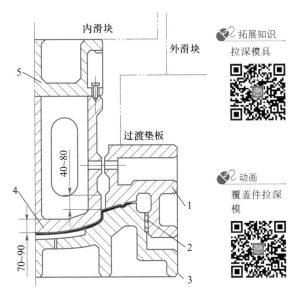

图 6.3.2 双动压力机上覆盖件拉深模
1—压边圈;2—导板;
3—凹模;4—凸模;5—固定座

拓展知识
拉深模具

动画
覆盖件拉深模

单动压力机上覆盖件拉深模的凸模 6 安装在下工作台面上,凹模 1 固定在压力机的滑块上,为倒装结构。压边圈 2 由气顶杆 4 和调整垫 3 支承,气垫压紧力只能整体调整,压紧力在拉深过程中基本不变,压紧力较小。

双动压力机上覆盖件拉深模的凸模 4 固定在与内滑块相连接的固定座 5 上,凹模 3 安装在工作台面上,为正装结构。压边圈 1 安装在外滑块上,可通过调节螺母调节外滑块四角的高度使外滑块成倾斜状来调节拉深模压料面上各部位的压紧力。

覆盖件拉深模的凸模和压料圈之间、凹模和压边圈之间设有导向零件,如图 6.3.1 所示的导板 5 和图 6.3.2 的导板 2。导向零件采用导板或导块结构形式,由于一般拉深模对精度要求不太高,可不用导柱,若在拉深的同时还要进行冲孔等工作,则最好导块与导柱并用。

2. 拉深模主要零件的设计

1)拉深模结构尺寸

拉深模壁厚尺寸见表 6.3.1。由于覆盖件拉深模形状复杂,结构尺寸一般都较大,所以凸模、凹模、压边圈和固定座等主要零件都采用带加强肋的空心铸件结构,材料一般为合金铸铁、球墨铸铁和高强度的灰铸铁(HT250、HT300)。

2)凸模设计

除工艺补充、翻边面的展开等特殊工艺要求部分外,凸模的外轮廓就是拉深件的内轮廓,其轮廓尺寸和深度即为产品图尺寸。凸模工作表面和轮廓部位处的模壁厚比其他部位的壁厚要大一些,一般为 70~90 mm,如图 6.3.1 和图 6.3.2 所示。为了保证凸模的外轮廓尺寸,在凸模上沿压料面有一段 40~80 mm 的直壁必须加工,如图 6.3.3 所示。为了减少轮廓面的加工量,直壁向上用 45°斜面过渡,缩小距离为 15~40 mm。

表 6.3.1 拉深模壁厚尺寸   mm

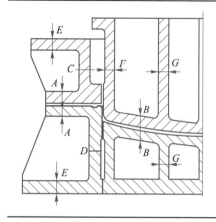

模具大小	A	B	C	D	E	F	G
中、小型	40~50	35~45	30~40	35~45	35~45	30~35	30
大型	75~120	60~80	50~65	45~65	50~65	40~50	30~40

拓展知识

覆盖件拉深模(图片)

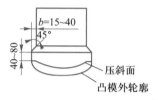

图 6.3.3 凸模外轮廓尺寸

3)凹模设计

拉深毛坯的过程是通过凹模圆角逐步进入凹模型腔,直至拉深成凸模的形状。拉深件上的装饰棱线、装饰筋条、装饰凹坑、加强筋、装配用凸包、装配用凹坑以及反拉深等一般都是在拉深模上一次成形完成的。因此,凹模结构除了凹模压料面和凹模圆角外,在凹模里为了成形上述结构设置的凸模镶块或凹模镶块也属于凹模结构的一部分,可分为闭口式凹模结构和通口式凹模结构。

闭口式凹模结构的凹模底部是封闭的,在拉深模中,绝大多数是闭口式凹模结构,如图 6.3.4 所示为微型汽车后围拉深模,在凹模的型腔上直接加工出成形的凸、凹槽部分。

如图 6.3.5 所示是汽车门里板拉深模。模具的凹模底部是通的,通孔下面加模座,反成形凸模镶块紧固在模座上。这种凹模底部是通的凹模结构称为通口式凹模结构。通口式凹模结构一般用于拉深件形状较复杂、坑包较多、棱线要求清晰的拉深模。凹模中的顶出器的外轮廓形状是制件形状的一部分,且形状比较复杂。

4)拉深筋设计

拉深筋的作用是增大全部或局部材料的变形阻力,以控制材料的流动,提高制件的刚性。同时利用拉深筋控制变形区毛坯的变形的大小和变形的分布,控制破裂、起皱、面畸变等质量问题。在很多情况下,拉深筋设计是否合理,影响冲压成形的成败。

如图 6.3.6 所示,设置在压料面上的筋状结构就是拉深筋。拉深筋设置在压料面上,通过不同数量、不同位置、不同的结构尺寸以及拉深筋与槽之间松紧的改变,以调节压料面上各部位的阻力,控制材料流入,提高制件的刚度,防止拉深时起皱和开裂。

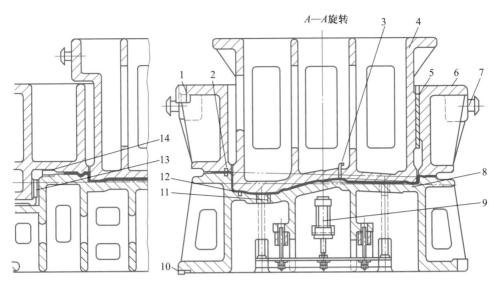

图 6.3.4　微型汽车后围拉深模

1、7—起重棒；2—定位块；3、11—通气孔；4—凸模；5—导板；

6—压边圈；8—凹模；9—顶件装置；10—定位键；12—到位标记；13—耐磨板；14—限位板

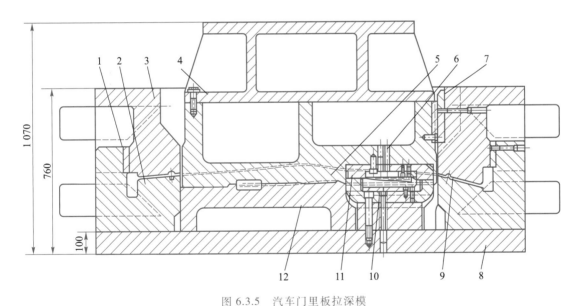

图 6.3.5　汽车门里板拉深模

1、7—耐磨板；2—凹模；3—压边圈；4—固定板；5—凸模；6—通气孔；8—下底板；9—拉深筋；

10—反成形凸模镶块；11—反成形凹模镶块；12—顶出器

　　拉深筋可设置在压料圈压料面上，也可以设置在凹模压料面上，两者对拉深的作用效果是一样的。因在压力机上调整冲模时，一般是不打磨拉深筋的，所以拉深筋一般装在压边圈的压料面上，而拉深筋槽设置在凹模压料面上，以便于研配和打磨。当压料面就是覆盖件本身的凸缘时，若设置有凹槽的压料面容易维修时，则拉深筋可设置在压边圈压料面上，否则拉深筋应设置在凹模压料面上以减少凹模压料面的损耗。

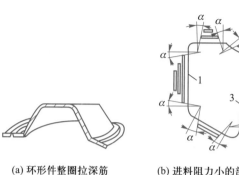

(a) 环形件整圈拉深筋　　(b) 进料阻力小的部位设计的拉深筋　　(c) 进料少的部位设置拉深筋

图 6.3.6　拉深筋示意图

　　拉深筋在压料面上的布置,应根据零件的几何形状和变形特点决定。在拉深变形程度大,因而径向拉应力也较大的圆弧曲线部位上,可以不设或少设拉深筋;在拉深变形程度小,因而径向拉应力也较小的直线部位或曲率较小的曲线部位上,则要设或多设拉深筋。假如在拉深件的周边各位置上径向拉应力的差别很大,则在径向拉应力小的部位上应设置两排或三排拉深筋。拉深不对称零件,在拉深过程中变形小因而需要拉应力也较小的部分毛坯,比变形大因而需要较大拉应力的部分毛坯更容易变形,易造成不均匀单向进料的拉偏现象,可以在容易拉入凹模的部位上设置拉深筋,以平衡各部位的径向拉应力。

　　拉深筋有圆形、半圆形和方形三种结构,如图 6.3.7 所示。对某些深度较浅、曲率较小的,比较平坦的覆盖件,由于变形所需的径向拉应力的数值不大,工件在出模后回弹变形大,或者根本不

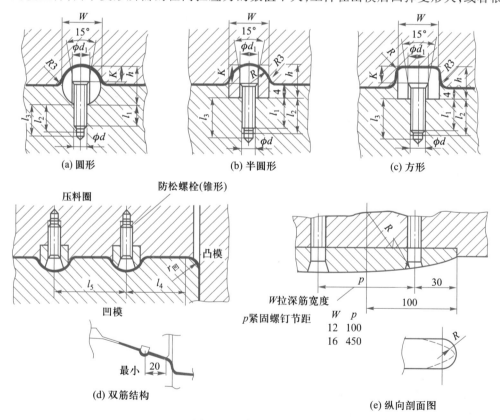

图 6.3.7　拉深筋结构

能紧密地贴模,这时要采用拉深槛才能保证拉深件的质量要求。拉深槛也可以说是拉深筋的一种,能增加比拉深筋更强的进料阻力。拉深槛的剖面呈梯形,类似门槛,设置在凹模入口,有关拉深筋、拉深槛的尺寸结构参数可参考有关设计资料。

5）覆盖件拉深模具的导向

根据工艺方法的不同,模具对导向精度和导向刚度的要求也不同,模具的导向形式也不同。汽车覆盖件冲压模具中,常用的导向元件有导柱导套导向、导块导向、导板导向及背靠块导向等4 种基本形式。使用双动冲床的拉深模具可利用这些基本元件,采用凸模与压边圈导向、凹模与压边圈导向、压边圈与凸模、压边圈都导向的结构形式。

（1）导柱导套导向。导柱导套导向不能承受较大的侧向力,常用于中小型模具的导向。在覆盖件修边、冲孔模具中为了保证冲裁间隙常与导块、导板导向结合使用。

（2）导块导向。导块导向与导板导向的使用方式相同。导块设置在模具对称中心线上时,导块应为三面导向;如设置在模具的转角部位时,导块应为两面导向,尺寸 $a:b=1:(0.2\sim0.3)$,如图 6.3.8 所示。

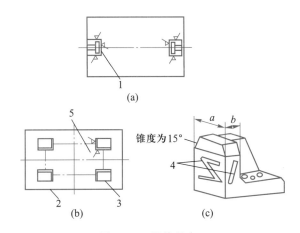

图 6.3.8　导块导向 1

1—三面导向块;2—下模座;3—两面导向块;4—油槽;5—压料圈

导块导向常用于单动冲床使用的拉深模具结构。导块进行导向的结构相对简单,比导板导向刚性好,可以承受一定的侧向力。根据侧向力的大小和模具的大小,可以使用 2 个或 4 个导块。导块导向适用于平面尺寸大、深度小的拉深件及中、大批量生产,如图 6.3.9 所示。

（3）导板导向。导板导向常用于覆盖件拉深、弯曲、翻边等成形模具。其结构相对简单、造价低,安装时没有特殊要求,常安装在凸模、凹模、压边圈上,应用比较广泛。

凸模和压边圈之间的导向,一般布置 4~8 对导板导向,如图 6.3.10 所示。导板应布置在凸模外轮廓直线部分或曲线最平滑的部位,并且与中心线平行。如图 6.3.11a 所示为凸模导板结构,如图 6.3.11b 所示为压边圈导板结构。

凹模和压边圈之间的导向如图 6.3.12 所示。这种导向方式称为外导向,它的结构特点是凸台与凹槽的配合。其作用与一般冲模导柱与导套相似,但间隙较大,一般为 0.3 mm。凸台和凹槽上安装导板有利于调整间隙,导向面可考虑一边装导板,另一边精加工,磨损后可在导板后加垫片调整。

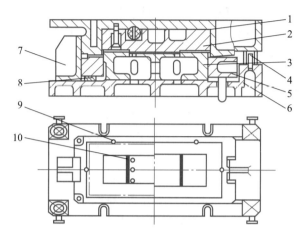

图 6.3.9　导块导向 2

1—凹模；2—卸料板；3—凸模；4、8—限位块；5—压边圈；6—下模座；7—导块；9—定位销；10—气孔

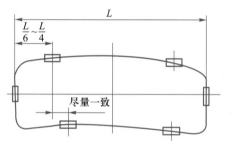

图 6.3.10　导板导向布置图

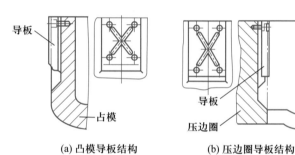

(a) 凸模导板结构　　　　(b) 压边圈导板结构

图 6.3.11　凸模和压边圈之间的导向

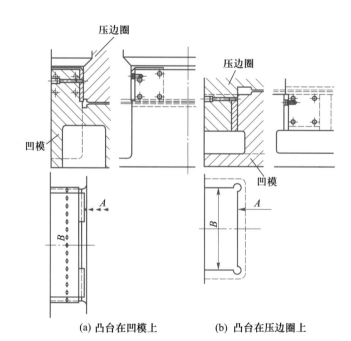

(a) 凸台在凹模上　　　　(b) 凸台在压边圈上

图 6.3.12　凹模和压边圈之间的导向

导板材料为 T8A 或 T10A，其淬火硬度为 52~56 HRC，为使导板能容易地进入导向面，其一端制成 30°，导板可根据标准选用，如图 6.3.13 所示。

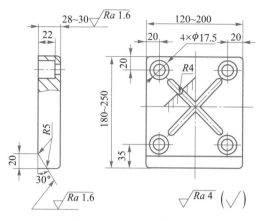

图 6.3.13　导板结构尺寸

6）拉深模具的排气

拉深时凹模中的空气若不排出，拉深时被压缩的气体将产生很大的压力，把坯料压入凹模空隙处产生多余的变形，而形成废品。同时凸模和制件间的空气也应排出，否则制件可能被凸模贴紧带出，导致变形。因此，凸模和凹模都应该设置适当的排气孔。排气孔位置以不破坏拉深件表面为宜。孔径一般为 10~20 mm，凸模表面必须要钻排气孔时其直径不能小于 6 mm，并应均匀分布。上模排气设置时要加出气管或加盖板以防止杂质落入，排气孔的设置如图 6.3.14 所示。

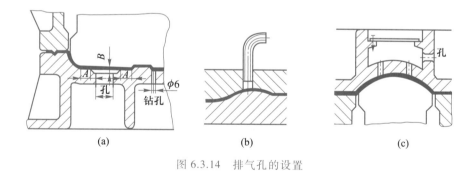

图 6.3.14　排气孔的设置

7）拉深模具的限位与起吊装置

（1）限位装置：拉深模具的限位有合模限位块、存放限位块、压料圈限位螺钉。合模限位块安装在压料圈的 4 个角上，试模时使压料圈周围保持均匀的合模间隙，从而保证均匀的压料力。存放限位块用于模具不工作时，为使弹性元件不失去弹力设置的零件，其厚度要保证弹簧不受压缩而处于自由状态。

（2）起吊装置：起吊装置在模具加工、组装、搬运和修模等情况下使用，是保证模具安全的重要零件，设计时必须特别慎重。

6.3.2　覆盖件修边模

覆盖件修边模就是特殊的冲裁模，与一般冲孔、落料模的主要区别是：所要修边的冲压件形状复杂,模具分离刃口所在的位置可能是任意的空间曲面;冲压件通常存在不同程度的弹性变形;分离过程通常存在较大的侧向压力等。因此,进行模具设计时,在工艺上和模具结构上应考虑冲压方向、制件定位、模具导正、废料的排除、工件的取出、侧向力的平衡等问题。

1. 修边模具的结构

1）修边模具的分类

覆盖件修边模可分为垂直修边模如图 6.3.15 所示、水平修边模和倾斜修边模如图 6.3.16 所示。垂直修边模的修边方向与压力机滑块运动方向一致,由于模具结构简单,是最常用的形式,修边时应尽量为垂直修边创造条件。水平修边模和倾斜修边模有一套将压力机滑块运动方向转变成工作镶块沿修边方向运动的斜楔机构,所以结构较复杂。

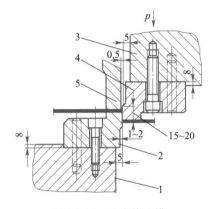

图 6.3.15　垂直修边模
1—下模;2—凸模镶块;3—上模;
4—凹模镶块;5—卸件器

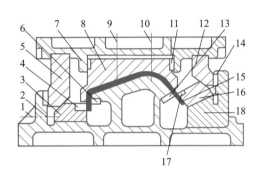

图 6.3.16　水平修边模和倾斜修边模
1、15—复位弹簧;2—下模;3、16—滑块;4、17—修边凹模镶块;
5、12—斜楔;6、13—凸模镶块;7—上模;8—卸件器;9—弹簧;
10—螺钉;11、14—防磨板;18—背靠块

2）典型的修边模具

如图 6.3.17 所示是汽车后门柱外板垂直修边冲孔模。模具的凹模镶块组 6 安装在上模座上,凸模镶块组 12 安装在下模座上。废料刀组 13 顺向布置于修边刃口周圈,用于沿修边线剪断拉深件的废边。卸料板 4 安装于上模腔内,在导板 5 的作用下,沿导向面往复运动。当冲床在上止点时将制件放入凹模,制件依靠周边废料刀及型面定位。机床上滑块下行,卸料板 4 首先将制件压贴在凸模上,弹簧 3 被压缩。当将卸料板压入凹模时,凸、凹模刃口进行修边、冲孔,上模座 1 与安放于下模座 9 上的限位器接触时,机床滑块正好到下止点,此时废料被完全切断并滑落到工作台上。滑块回程,气缸 11 通过顶出器 10 将制件从凸模中托起,取出制件,在滑块到达上止点时顶出器回位,则完成整个制件的修边、冲孔过程。该模具采用的是垂直修边结构,模具设计的重点是凸模和凹模镶块设计和废料刀设计。

2. 修边凸模与凹模镶件

覆盖件多为三维曲面,修边轮廓形状复杂,并且尺寸大,为了便于制造、维修与调整,并满足冲裁工艺要求,修边凸模和凹模刃口结构形式有两种:一是采用堆焊形式,即在主模体或模板上堆焊修出刃口,二是采用凸模、凹模镶件拼合而成。当采用拼合结构时,镶件必须进行分块设计。

按修边制件图绘制凸模和凹模镶件图时,不标注整体尺寸。在凸模镶件图上注明"按修边样

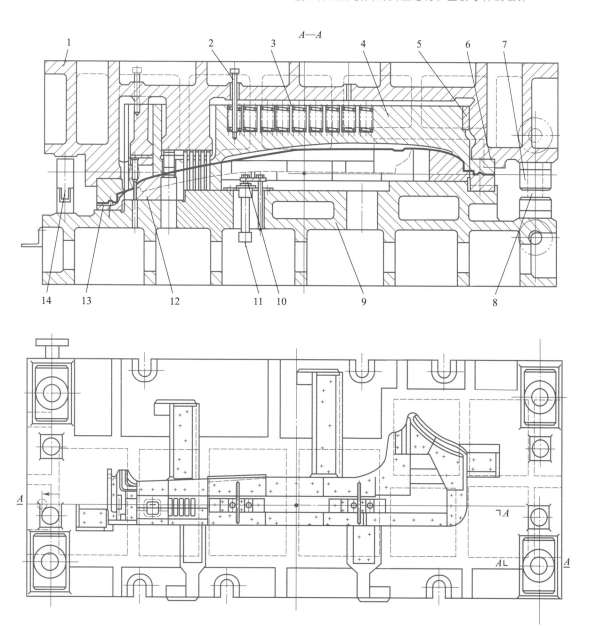

图 6.3.17 汽车后门柱外板垂直修边冲孔模

1—上模座;2—卸料螺钉;3—弹簧;4—卸料板;5—导板;6—凹模镶块组;7—导柱;
8—导套;9—下模座;10—顶出器;11—气缸;12—凸模镶块组;13—废料刀组;14—限位器

板加工";在凹模镶件图上,则注明"按凸模镶件配制,考虑冲裁间隙"。

1) 镶件分块的原则

(1) 小圆弧部分单独作为一块,接合面距切点 5~10 mm。大圆弧、长直线可以分成几块,接合面与刃口垂直,并且不宜过长,一般取 12~15 mm;

(2) 凸模上和凹模上的接合面应错开 5~10 mm,以免产生毛刺;

（3）易磨损，比较薄弱的局部刃口，应单独做成一块，以便于更换；

（4）凸模的局部镶块用于转角、易磨损和易损坏的部位，凹模的局部镶块装在转角和修边线带有突出和凹槽的地方。各镶块在模座组装好后，再进行仿形加工，以保证修边形状和刃口间隙的配合要求。

2）镶件固定与定位

如图6.3.18所示为修边镶件结构及刃口拼合面，镶件间的拼合面不能太大。修边镶件的长度一般取150～300 mm，镶件太长则加工和热处理不方便，太短则螺钉和柱销不好布置。图6.3.18b是修边镶件断面结构尺寸。为保证镶件的稳定性，镶件高度 H 与宽度 B 应有一定的比例，一般取 $B=(1.2\sim1.5)H$。

当作用于刃口镶块上的剪切力和水平推力较大时，将使镶件沿受力方向产生位移，所以镶件的固定必须稳固，以平衡侧向力。如图6.3.19所示是常用镶件固定形式示意图。如图6.3.19a所示适用于覆盖件材料厚度小于1.2 mm或冲裁刃口高度差变化小的镶块；如图6.3.19b所示适用于覆盖件材料厚度大于1.2 mm或冲裁刃口高度差变化大的镶件，该结构能承受较大的侧向力，装配方便，被广泛采用。

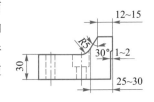
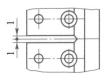

图6.3.18 修边镶件结构及刃口拼合面

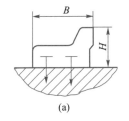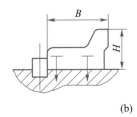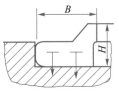

(a) (b)

图6.3.19 常用镶件固定形式示意图

经常使用的镶件材料为T10A、Cr12MoV等工具钢，热处理硬度为58～62 HRC。因镶件是整体加热淬火，变形大，因此镶件需留有淬火后的精加工余量。

3. 废料刀设计

覆盖件的废料外形尺寸大，修边线形状复杂，不可能采用一般卸料圈卸料，需要先将废料切断后卸料才方便和安全。在修边时不能用制件本身形状定位的零件，可用废料刀定位。所以废料刀设计也是修边模设计的重点内容之一。

1）废料刀的结构

废料刀也是修边凸模、凹模镶件的组成部分，镶件式废料刀是利用修边凹模镶件的接合面作为一个废料刀刃口，相应地在修边凸模镶块外面安装废料刀作为另一个废料刀刃口，如图6.3.20和图6.3.21所示。

2）废料刀的布置

（1）为了使废料容易落下，废料刀的刃口开口角通常取10°，且应顺向布置，另外修边线上有凸起部分时，为了防止废料卡住，要在凸起部位配置切刀，如图6.3.22所示。

（2）为了使废料容易落下，废料刀的垂直壁应尽量避免相对布置。当不得不相对布置时，可改变刃口角度，如图6.3.23所示。

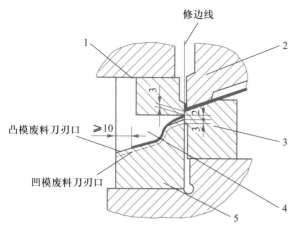

图 6.3.20 弧形废料刀

1—上模凹模;2—卸料板;3—下模凸模;4—凹模废料刀;5—凸模废料刀

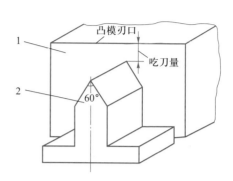

图 6.3.21 丁字形废料刀

1—凸模;2—废料刀

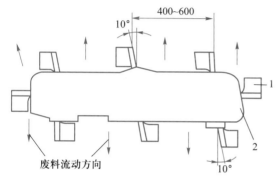

图 6.3.22 废料刀顺向布置

1—废料刀;2—凸模

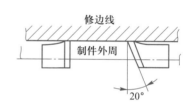

图 6.3.23 废料刀相对布置

4. 斜楔机构的设计

在覆盖件的修边模具设计中,经常会遇到要将压力机滑块的上、下垂直运动,变成刃口镶件的水平或倾斜运动,才能完成修边或冲孔的情况。采用斜楔机构可很好地解决上述问题。

斜楔机构由主动斜楔、从动斜楔和滑道等部件构成,如图 6.3.24 所示。

按斜楔的连接方式可分为以下两类:

(1)斜冲:斜楔机构如图 6.3.24 所示,主动斜楔 1 固定在上模上,从动斜楔 2 安装在主动斜楔 1 上,它们之间可相对滑动但不脱离,并装有复位弹簧。工作时,主、从动斜楔一同随滑块下降,当遇到固定在下模座上的滑道 3 时。从动滑块沿箭头方向向右下方运动,并使凸模完成冲压动作。

(2)水平冲:主动斜楔 1 固定在上模上,从动滑块装在下模上,可在下模的滑道中运动,并装有复位弹簧。工作时主动斜楔向下运动,并推动从动斜楔向右运动,并由凸模完成冲压动作。

斜楔机构目前已经标准化,设计参见有关标准设计手册。但在设计时要注意以下几点:

(1)为平衡掉主、从动斜楔的侧向力,一般要考虑耐磨侧压块,通常设计在下模座上;

(2)为使从动斜楔充分复位,复位弹簧要有预压力,为保证复位的可靠性,可增加强迫复位装置;

(3)同时完成垂直修边和水平修边的组合模具应首先完成斜楔修边。

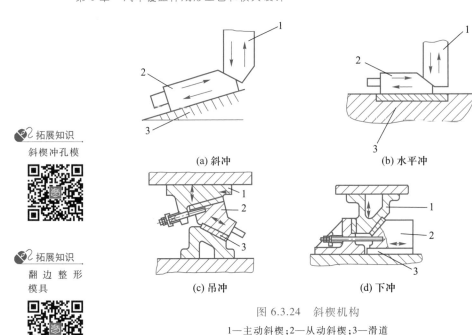

拓展知识
斜楔冲孔模

拓展知识
翻边整形模具

(a) 斜冲　　　　　　　　　(b) 水平冲

(c) 吊冲　　　　　　　　　(d) 下冲

图 6.3.24　斜楔机构

1—主动斜楔；2—从动斜楔；3—滑道

6.3.3　覆盖件翻边模

1. 翻边模具的分类

根据翻边模的结构特点和复杂程度,覆盖件的翻边模可分为以下 6 种类型。

（1）垂直翻边模：翻边凸模或凹模作垂直方向运动,对覆盖件进行翻边。这类翻边模结构简单,翻边后工件包在凸模上,退件时退件板要顶住翻边边缘,以防工件变形。

（2）斜楔翻边模：翻边凹模单面沿水平方向或倾斜方向运动完成向内的翻边工作。由于是单面翻边,工件可以从凸模上取出,所以凸模是整体式结构。

（3）斜楔两面开花翻边模：翻边凹模在两对称面沿水平或倾斜方向运动完成向内的翻边工作。这类翻边模翻边后工件包在凸模上,不易取出,所以翻边凸模必须采取扩张式结构。翻边时凸模扩张成形,翻边后凸模缩回便于取件。这类翻边模结构动作较复杂。

（4）斜楔圆周开花翻边模：这类翻边模结构同两面开花翻边模相似,所不同的是翻边凹模沿圆周封闭式向内翻边,同样不易取件。必须将翻边凸模做成活动的,扩张时成形,转角处的一块凸模是靠相邻的开花凸模块以斜面挤出。结构较上面一种更为复杂。

（5）斜楔两面向外翻边模：凹模两面向外作水平方向或倾斜方向运动完成翻边动作。翻边后工件可以取出。

（6）内外全开花翻边模：覆盖件窗口封闭式向外翻边采取这种形式。翻边后工件包在凸模上不易取出。凸模必须做成活动的,缩小时成形翻边,扩张时取件。而凹模恰恰相反,扩张时成形翻边,缩小时取件,角部模块亦靠相邻模块以斜面挤压带动。这类模具结构非常复杂。

2. 翻边模结构设计示例

覆盖件的翻边一般都是沿着轮廓线向内或向外翻边。由于覆盖件平面尺寸很大,翻边时只能水平方向摆放,其向内向外翻边应采用斜楔结构。覆盖件向内翻边包在翻边凸模上,不易取出,因此必须将翻边凸模做成活动的,此时翻边凸模是扩张结构,翻边凹模是缩小结构。覆盖件向外翻边时,翻边凸模是缩小结构,翻边凹模是扩张结构。

1）双斜楔窗口插入式翻边凸模扩张模具结构

如图 6.3.25 所示,利用覆盖件上的窗口,插入凸模扩张斜楔,其翻边过程是:当压力机滑块行程向下时,固定在上模座的斜楔穿过窗口将翻边凸模扩张到翻边位置停止不动,压力机滑块继续下行时,外斜楔将翻边凹模缩小进行翻边。翻边完成后,压力机滑块行程向上,翻边凹模借弹簧力回复到翻边前的位置,随后翻边凸模也弹回到最小的收缩位置。取件后进行下一个工件的翻边。

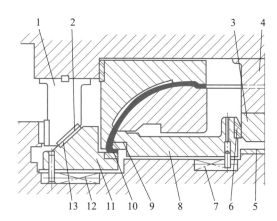

图 6.3.25　双斜楔窗口插入式翻边凸模扩张模具结构

1、4—斜楔座;2、13—滑板;3、6—斜楔块;5—限位板;7、12—复位弹簧;8、11—滑块;9—翻边凸模;10—翻边凹模

2）翻边凸模缩小与翻边凹模扩张的模具结构

如图 6.3.26 所示覆盖件窗口向外翻边的模具结构。翻边凸模 8 固定在滑块 5 上,当压力机滑块行程向下时,压块 2 将活动底板 13 压下,斜楔块 3、4 斜面接触,使翻边凸模收缩到翻边位置不动。压力机滑块继续下行,在斜楔 10 作用下,翻边凹模扩张完成翻边动作。翻边后上模开启,活动底板受顶件缸顶杆 7 作用抬高,翻边凹模首先收缩返回原来位置,继之翻边凸模扩张脱离工件,行至能够取件的原始位置,即取出翻边件。

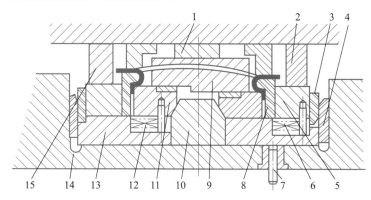

图 6.3.26　翻边凸模缩小与翻边凹模扩张的模具结构

1、15—限位块;2—压块;3、4—斜楔块;5—滑块;6、12—弹簧;
7—顶杆;8—翻边凸模;9—压板;10—斜楔;11—翻边凹模;13—活动底板;14—下模座

拓展知识
斜楔两面开花式结构

3）斜楔两面开花式结构和气缸复位的翻边模扫描二维码进行阅读。

<h2 style="text-align:center">习题与思考题</h2>

6.1　汽车上的哪些件是覆盖件？

6.2　覆盖件的成形工序有哪些？各工序内容有哪些？

6.3　汽车覆盖件的拉深工序有哪些变形特点？覆盖件拉深时如何防止起皱和拉裂？

6.4　覆盖件的修边工序也是冲裁，与一般的冲孔落料有何不同？覆盖件的修边模设计有哪些特点？

6.5　覆盖件的翻边模具结构有哪些特点？

6.6　某型号的客车司机门内蒙皮零件如图题 6.6 所示，试分析并提出该零件的冲压加工工序方案。

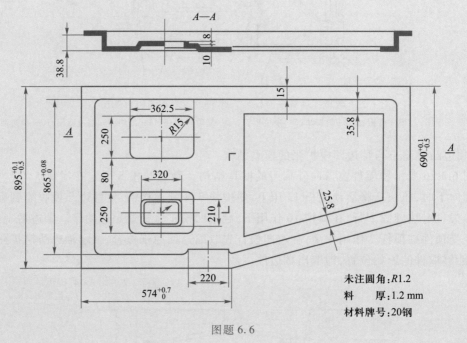

未注圆角：$R1.2$
料　　厚：1.2 mm
材料牌号：20钢

图题 6.6

6.7　工匠精神的内涵是什么？在工作中自己如何发扬工匠精神。

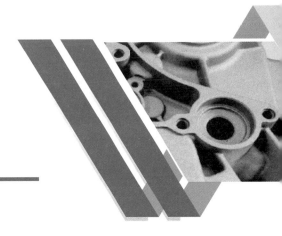

第7章

多工位精密级进模的设计

学习目标

通过本章的学习,增强家国情怀,建设制造强国的自信心。牢记责任,修德修能。了解多工位级进冲压的特点,熟悉多工位精密级进模设计要点,掌握多工位级进冲压的排样设计的原则、工位的排序和不同类型冲压件排样设计方法;掌握不同形状零件工艺载体的选择,复杂形状轮廓的分段冲切设计,空工位的设计原则。

熟悉多工位精密级进模的结构设计,掌握精密级进模凸模设计,凹模及凹模拼块设计,料带的导正定位、导向和浮动托料;掌握级进模冲压时的卸料装置与安全保护装置设计;掌握冲压加工方向的转换机构设计。

7.1 概述

动画

级进冲压
仿真过程
演示

级进冲压是指压力机的一次冲程中,在模具的不同工位同时完成多种工序的冲压。所使用的模具称为级进模(连续模)。在级进冲压中,不同的冲压工序分别按一定次序排列,坯料按步距间歇移动,在等距离的不同工位上完成不同的冲压工序,经逐个工位冲制后,便得到一个完整的零件(或半成品)。无论冲压零件的形状怎样复杂,冲压工序怎样多,均可用一副多工位级进模冲制完成。对于批量非常大,材料厚度较薄的中、小型冲压件,宜采用多工位精密级进模。因此,特别适合电子产品元器件、汽车钣金零部件和五金零件的大批量生产,如图7.1.1所示。

多工位精密级进模是在普通级进模的基础上发展起来的一种精密、高效、长寿命的模具,其工位数可多达几十个,多工位精密级进模必须配备高精度且送料进距易于调整的自动送料装置才能实现精密自动冲压。多工位精密级进模还应在模具中设计误差检测装置、模内工件或废料去除等机构。因此与普通冲压模具相比多工位级进模的结构比较复杂,模具设计和制造技术要求较高,同时对冲压设备、原材料也有相应的要求,模具的成本相对也高。因此,在模具设计前必须对制件进行全面分析,然后结合模具的结构特点和冲压件的成形工艺性来确定该制件的冲压成形工艺过程,以获得最佳的技术经济效益。

多工位精密级进模要求具有高精度、长寿命,模具的主要工作零件常采用高强度的高合金工具钢、高速钢或硬质合金等材料。模具的精加工常采用慢走丝线切割加工和成形磨削。

在多工位级进模中,常有很精细的小凸模,必须对这些小凸模进行精确导向和保护。因此要求卸料板能对小凸模提供导向和保护功能。卸料板上相应的孔必须采用高精度加工,其尺寸及

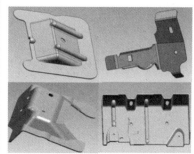

(a) 电子产品元器件　　　　　(b) 汽车钣金结构件

图 7.1.1　典型级进模冲压件

相互位置必须准确无误。在冲压过程中,随模具的冲程和料带的进给,卸料板的运动必须高度平稳,则卸料板要有导向保护措施。

多工位级进冲压有以下特点:

(1) 生产率高。级进冲压模属于多工序、多工位模具,在一副模具中包括冲裁、弯曲、拉深、成形等多道冲压工序,因而具有高的劳动生产率。

(2) 操作安全。因为自动送料、自动检测、自动出件等自动化装置,手不必进入危险区域。同时,模具内还装有安全检测装置,可防止加工时发生误送造成的意外。

(3) 模具寿命长。由于在级进模中工序可以分散在不同的工位上,避免了凹模壁的“最小壁厚”问题,且改变了凸、凹模的受力情况,因而模具强度高、寿命较长。

(4) 易于自动化。大量生产时,可采用自动送料,便于实现冲压过程的机械化和自动化。

(5) 可实现高速冲压。配合高速冲床及各种辅助设备,级进模可进行高速冲压。目前世界上高速冲床已达 4 000 次/min。

(6) 减少厂房面积、半成品运输及仓库面积。免去用简单模具生产制件的周转和储备。

(7) 多工位级进模通常具有高精度的导向和送料定距系统,能够保证产品零件的加工精度和送料精度。

(8) 多工位级进模结构复杂,镶块较多,模具制造精度要求很高,给模具的制造、调试及维修带来一定的难度;模具的造价高,制造周期长,模具设计与制造难度较大。同时要求模具零件具有互换性,在模具零件磨损或损坏后要求更换迅速、方便、可靠。

(9) 多工位级进模主要用于中、小型复杂冲压件的大批量生产,对较大的制件可选择多工位传递式冲压模具加工。

(10) 材料的利用率有所降低。排样时要求有一定强度和刚性的载体,保证零件在工位间可靠送进,特别是某些形状复杂的零件,产生的工艺废料较多。

由于级进模的这些特点,当零件的形状复杂,经过冲制后不便于后续模具再单独重新定位的零件,采用多工位级进模在一副模具内连续完成最为理想。对于某些形状特殊的零件,在使用简单冲模或复合模无法设计和制造模具的情况下,采用多工位级进模能解决问题。此外,一些由于后序生产或装配的需要,零件在料带上先不切除下来,而被卷成盘料,在自动装配过程中才予以分离。在同一产品上的两个冲压零件,其某些尺寸间有相互关系,甚至有一定的配合关系,在材质、料厚完全相同的情况下,如果用两套模具分别冲制,不仅浪费原材料,而且还不能保证配合精度,若将两个零件合并在一副多工位级进模上同时冲裁,可大大提高材料利用率,并能很好地保证零件的配合精度。

由于以上这些特点,使用多工位精密级进模时,需要被加工零件的产量足够大,以便能够比较稳定而持久地生产,实现高速连续作业。同时,级进模工位数较多时,模具必然比较大,这时必须考虑到模具与压力机工作台面的匹配性。

7.2 多工位精密级进模的排样设计

在多工位精密级进模设计中,要确定从毛坯料带到产品零件的转化过程,即要确定级进模模具中各工位所要进行的加工工序内容,并在料带上进行各工序的布置,这一设计过程就是料带排样。料带排样的主要内容如下:在充分分析了冲压零件形状和尺寸,并进行了相关工艺计算的基础上,将产品成形的各工序内容进行优化、组合形成一系列工序组,并对工序组排序,确定工位数和每一工位的加工工序内容,确定载体类型、搭接位置、料带定位方式;设计导正孔直径和导正销的数量;绘制工序排样图,这是多工位级进模设计的关键,如图 7.2.1 所示为排样过程示意图。排样过程,可以认为是零件展开、材料补充的逆过程。

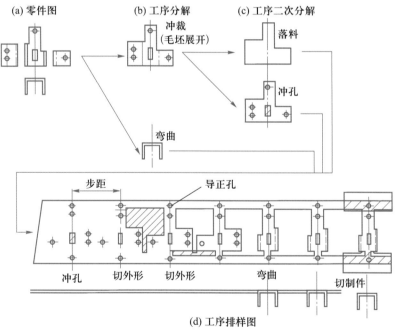

图 7.2.1 排样过程示意图

7.2.1 多工位级进模料带排样的设计原则

料带排样图的设计是多工位级进模设计的重要依据,是决定级进模优劣的主要因素之一。料带排样图设计的质量,直接影响模具设计的质量。当料带排样图确定后,零件的冲制顺序、模具的工位数及各工位内容、材料的利用率、模具步距的基本尺寸、定距方式、料带载体形式、宽度、模具结构、导料方式等都得到了确定。排样图设计错误,会导致制造出来的模具无法冲压零件或冲出的零件有瑕疵。因此,在设计料带排样图时,必须认真分析,综合考虑,进行合理组合和排序。拟定出多种排样方案,加以比较最终确定最佳方案。在排样设计分析时要考虑以下原则:

（1）要保证产品零件的精度和使用要求及后续冲压工序的需要。

（2）工序应尽量分散,以提高模具寿命,简化模具结构。

（3）要考虑生产能力和生产批量的匹配,当生产能力较生产批量低时,则力求采用双排或多排,在模具上提高效率,同时要尽量使模具制造简单,模具寿命长。

（4）多工位级进模使用自动送料机构送料时,必须用导正销精确定位定距。为保证料带送进的步距精度,第一工位安排冲导正孔,第二工位设置导正销,在其后的各工位上优先在易窜动的工位设置导正销。

（5）要抓住冲压零件的主要特点,认真分析冲压零件形状,考虑好各工位之间的关系,对形状复杂、精度要求特殊的零件,要采取必要的措施保证。

（6）尽量提高材料利用率,使废料达到最小限度。同一零件利用多行排列或双行穿插排列可提高材料利用率。另外,在条件允许的情况下,可把不同形状的零件整合在一幅模具上冲压,更有利于提高材料利用率。

（7）适当设置空位工位,以保证模具具有足够的强度,并避免凸模（或机构）安装时相互干涉,同时也便于试模调整工序时利用,如图 7.2.2 所示。

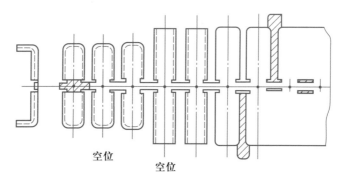

图 7.2.2 空位示意图

（8）必须防止产生料带送进障碍,确保料带在送进过程中通畅无阻。

（9）冲压件的毛刺方向:当零件提出毛刺方向要求时,应保证冲出的零件毛刺方向一致;对于带有弯曲加工的冲压零件,应使毛刺面留在弯曲零件内侧;在分段切除余料时,不能一部分向下冲,另一部分向上冲,造成冲压件的周边毛刺方向不一致。

（10）要注意冲压力的平衡。合理安排各工序以保证整个冲压加工的压力中心与模具中心一致,其最大偏移量不能超过 $L/6$ 或 $B/6$（其中 L、B 分别为模具的长度和宽度）,冲压过程出现侧向力时,要采取措施加以平衡。

（11）级进模最适宜以成卷的料带供料,以保证能进行连续、自动、高速冲压,被加工材料的力学性能要充分满足冲压工艺的要求。

（12）工件和废料应保证能顺利排出,连续的废料需要增加切断工序。

（13）排样方案要考虑模具加工设备的条件，考虑模具和冲床工作台的匹配性。

7.2.2 工序的确定与排序

在料带排样设计中，首先是要考虑被加工的零件在全部冲压过程中共分为几种基本的冲压加工工序，各工序的加工内容及如何进行工序的优化组合，并完成对工序的排序。在确定工序数目和顺序时，要针对各冲压工序的特点考虑各有关原则。

1. 级进冲裁工序排样的基本原则

（1）各工序的先后应按复杂程度而定，一般以有利于下道工序的进行为准，以保证制件的精度要求和零件几何形状的正确。冲孔落料件，应先冲孔，再逐步完成外形的冲裁。尺寸和形状要求高的轮廓应布置在较后的工位上冲切，如图7.2.3所示。

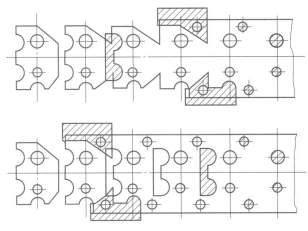

图 7.2.3　排样示例（一）

（2）当孔到边缘的距离较小，而孔的精度又较高时，冲外轮廓时孔可能会变形，可将孔旁外缘先于内孔冲出，如图7.2.4所示。

（3）应尽量避免采用复杂形状的凸模，并避免形孔有尖的凸角、窄槽、细腰等薄弱环节。复杂的形孔应分解为若干个简单的孔形，并分成几步进行冲裁，使模具型孔容易制造。

（4）有严格要求的局部内、外形及位置精度要求高的部位，应尽量集中在同一工位上冲出，以避免步距误差影响精度。如果在一个工位完成这一部分冲压确实有困难，需分解成两个工位，最好放在两个相邻工位连续冲制为好。如在一个零件上有一组孔，其孔距位置尺寸要求严格，这一组应该力求设计在一个工位，使误差只受模具制造的误差影响，而不受步距误差的影响。

（5）对于一些在普通低速冲床上冲压的多工位级进模，为了使模具简单、实用、缩小模具体积或由于条件所限，甚至只能采用侧刃定位定距，为了减少步距的累积误差，凡是能合并的工位，只要模具能保证零件的精度，模具本身具有足够的强度，就不要轻易分解、增加工位。尤其对于那些形状不宜分解的零件，更不要轻率地增加工位，如图7.2.5所示。

（6）应保证料带载体与零件连接处有足够的强度与刚度。凹模上冲切轮廓之间的距离不应小于凹模的最小允许壁厚，一般取为 $2.5t$（t 为工件材料厚度），但要大于 2 mm。

（7）轮廓周界较大的冲切，尽量安排在中间工位，以使压力中心与模具几何中心重合。当冲压件上有大小孔或窄肋时应先冲小孔（短边），后冲大孔（长边）。

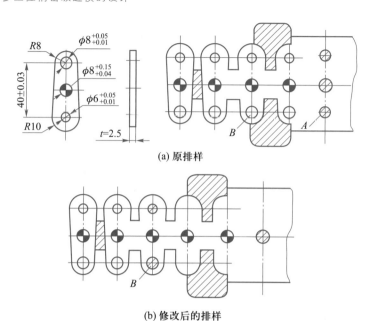

(a) 原排样

(b) 修改后的排样

图 7.2.4　排样示例(二)

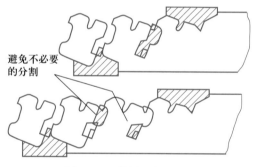

避免不必要的分割

图 7.2.5　排样示例(三)

2. 级进弯曲工序排样的基本原则

（1）对于冲压弯曲类零件,先冲孔再分离弯曲部位周边的废料后进行弯曲,最后再切除其余废料,分离制件。

（2）靠近弯边的孔有精度要求,且孔靠近弯曲变形区时,应弯曲后再冲孔,以防止孔变形。

（3）为避免弯曲时载体变形和侧向滑动,对小件可两件组合成对称件弯曲,然后再剖分开,如图 7.2.2 所示。

（4）凡属于复杂的弯曲零件,为了便于模具制造并保证弯曲角度合格,应分解为简单弯曲工序的组合,经逐次弯曲而成,切不可强行一次弯曲成形。力求用简单的模具结构来实现弯曲零件形状,弯曲零件渐进成形的分解如图 7.2.6 所示。对精度要求较高的弯曲零件,最后应以整形工序保证零件质量。

（5）平板毛坯弯曲后变为空间立体形状,毛坯平面应离开凹模面一定高度,高度包括将制件从凹模中顶出的高度,这一高度称为送进线高度,以使工序件向下一工位送进时不被凹模挡住。在工序件能顺利地送进时,送进线高度应尽量小,弯曲后的送料高度如图 7.2.7 所示。

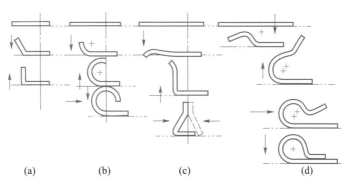

图 7.2.6 弯曲零件渐进成形的分解

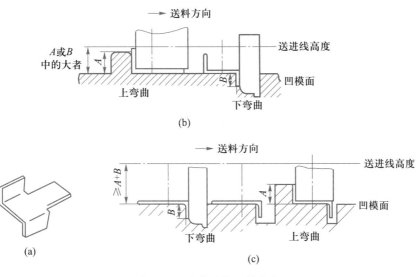

图 7.2.7 弯曲后的送料高度

（6）当一个零件的两个弯曲部分有尺寸精度要求时,弯曲部分应当在同一工位一次成形。这样不仅保证了尺寸精度,而且能够准确地保持成批零件加工后的一致性。

（7）应保证零件弯曲线与材料碾压纹向垂直,当零件在互相垂直的方向或几个方向都要进行弯曲时,弯曲线必须与料带纹向成 $30° \sim 60°$ 的角度。

（8）尽可能以冲床行程方向作为弯曲方向,若要做不同于行程方向的弯曲加工,可采用斜楔滑块机构。对闭口型弯曲件,也可采用斜口凸模弯曲,如图 7.2.8 所示。1、2 为预成形,3 为收口工位,4 为成圆(方)及整形工位。

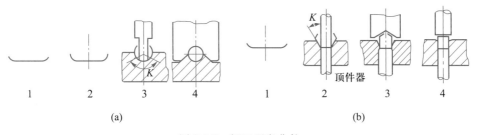

图 7.2.8 闭口型弯曲件

3. 级进拉深工序排样的基本原则

（1）对于有拉深又有弯曲和其他工序的制件，应当先进行拉深，再安排其他工序。这是由于拉深过程中必然有材料的流动，若先安排其他工序，拉深时将造成已定形的部位产生变形。

（2）凡属于多次拉深的多工位级进模，由于连续冲压的原因，其拉深工序的安排，拉深系数的选取应以安全稳定为原则。具体地说，如果经过计算在 3 次拉深与 4 次拉深之间，应用 4 次拉深，以保证级进模冲压的合格率。必要时还应当有整形工序，以保证冲压件的质量。

（3）为了便于级进拉深模在试模过程中调整拉深次数和各次拉深系数的分配，应适当安排空位工位，作为预备工位。

（4）拉深件底部带有较大孔时，可在拉深前先冲较小的预备孔，改善材料的拉深性，拉深后再将孔冲至要求的尺寸。

（5）拉深过程中筒形件高度在逐步增加，使各工序件高度不一致，引起了载体变形，影响拉深件质量。对此，可在每次拉深后设置一空位工位，减少料带的倾斜角度，改善拉深件质量，空工位还可作为调整拉深变形的预备工位。

（6）级进拉深有两种排样方法，一种是无切口料带拉深，如图 7.2.9a 所示；另一种是有切口的带料拉深，如图 7.2.9b、c 所示，工艺切口又有两种主要形式，一种切槽（图 7.2.9b），另一种撕口（图 7.2.9c）。若拉深的深度较大，材料变形量多，为了有利于材料的流动，应在拉深前安排工艺撕口、切槽等技术，采用有工艺切口的料带连续拉深。常见工艺切口形式及应用见表 7.2.1，级进拉深排样的主要工艺参数计算公式及拉深排样搭边及有关切口参数的推荐值扫描二维码进行阅读。

拓展知识

级进拉深排样及搭边

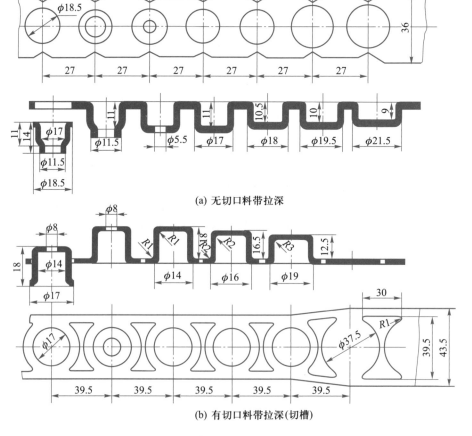

(a) 无切口料带拉深

(b) 有切口料带拉深(切槽)

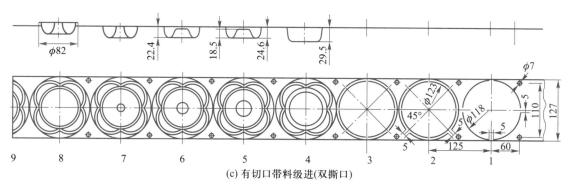

(c) 有切口带料级进(双撕口)

图 7.2.9 级进拉深排样方法

表 7.2.1 常见工艺切口形式及应用

序号	切口或切槽形式	应用场合	优缺点
1		单切口 用于材料厚度 $t<1$ mm 的大直径($d>5$ mm)的圆形浅拉深件	1. 首次拉深工位,料边起皱情况较无切口时好 2. 拉深中侧搭边会弯曲,妨碍送料
2		切槽 用于材料较厚($t>0.5$ mm)的圆形小工件。应用较广	1. 不易起皱,送料方便 2. 拉深中料带会缩小,不能用来定位 3. 材料的利用率有所降低
3		双切口 用于薄料($t<0.5$ mm)的小工件	1. 拉深过程中料宽与进距不变,可用废料搭边上的孔定位 2. 材料的利用率有所降低
4		用于矩形件的拉深,其中序号 4 应用较广	与序号 2 相同
5			
6		用于单排或双排的单头焊片	与序号 1 相同
7		用于双排或多排筒形件的连续拉深(如双孔空心铆钉)	1. 中间压筋后,使在拉深过程中消除了两筒形间产生开裂的现象 2. 保证两筒形中心距不变

4. 含局部成形工序排样的基本原则

（1）有局部成形时，可根据具体情况将其穿插安排在各工位上进行，在保证产品质量的前提下，利于减少工位数。当变形量大，与该工位其他变形有影响时，单独设计成形工位。

（2）局部成形会引起料带的收缩，使周围的孔变形，因此不应安排在料带边缘区或工序件外形处，局部成形区周围的孔应在成形后再冲孔，如图 7.2.10 所示。

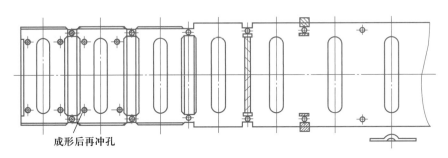

图 7.2.10　局部成形后冲孔

（3）轮廓旁的凸包要先压，以避免轮廓变形。若凸包中心线上有孔，应在压凸包前先在孔的位置上冲出直径较小的孔，以利于材料从中心向外流动，待压好凸包后再冲孔到要求的尺寸。

（4）镦形前应将其周边余料适当切除，然后在镦形完成后再安排进行一次冲裁工序，冲去被延展的余料。如图 7.2.11 所示，材料厚度为 0.9 mm，在第 2 工位切除了多余部分材料（梯形剖面部分），第 4、5 工位为镦压，延展金属，镦形后的料厚达到制件要求，第 9 工位修边，切除延展后的余料。

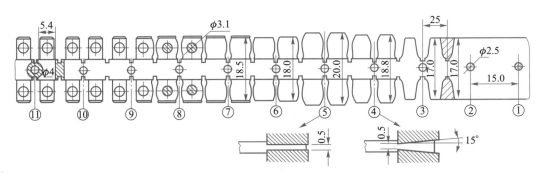

图 7.2.11　材料镦压变薄后修边

7.2.3　料带排样的载体设计

　　载体是指级进模冲压时，料带内连接工序件并运载其稳定前进的这部分材料。在排样过程中，载体设计是非常重要的，不仅决定了材料的利用率，而且关系到制件的精度和冲制效果，更是直接影响模具结构的复杂程度和制造的难易程度。载体与一般冲裁时料带的搭边不尽相同，搭边的作用主要是补偿定位误差，满足冲压工艺的基本要求，使料带有一定的刚度，便于送进，保证冲出合格的制件。而料带的载体除了满足以上的要求外，必须有足够的强度和刚度，要保证运载传递料带上冲出的工序零件，能够平稳地送进到后续冲压工位。载体的强度和刚度非常重要。载体发生变形，则整个料带的送进精度就无法保证，严重者会使料带无法送进而损坏模具造成事故。因此从保证载体强度及刚性出发,载体宽度远大于搭边宽度。但料带载体强度的增强,并不能单纯靠增加载体宽度来保证,重要的是要合理地选择载体形式。由于被加工零件的形状和工序要求不同,其载体的形式是各不相同的。载体的基本形式主要有双侧载体、单侧载体和中间载体三种。

1. 双侧载体

双侧载体是在料带的边缘两侧设计的载体,被加工的零件连接在两侧载体的中间。双侧载体是理想的载体,可使工件到最后一个工位前料带的两侧仍保持有完整的外形,这对于送进、定位和导正都十分有利。采用双侧载体送进十分平稳可靠,但材料利用率被降低。双侧载体可分为等宽双侧载体和不等宽双侧载体。

等宽双侧载体一般应用于送进步距精度高、料带偏薄,精度要求较高的冲裁件多工位级进模或精度较高的冲裁弯曲零件多工位级进模。在载体两侧的对称位置可冲出导正销孔,在模具的相应位置设导正销,以提高定位精度,如图 7.2.12 所示。

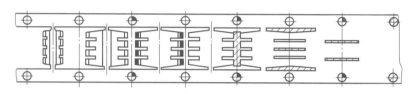

图 7.2.12　等宽双侧载体

不等宽双侧载体宽的一侧称为主载体,窄的一侧称为副载体。一般在主载体上设计导正销孔。此时,料带沿主载体一侧的导料板前进。冲压过程中可在中途冲切去副载体,以便进行侧向冲压加工或其他加工,如图 7.2.13 所示。在切除副载体之前应将主要冲裁工序都进行完毕,以确保冲压精度。

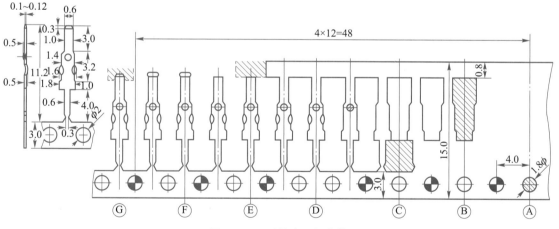

图 7.2.13　不等宽双侧载体

边料载体,如图 7.2.14 所示,是利用材料两侧搭边冲出导正销孔而形成的一种载体,这种载体简单又能提高材料的利用率,对于外形为圆形的冲裁、浅拉深成形的制件排样应用十分普遍。

2. 单侧载体

单侧载体是在料带的一侧设计的载体,实现对工序件的运载。导正销孔多放在单侧载体上,

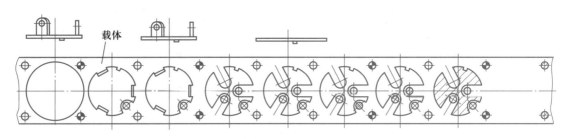

图 7.2.14　边料载体

其送进步距精度不如双侧载体高。有时可再借用一个零件本身的孔同时进行导正,以提高送进步距精度,防止载体在冲制过程中有微小变形,影响步距精度。与双侧载体相比,单侧载体应取更大的宽度。在冲压过程中,单侧载体易产生横向弯曲,无载体一侧的导向比较困难。

单侧载体一般应用于料带厚度为 0.5 mm 以上的冲压件,零件四周仅一端没有弯曲,只能保持料带在这一侧与载体连接的场合,如图 7.2.15 所示。

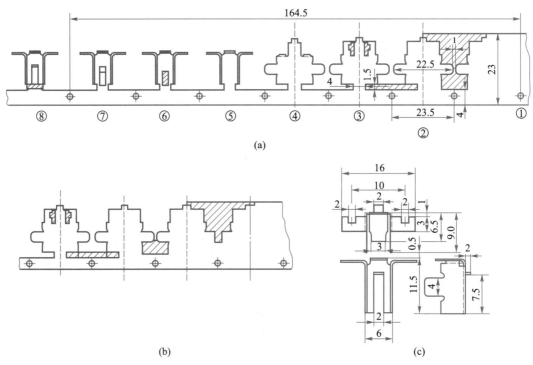

图 7.2.15　单侧载体

在冲裁细长零件时,为了增强载体的强度,并不过分增加载体宽度,仍设计为单侧载体,但在每两个冲压件之间适当位置用一小部分连接起来,以增强料带的强度和刚性,称为桥接式载体,其中连接两工序件的部分称为桥。采用桥接式载体时,冲压进行到一定的工位或到最后再将桥接部分冲切掉,如图 7.2.16 所示。

3. 中间载体

中间载体是指载体设计在料带中间,如图 7.2.17 所示(同一个零件的两种不同排样方法)。此法一般适用于对称零件,尤其是两外侧有弯曲的对称零件。它不仅可以节省大量的原材料,还

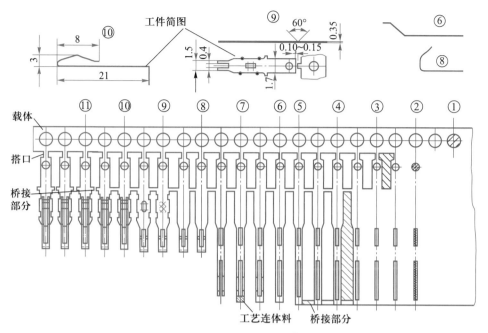

图 7.2.16 桥接式载体

利于抵消由于两侧压弯时产生的侧向力。对于一些不对称的单向弯曲的零件,也可采用中间载体,将被加工的零件对称于中间载体排列在两侧(如图 7.2.2 所示),变不对称零件为对称性排列,既提高了生产效率,又提高了材料利用率,也抵消了弯曲时产生的侧向压力。

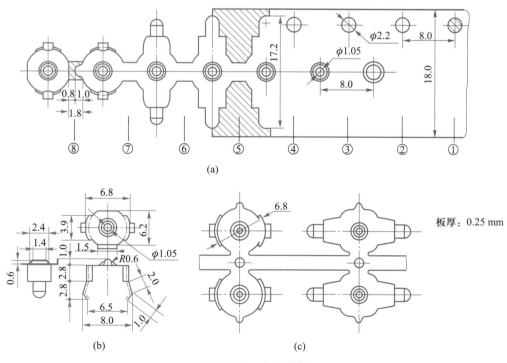

图 7.2.17 中间载体

237

7.2.4　分段冲切的设计

1. 分段冲切的目的

当冲压零件内孔和外形的形状较为复杂,或需要将弯曲部位外形切出时,常采用分段切除多余废料的方法。刃口分解要求如图 7.2.18 所示,使模具刃口分解和重组,把复杂的内、外形轮廓分解为若干简单的几何单元,以简化凸模和凹模形状,便于加工,缩短模具制造周期。通过刃口的分解还能改善凸模和凹模的受力状态,提高模具的强度和寿命,并可满足特殊的工艺需要,便于制件在模具中的级进成形。

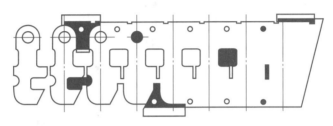

图 7.2.18　刃口分解要求

2. 分段冲切的分割原则

(1) 刃口的分段应有利于简化模具结构,形成的凸模外形要简单、规则,要便于加工,并要有足够的强度。同时,应保证产品零件的形状、尺寸、精度和使用要求。

(2) 内、外形轮廓分解后,各段间的连接应平直或圆滑。

(3) 分段搭接点应尽量少,搭接点位置要避开产品零件的薄弱部位和外形的重要部位。

(4) 有公差要求的直边和使用过程中有配合要求的边应一次冲切,不宜分段,以免产生误差积累。

(5) 复杂外形、内形以及有窄槽或细长臂的部位最好分解。

(6) 外轮廓各段毛刺方向有不同要求时应分解。

(7) 刃口分解要考虑加工设备条件和加工方法,便于加工。

3. 分段切除时的搭口形式选择

级进模在分段切除冲制过程中,余料切除后各段间要连接成一个完整的冲压零件。由于级进模工位多,模具的制造误差及步距间的送料误差累积都有可能使冲切后形孔各段出现各种质量问题。因此,为保证冲压零件的质量,就必须合理地选择连接方式,并加上必要的措施,使各段间连接得非常平直和圆滑,以免出现毛刺、错位、尖角、塌角等。

连接方法可分为搭接、平接、切接三种方式。

搭接方法如图 7.2.19 所示,若第一次冲出 A、C 两区,第二次冲出 B 区,图示的搭接区是冲裁 B 区凸模的扩大部分,搭接区在实际冲裁时不起作用,主要是克服形孔间连接时的各种误差,以使形孔连接良好,保证制件在分段切除后连接整齐。搭接最有利于保证冲件的连接质量,在分段切除中大部分都采用这种连接方式。

平接是在零件的直边上先冲切去一段,然后在另一工位再切去余下的一段,两次冲切刃口平行、共线但不重叠,如图 7.2.20 所示。平接方式易出现毛刺、错牙和不平直等质量问题,设计时,应尽量避免采用。若需采用时,要提高模具步距和凸模、凹模的制造精度,并对平接的直线前后两次冲切的工位均设置导正销对料带导正。二次冲切的凸模连接处的延长部分修出微小的斜角（3°~5°），以防由于误差的影响在连接处出现明显的缺陷。

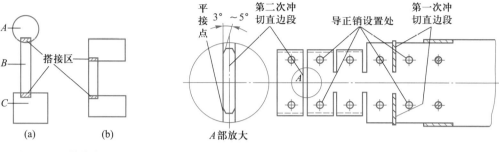

图 7.2.19　搭接方法　　　　　　　　图 7.2.20　平接方式示意图

切接的方式与平接相似，平接是指直线段，而切接是指在零件的圆弧部分上或圆弧与圆弧相切的切点进行分段切除的连接方式，如图 7.2.21 所示。与平接相似，切接也容易在连接处产生毛刺、错位、不圆滑等质量问题，需采取与平接相同的措施。

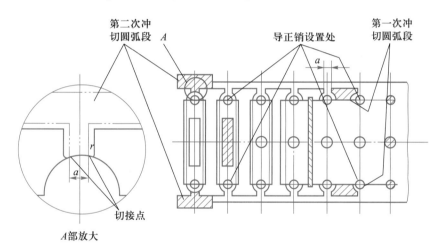

图 7.2.21　切接方式示意图

7.2.5　空位工位及步距设计

1. 空位工位

当料带每送到这个工位时，不作任何加工，随着料带的送进，再进入下一工位，这样的工位为空位工位。在排样图中，增设空位工位的目的是保证凹模、卸料板、凸模固定板有足够的强度，确保模具的使用寿命，或是便于在模具中设置特殊机构，或是做必要的储备工位、便于试模时调整工序用。在多工位级进模中，空位工位虽为常见，但绝不能无原则地随意设置。由于空位工位的设置，无疑将会增大模具的尺寸，使模具的材料成本增加，误差累积增大，因此，在排样考虑空位工位设置时要遵循以下原则：

（1）用导正销做精确定位的料带排样图因步距积累误差较小，对产品精度影响不大，可适当地多设置空位工位，因为多个导正销同时对料带进行导正，对步距送进误差有相互抵消的可能。而单纯以侧刃定距的多工位级进模，其料带送进时随着工位数的增多而误差累积加大，不应轻易

增设空位工位。

（2）当模具的步距较大时（步距>16 mm），不宜多设置空位工位。尤其对于一些步距大于30 mm 的多工位级进模更不能轻易设置空位工位。反之，当模具的步距较小（一般<8 mm）时，增加一些空位工位对模具的影响不大。有时步距过小，如果不多增设空位工位，模具的强度就较低，而且模具的一些零部件无法安装。此时，就应该考虑增加空位工位。

（3）精度高、形状复杂的零件在设计排样图时，应少设置空位工位；精度较低、形状简单的零件在设计排样图时，可适当地多设置空位工位。

2. 步距基本尺寸的确定

级进模的步距是指料带在模具中每送进一次，所需要向前移动的送料距离。步距的精度直接影响冲件的精度。设计级进模时，要合理地确定步距的基本尺寸和步距精度。步距的基本尺寸，就是模具中两相邻工位的距离。即，冲压件在两相邻工位中，零件同一部位间的尺寸。级进模任何相邻两工位的距离都必须相等（有关步距的内容参见第 2 章）。

步距的精度直接影响冲件的精度。由于步距的误差，不仅影响分段切除余料，导致外形尺寸的误差，还影响冲压件内、外形的相对位置。也就是说，步距精度越高，冲件精度也越高，但模具制造也就越困难。所以步距精度必须根据冲压件的具体情况来定。影响步距精度的因素很多，但归纳起来主要有：冲压件的精度等级、形状复杂程度、冲压件材质和厚度、模具的工位数，冲制时料带的送进方式和定距形式等。

目前大多数企业是根据制件的精度、形状复杂程度和模具的工位数，凭经验确定步距的精度，一般选择±0.02 mm～±0.005 mm，也可根据步距精度经验公式（7.2.1）确定：

$$\pm\delta = \pm\frac{\beta k}{2\sqrt[3]{n}} \tag{7.2.1}$$

式中，δ 为多工位级进模步距对称极限偏差值，mm；β 为冲件沿料带送进方向最大轮廓基本尺寸（指展开后）精度提高三级后的实际公差值，mm；n 为模具设计的工位数；k 为修正系数，主要考虑材料、料厚因素，并体现在冲裁间隙上，见表 7.2.2。

表 7.2.2　修正系数 k 值

冲裁（双面）间隙 Z/mm	k	冲裁（双面）间隙 Z/mm	k
0.01 且≤0.03	0.85	>0.12 且≤0.15	1.03
>0.03 且≤0.05	0.90	>0.15 且≤0.18	1.06
>0.05 且≤0.08	0.95	>0.18 且≤0.22	1.10
>0.08 且≤0.12	1.00		

在级进冲压过程中，料带的定位精度直接影响到冲压件的精度。在模具步距精度一定的条件下，可以通过载体设计和导正销设置，达到要求的料带定位精度。料带定位精度误差按照经验公式（7.2.2）确定：

$$T_\Sigma = CT\sqrt{n} \tag{7.2.2}$$

式中，T_Σ 为料带的定位积累误差；T 为级进模的步距公差；n 为工位数；C 为精度系数，单载体时每步有导正销，$C=1/2$；双载体时每步有导正销，$C=1/3$；当载体每隔一步导正时，精度系数取 1.2C；

每隔两步导正时,精度系数取 $1.4C$。

例:如图 7.2.22 所示的支架零件排样图,展开尺寸为 13.85 mm,工位数为 8,冲压件精度为 IT14,试确定步距公差和料带的定位积累误差。

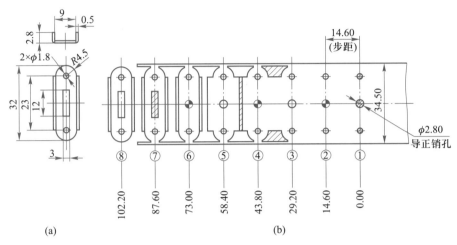

图 7.2.22　支架零件排样图

解:将料带展开尺寸精度提高 4 级到 IT10 级,其公差值为 0.07 mm,若模具的冲裁双面间隙为 0.08~0.10 mm,查表 7.2.2 得:$k=1$,代入式 7.2.1 得模具的步距精度:

$$\pm\delta=\pm\frac{\beta k}{2\sqrt[3]{n}}=\pm\frac{0.07\times1}{2\sqrt[3]{8}}\text{ mm}=\pm0.017\ 5\text{ mm}\approx\pm0.02\text{ mm}$$

则步距公差 $T=2\delta=0.04$ mm。

又因为该排样图为双载体,设计导正销每隔一步导正一次,精度系数取 $1.2C$,步数为 8,料带的定位积累误差按式 7.2.2 计算为:

$$T_\Sigma=CT\sqrt{n}=1.2\times\frac{1}{3}\times0.04\times\sqrt{8}\text{ mm}=0.045\text{ mm}$$

则该模具的步距公差为 0.04 mm,如图 7.2.23 所示,料带的定位积累误差为 0.045 mm。

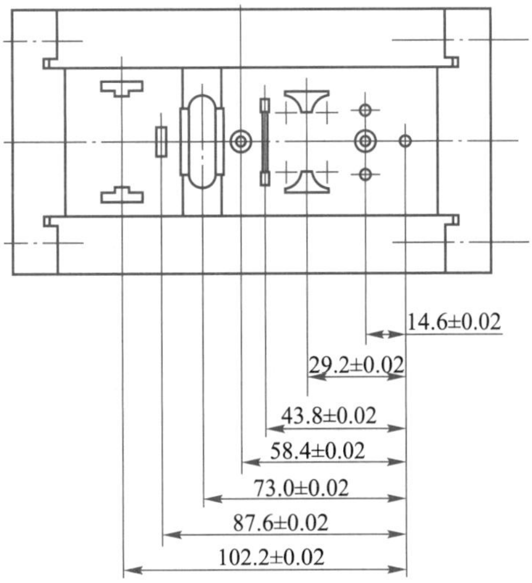

图 7.2.23　步距公差标注

7.2.6　定位形式选择与设计

1. 定位形式

在级进模中,由于产品的加工工序安排在多个工位上顺次完成,为了保证前后两次冲切中,工序件的准确匹配和连接,必须保证其在每一工位上都能准确定位。根据工序件的定位精度,级进模的定位方式可采用挡料销、侧刃、自动送料机构、导正销等。前三者使用时只能作为粗定位和定距,级进模的精确定位定距都是采用导正销与其他粗定位方式配合使用。

在多工位精密级进模中一般都不使用挡料销,常使用自动送料机构,配合冲床冲程运动,使料带作定时定尺寸送进。由于其定位定距精度不能满足使用要求,一般不能单独依靠自动送料机构定位定距,只有在单独拉深的多工位级进模中才可单独采用。侧刃和导正销是级进模中普遍采用的定位方式,使用时必须遵循一定的原则,才能取得较好的定位效果。

2. 导正孔的确定原则

导正孔通过装于上模的导正销插入其中矫止带料位置来达到精确定位目的,一般与其他定位方式配合使用,如图 7.2.24 所示。

导正孔可利用零件本身的孔,或利用工艺废料载体上冲的工艺孔,前者为直接导正,后者为间接导正。直接导正的材料利用率高,外形与孔的相对精度容易保证,模具加工容易,但易引起产品孔变形。间接导正的材料利用率有所降低,导正时要保证载体的强度和刚度,避免载体的变形。

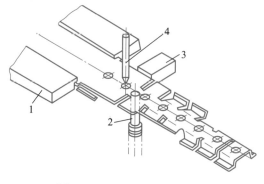

图 7.2.24　导正销工作示意图

1—侧面导板;2—托料钉;3—侧刃挡块;4—导正销

导正孔直径的大小会影响材料利用率、载体强度、导正精度等,应结合考虑板料厚度、材质、硬度、毛坯尺寸、载体形式、尺寸、排样方案、导正方式、产品结构特点和精度等因素来确定。一般导正孔直径选择料厚的 $2\sim4$ 倍。下面所列为导正孔最小直径的经验值:

$$t<0.5 \text{ mm} \qquad d_{min}=1.5 \text{ mm}$$

$$1.5 \text{ mm} \geqslant t \geqslant 0.5 \text{ mm} \qquad d_{min}=2.0 \text{ mm}$$

$$t>1.5 \text{ mm} \qquad d_{min}=3 \text{ mm}$$

在设计的排样图上确定导正孔位置时应遵循以下原则:

（1）在料带排样的第一工位就要冲制出导正销孔,紧接第二工位要有导正销,以后每隔 $2\sim4$ 个工位的相应位置等间隔地设置导正销,并优先在容易窜动的工位设置导正销。

（2）导正孔位置应处于料带的基准平面（即冲压中不参与变形、位置不变的平面）上,否则将起不到定位孔的作用,一般可选在料带载体或工艺余料上。

（3）对于较厚的材料,也可选择零件上的孔作为导正孔,但在冲压过程中,如果该孔经导正销导正后,精度被破坏,甚至变形,应在最后的工位上对孔予以精修完成。

（4）重要的加工工位前要设置导正销。

（5）圆筒形件在连续拉深时,可不必设置导正销孔,而直接利用拉深凸模进行导正。

（6）必须要设置导正销而又与其他工序干涉时,可设置空位工位。

3. 侧刃设计

侧刃也是级进模中普遍使用的一种定距定位方式（第 2 章已讨论）,是在料带的一侧或两侧冲切定距台阶,通过料带送进距离等于侧刃冲切缺口长度,即控制步距,达到使工序件定位的目的。它适用于 $0.1\sim1.5$ mm 厚的板料,对于大于 1.5 mm 或小于 0.1 mm 的板料不宜采用,侧刃定位精度比挡料销要高,一般适于 IT11~IT13 级精度冲压件的定位,个别也能满足 IT10 级精度,但工位不宜过多。

由于侧刃凸模有制造误差,侧刃刃口钝化后会影响侧刃步距的精度,所以单一用侧刃定距定位的级进模工位只能有 $3\sim6$ 个,在多工位级进模中一般以侧刃作粗定位,以导正销作精定位。

7.2.7 排样设计后的检查

排样设计前,必须对制件进行认真分析和研究。排样设计后必须认真检查,以改进设计,纠正错误。不同制件的排样其检查重点和内容也不相同,一般的检查项目可归纳为以下几点:

(1) 材料利用率。检查是否为最佳利用率方案。

(2) 模具结构的适应性。级进模结构多为整体式,分段式或子模组拼式等,模具结构形式确定后应检查排样是否适应其要求。

(3) 有无不必要的空工位。在满足凹模强度和装配位置要求的条件下,应尽量减少空工位。

(4) 制件尺寸精度能否保证。由于料带送料精度,定位精度和模具精度都会影响到制件关联尺寸的偏差,对于制件精度高的关联尺寸,应在同一工位上成形,否则应考虑保证制件精度的其他措施。如对制件平整度和垂直度有要求时,除在模具结构上要注意外,还应增加必要的工序(如整形、校平等)来保证。

(5) 弯曲、拉深等工序成形时,由于材料的流动,会引起材料流动区的孔和外形产生变形。因此材料流动区的孔和外形的加工应置于变形工序之后,或增加修整工序。

(6) 此外还应从载体强度是否可靠、制件已成形部位对送料有无影响、毛刺方向是否有利于弯曲变形、弯曲零件的弯曲线是否与材料纹向垂直或成 45°等方面进行分析检查。

7.3 多工位精密级进模主要零部件的设计

多工位精密级进模主要零部件的设计,除应满足一般冲压模具的设计要求外,还应根据精密级进模的冲压特点,模具主要零部件装配和制造要求来考虑其结构形状和尺寸。

7.3.1 凸模

一般的粗短凸模可以按标准选用或按常规设计。而在多工位精密级进模中有许多冲小孔的细小凸模、冲窄长槽凸模、分解冲裁凸模和受侧向力的弯曲凸模等。这些凸模的设计应根据具体的冲压要求,如冲压材料的厚度、冲压速度、冲裁间隙和凸模的加工方法等因素来考虑凸模的结构及固定方法。

1. 圆形台阶凸模

如图 7.3.1 所示是常用圆形台阶凸模结构。工作刃口的形状可以是圆形、矩形、椭圆形等。固定部分的制造公差为 $^{+0.005}_{0}$,非圆形工作刃口,装配时要考虑防转。

对于圆形台阶冲小孔凸模,通常采用加大固定部分直径,缩小刃口部分长度的措施来保证小凸模的强度和刚度。当工作部分和固定部分的直径差太大时,可设计多台阶结构。各台阶过渡部分必须用圆弧光滑连接,不允许有刀痕。如图 7.3.2 所示为常见的圆形台阶凸模及其装配形式。特别小的凸模可以采用保护套结构,如图 7.3.3 所示,模具结构中有细小凸模冲压时,要设计对卸料板的辅助导向,如图 7.3.4 所示,以消除侧压力对细小凸模的作用,避免影响其强度。

冲孔后的废料若贴附在凸模端面上,并回升到凹模表面,再次工作时,凹模表面的废料会影响正常冲压,严重情况会造成模具刃口损坏,故在高速级进模冲压时,应采用能排除废料的凸模,如图 7.3.5a 所示的带顶出销的凸模结构,利用弹性顶销使废料脱离凸模端面。当凸模断面不能

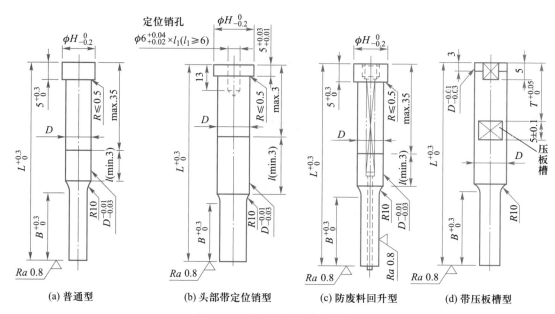

(a) 普通型   (b) 头部带定位销型   (c) 防废料回升型   (d) 带压板槽型

图 7.3.1   常用圆形台阶凸模结构

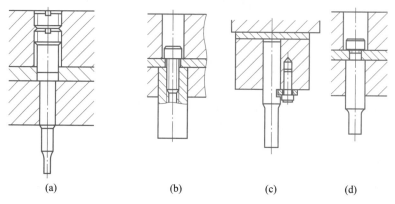

(a)   (b)   (c)   (d)

图 7.3.2   常见的圆形台阶凸模及其装配形式

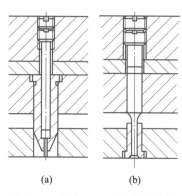

(a)   (b)

图 7.3.3   采用保护套结构的凸模

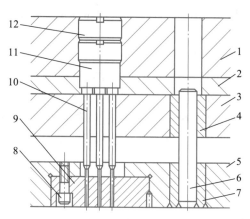

图 7.3.4   以辅助导向保护细小凸模

1—上模座；2—垫板；3—凸模固定板；4—小导套；5—卸料板；6—小导柱；
7—固定套；8—螺钉；9—卸料板镶块；10—小凸模；11—压柱；12—螺塞

安装顶出销时,可在凸模中心加通气孔,如图 7.3.5b 所示,该设计可以减小冲孔废料与冲孔凸模端面上的真空区压力,使废料未出凹模面就脱落,留在凹模洞口内。

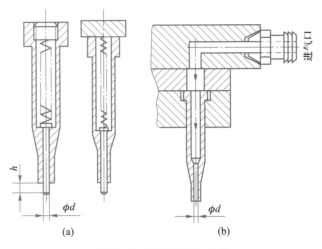

图 7.3.5　排除废料的凸模

2. 异形凸模

除了圆形凸模,级进模中有许多分解冲裁的切余料凸模。这些凸模形状比较复杂,大多为异形,大都采用电火花线切割加工或成形磨削精密加工,以达到异形凸模所要求的形状、尺寸和精度。如图 7.3.6 所示为异形凸模的典型结构,图 7.3.6a 为直通式凸模,常采用的固定方法是铆接或吊装在固定板上,但铆接后难以保证凸模与固定板间的较高垂直度,且修正凸模时铆合固定将会失去作用。图 7.3.6b、图 7.3.6c 是断面的冲切凸模,其考虑因素是固定部分台阶采用单面还是双面,及凸模受力后的稳定性,固定方法常用螺钉吊装或压板固定。图 7.3.6d 两侧有异形突出部分,突出部分窄小易产生磨损和损坏,因此结构上宜采用拼装结构。图 7.3.6e 为整体结构,常用成形磨削加工凸模。图 7.3.6f 安装时有压块,属于快换的凸模结构。

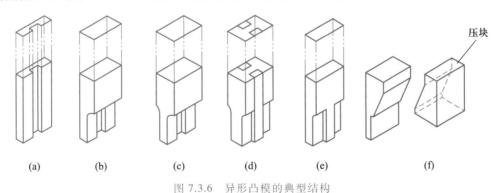

(a)　　　(b)　　　(c)　　　(d)　　　(e)　　　(f)

图 7.3.6　异形凸模的典型结构

精密级进模凸模常用的固定方式见表 7.3.1。

如图 7.3.7 所示是带压板槽的薄异形凸模结构。异形凸模与固定板的配合是间隙配合,凸模处于浮动状态,这种方式有利于凸模自然导入卸料板内,凸模与凹模的相对位置靠卸料板和辅助导向装置保证。拆或更换凸模时,松开螺钉,凸模很方便即可取出。此结构在多工位高速冲压级进模中被广泛采用。

表 7.3.1　精密级进模凸模常用的固定方式

固定方式	图例	安装方法	特点
挂台固定		先将冲头装入固定板,再用垫板盖住	成本较低,但不方便维修
螺钉固定	 (a)　　　(b)	先将冲头装入固定板,再用螺钉锁住	除了小凸模外,适用于所有模具,方便维修
压块固定		先将冲头装入固定板,再用螺钉锁住,压块压住	适用于所有模具,方便维修

固定方式	图例	安装方法	特点
镶块（入子）固定	垫板 固定板 固定板镶块 冲头	先将冲头挂台挂入固定板,再用螺钉锁入垫板	一般用于精度要求较高的模具,方便维修,但成本较高
锥形压块固定		先将冲头装入固定板,再用压块压住,螺钉锁住	一般用于精度要求较高的模具,方便维修,但斜面加工要求较高,成本较高

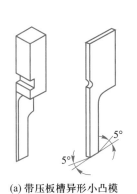

(a) 带压板槽异形小凸模

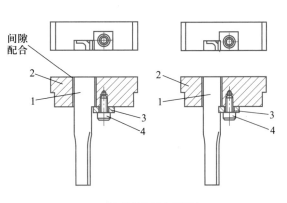

(b) 凸模与固定板配合

图 7.3.7 带压板槽的薄异形凸模结构

1—凸模;2—固定板;3—压板;4—螺钉

3. 凸模长度确定

凸模长度一般根据模具结构的需要确定。只有冲裁工序的多工位级进模,由于只有冲裁性质的凸模,其长度设计基本上都一致。当模具中出现弯曲成形或拉深成形的级进模时,冲压过程有多种不同冲压性质的凸模,成形的高度又有差异,同时模具中还有一定数量的导正销、检测凸模以及方向转换机构等。这些凸模和模具工作零件,不是同一时间接触材料,为了实现工作,它们的长度需要有长有短。弯曲成形凸模、拉深凸模的长度尺寸有较高要求。模具工位的工作顺序一般是先定位,冲切余料、冲裁,然后开始压弯或拉深工作。经过多次成形成为制件形状后,再进行冲裁(落料或将制件从载体上分离)。

由于冲裁凸模经常要刃磨,刃磨时不同高度的凸模常常会妨碍进行刃磨的凸模。在设计模具结构时,弯曲或拉深凸模、导正销等要考虑到拆卸方便、安装迅速和精度保证,还要考虑冲裁凸模刃磨后对其相对长度的影响。为此,当冲裁凸模刃磨时,应修磨弯曲或拉深凸模的基面,或者设计时适当增加冲裁凸模工作时进入凹模的深度,这样可以在一定的刃磨次数内不需修磨弯曲或拉深凸模的安装基面。一般情况下,各凸模长度均满足一定值,相互关系或长短差值根据不同情况而定。如图7.3.8所示,是在闭合状况下有冲裁、弯曲凸模长度关系的示例,从图中看出最短的是冲裁凸模1、4,它是这副模具中的基准,先确定其长度,其他凸模可以根据各自的实际需要,按冲裁凸模尺寸适当调整。从图示的情况看,其他凸模的长度均应增加。冲裁凸模的长度由式(7.3.1)计算确定:

$$L_2 = H_1 + H_2 + H_3 + t + Y \tag{7.3.1}$$

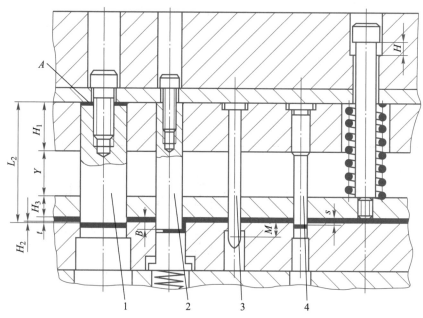

图 7.3.8　不同性质凸模长度关系

1、4—冲裁凸模;2—弯曲凸模;3—导正销

式中,L_2为冲裁凸模的长度,mm;H_1为凸模固定板厚度,mm;H_2为冲裁凸模进入凹模的深度,mm;H_3为卸料板厚度,mm;t为制件材料厚度,mm;Y为凸模固定板与卸料板之间安全距离,取15~20 mm。

一般情况下,凸模的长度尽量取整数,并且符合标准长度,取短不取长,对强度有利。弯曲凸模和导正销的长度应在冲裁凸模长度的基础上增加,增加的尺寸要满足弯曲高度尺寸的要求。而导正销 3 的长度应是最长的,它在所有凸模工作之前,应首先导入材料导正,然后各凸模才可进入工作状态,导正销的长度应是在最长凸模长度的基础上加 $(0.8 \sim 1.5)t$。

图中的 H 为卸料板的活动量,$H = B+t$,M 为导正销直壁部分导入材料长度,$M = H+(0.5 \sim 1)t$;A 为假想垫圈。当冲裁凸模刃磨多次后如果长度不够,可以通过加垫圈 A 得以补偿。

刃磨量的确定应和凸模使用寿命结合起来。刃磨用量留得少,刃磨几次后凸模的长度太短便不能用了;供刃磨量留多了,使凸模的全长设计得较长,模具闭合高度将增大。

在设计凸模时,对于有承受较大侧压力的凸模,弯曲和切口凸模要考虑设计侧弯保护,结构如图 7.3.9 所示,图 7.3.9a 为带导向部分的凸模,图 7.3.9b 为带背压块的结构。

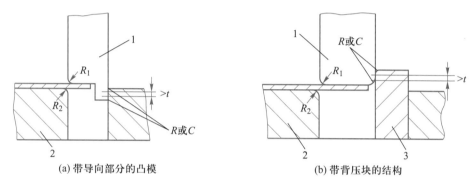

(a) 带导向部分的凸模   (b) 带背压块的结构

图 7.3.9　侧弯保护结构

1—弯曲凸模;2—弯曲凹模;3—背压块

7.3.2　凹模

多工位级进模凹模的设计与制造较凸模更为复杂和困难。凹模的结构常用的类型有整体式、嵌块式、拼装式和综合拼合式。整体式凹模由于受到模具制造精度和制造方法的限制,在多工位级进模中使用较少,常作为放置凹模镶件、小导套、导料板、托料装置,并保证它们位置精度的基准模板。

1. 嵌块式凹模

如图 7.3.10 所示为嵌块式凹模。嵌块式凹模的特点是:嵌块套制成圆形,且可选用标准零件。嵌块套损坏后可迅速更换备件。嵌块套固定在凹模板上,其对安装孔位置精度和形位公差有较高的要求,常使用坐标镗床和坐标磨床加工。当嵌块套工作孔为非圆形孔,固定部分为圆形时必须考虑防止嵌块套的转动。

如图 7.3.11 所示为常用的凹模嵌块套结构。如图 7.3.11a 所示为整体式,当嵌块套为异形孔且精度要求较高时,因不能磨削型孔和漏料孔,可将它分成两块(其分割方向取决于孔的形状),但要考虑到其拼接缝对冲裁有利和便于磨削加工,装入固定板后用键对其定位。在排样设计时,为了准确表达嵌块在模具中的安放位置和所占的空间尺寸,可以将嵌块套布置的情况表达在排样图上,如图 7.3.12 所示,包括考虑嵌块套形状和尺寸的大小。在考虑模具结构设计方案的布局中,还可画出与嵌块套相对应的凸模、嵌套、卸料板等对应关系图,如图 7.3.13 所示,便于设计模具时,分别将嵌块套、凸模、嵌套、卸料板装配到凹模、凸模固定板、卸料板对应位置。

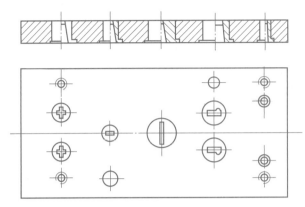

图 7.3.10　嵌块式凹模

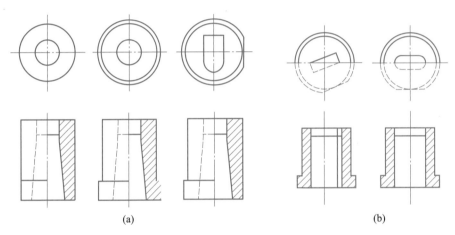

(a)　　　　　　　　　　　　　　　　　(b)

图 7.3.11　常用的凹模嵌块套结构

　　凹模嵌块与凹模板的固定常用过渡配合(H7/m6 或 H7/n6)。加工时内外形孔中心要求同轴度很高,常控制在 0.02 mm 之内,这样才能具有良好的互换性且便于维修。嵌块材料选用 SKD11 粉末高速钢。

　　凹模嵌块的结构及刃口形状可根据模具设计要求按相关设计资料选择。

　　2. 拼装式凹模

　　拼装式凹模的结构,因采用的加工方法不同而分为两种。当采用电火花加工凹模拼块时,凹模结构多采用并列组合式;如图 7.3.14 所示为一弯曲件的排样图,如图 7.3.15 所示为该排样方案采用的并列凹模结构示意图,图中省略了其他零部件。各凹模拼块的制造均由电火花线切割完成,加工好的拼块安装在固定板上并与下模座固定。采用这种组合,当需要更换个别拼块时,必须对全工位的步距进行调整。在选择分段拼合分割时,要尽量以直线分割;精度有要求的部位,原则上不应分为两段。每段凹模不宜包含太多的型孔;比较容易损坏的型孔,应独立分段。塑性成形工序的工位(如弯曲、拉深、成形等),应当与冲裁工位分开,以便于刃磨。为保证凹模型孔部位的强度,凹模分段块的分割面到型孔边要有足够的距离,以保证凹模的强度。为防止分段拼合凹模的任何一块在冲压过程中受力发生位移,在模块组合后需加整体固定板,使之与拼合凹模构成一体,如图 7.3.15 所示。

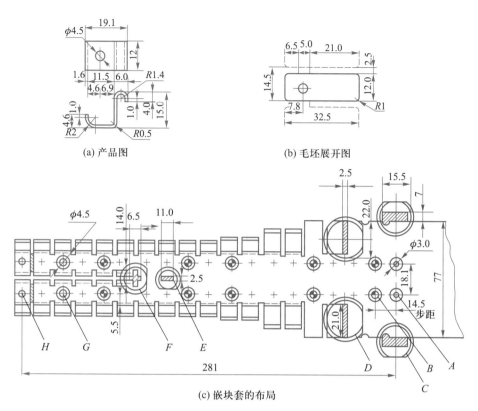

(a) 产品图　　　　　　　　　(b) 毛坯展开图

(c) 嵌块套的布局

图 7.3.12　嵌块套在排样中的位置

若型孔轮廓形状比较复杂,又有较高加工精度的要求,可采用磨削拼块拼装结构,该方法是将型孔分割,变内孔加工为外形加工,最终型孔型面采用成形磨削加工,通过各小段凹模结合面的拼合来保证各型孔加工精度要求和步距精度要求,如图 7.3.16 所示。磨削拼块拼装凹模便于刃磨、维修,不会因型孔个别位置的损坏而造成整个凹模拼块报废,并能较好解决热处理变形较大的问题,便于加工、装配和调整。同样,拼合后将拼块装在所需的固定板上,再装入凹模框内并以螺钉固定,最后安装在凹模座上。磨削拼装组合的凹模,由于拼块全部经过磨削和研磨,拼块有较高的尺寸精度,制造精度可达到微米级。在组装时为确保相互有关联的尺寸,可对需配合面增加研磨工序,对易损件可制作备件。

3. 综合拼合凹模

综合拼合凹模的设计是将各种拼合形式综合考虑,利用各种拼合的特点,以适应凹模拼合的特定要求。综合拼合凹模适合于冲裁、弯曲、成形和拉深等多工位级进模使用。

这种结构的最大特点是充分利用成形磨削加工工艺,使凹模各形孔的加工精度、各形孔之间的位置精度都比较高,同时个别易损部位和拉深、翻边等成形工位还可单独使用嵌块。

4. 拼块的设计

(1) 拼块分割时,分割点应尽可能选在转角或直线和曲线的交点上,避免选在有使用要求的功能面上沿直线分割,如图 7.3.17 所示。尖角处为便于加工和热处理变形开裂,应进行分割,如图 7.3.18 所示。

251

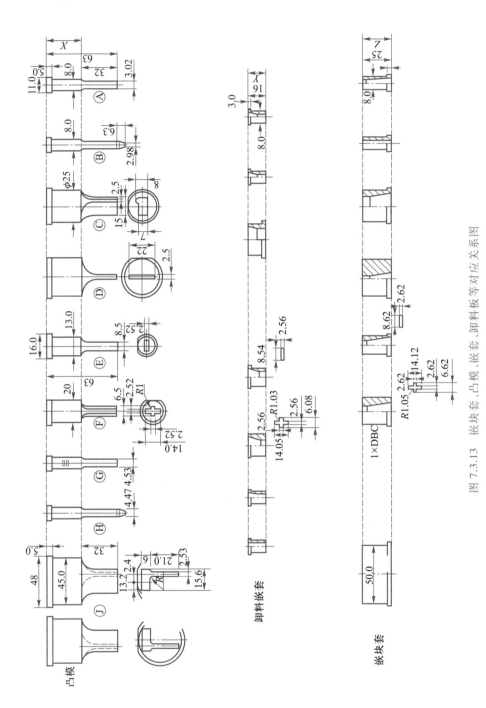

图 7.3.13　嵌块套、凸模、嵌套、卸料板等对应关系图

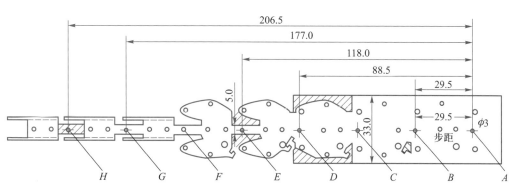

图 7.3.14 一弯曲件的排样图

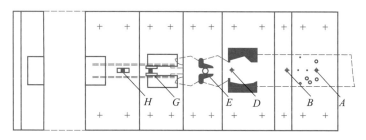

图 7.3.15 并列凹模结构示意图

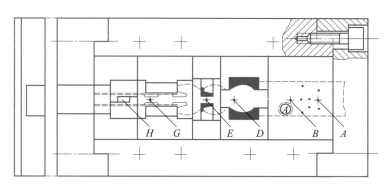

图 7.3.16 磨削拼块拼装凹模

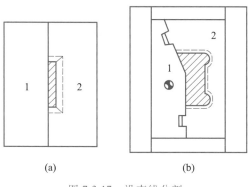

图 7.3.17 沿直线分割

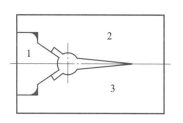

图 7.3.18 尖角处分割

（2）拼块应有利于加工、装配、测量和维修。特别是有凹进或凸起等易磨损部位时,应单独分块,以便于加工或更换,如图 7.3.18 拼块 1 所示。

（3）拼块在保证有利加工并满足热处理要求的条件下,数量应尽量少且便于装配。圆弧槽的分割如图 7.3.19 所示。复杂的对称型孔,应沿对称线分割成简单的几何线段,如图 7.3.20 所示。

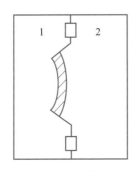

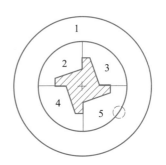

图 7.3.19　圆弧槽的分割　　　　图 7.3.20　沿对称线分割

（4）如果孔心距精度要求较高,或型孔中心距加工出现误差要求而需要进行调整时,可采用如图 7.3.21 所示的可调拼合结构。

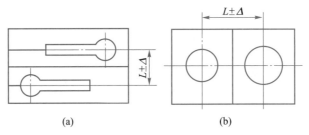

(a)　　　　　　　　(b)

图 7.3.21　可调拼合结构

（5）拼块要避免出现轮廓急剧变化,轮廓尽可能的简单。如图 7.3.22a 所示为不好的拼接,如图 7.3.22b 所示为较合理的拼接。

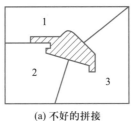
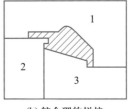

(a) 不好的拼接　　　　　　　(b) 较合理的拼接

图 7.3.22　轮廓变化的分割

5. 拼块凹模的固定形式

拼块凹模与下模座的固定是精密多工位级进模设计的关键之一。它关系到模具的受力、材料强度和使用寿命、制件尺寸精度、装配复杂程度、加工维修等多方面的因素。合理的凹模拼块固定方法,有以下几种:

1）平面固定式

平面固定式是将凹模各拼块按正确的位置拼装在固定板平面上,分别用定位销（或定位键）

和螺钉,定位和固定在垫板或下模座上,如图 7.3.23 所示。该形式适用于较大的拼块凹模,且按分段固定的方法固定。

2）嵌槽固定式

嵌槽固定式是在凹模固定板上精加工出直通式凹槽,槽宽与拼块外形尺寸成过渡配合,装配后一般不允许相互活动。拼合凹模装入后,在固定板开槽的两端用左右挡块或借助左右楔块将凹模拼块紧紧压住固定。在凹模的上面再利用导料板将其压住不动,或用螺钉固定,如图 7.3.24 所示。固定板上凹槽深度 h 不小于拼块厚度 H 的 2/3。

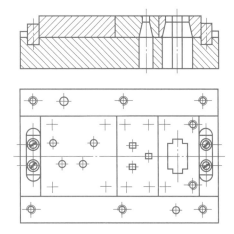

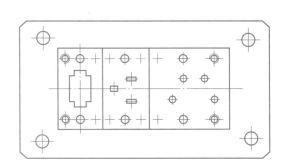

图 7.3.23　平面固定式拼块凹模　　　　图 7.3.24　嵌槽固定式拼块凹模

3）外框固定式

如图 7.3.25 所示是外框固定式拼块凹模,拼块组合后嵌入到预先加工好的凹模固定板方框内,图中的凹模由件 1、2、3 拼合而成,然后固定到凹模固定板 4 内(一般取 H7/m6 或 H7/n6 配合),并在下面加上淬硬的垫板 5,组成一个完整的凹模。这种固定方法比较稳定可靠,强度也好,承载力比较大,但装拆不方便。

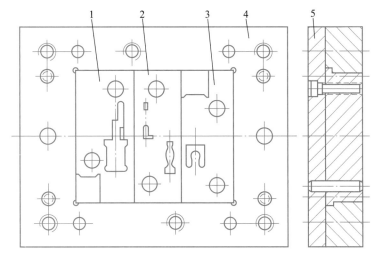

图 7.3.25　外框固定式拼块凹模

1、2、3—拼块;4—凹模固定板;5—垫板

7.3.3　料带的导正定位

在多工位精密级进模设计时,常将导正销与侧刃配合使用,侧刃作定距和初定位,导正销作精定位。此时侧刃冲裁刃口长度应比步距大 0.05~0.1 mm,以便导正销导入料略向后退,保证送料精度。当采用自动送料机构送料时,可不用侧刃,送料装置控制送料步距作为初定位,料带的准确定位由导正销来实现。

在设计模具时,作为精定位的导正孔,应安排在排样图中的第一工位冲出,导正销设置在紧随冲导正孔的第二工位,第三工位可设置检测料带送进步距误差的检测凸模,如图 7.3.26 所示。如图 7.3.27 所示是导正过程示意图。虽然多工位级进冲压过程采用了自动送料装置,但送料装置可能出现 ±0.02 mm 左右的送进误差。由于送料的连续动作将造成自动调整失准,形成误差积累。为了保证送料精度,送料装置在送料时多送了 C,如图 7.3.27a 所示,导正销导入导正孔后迫使材料向 F' 方向退回,从而保证送料步距要求,如图 7.3.27b 所示。导正销的设计要考虑如下因素:

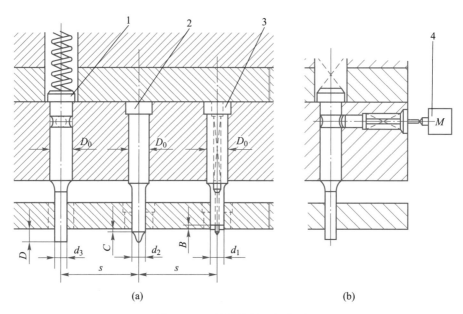

图 7.3.26　料带的导正与检测

1—检测销;2—导正销;3—冲导正孔凸模;4—传感器

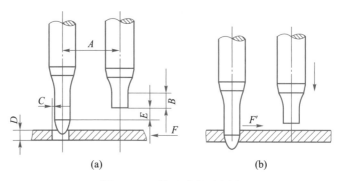

图 7.3.27　导正过程示意图

1. 导正销与导正孔的关系

导正销导入材料时,既要保证材料的定位精度,又要保证导正销能顺利地插入导正孔。配合间隙大,定位精度低;配合间隙过小,导正销磨损加剧并形成不规则形状,从而又影响定位精度。合理的导正销与凹模间隙,如图 7.3.28a 所示图表中的曲线所示(C 为单边间隙)。

2. 导正销的突出量

导正销的前端部分应凸出于卸料板的下平面,如图 7.3.28b 所示。突出量 x 的取值范围为 $0.6t < x < 1.5t$。薄料取较大的值,厚料取较小的值,当 $t = 2$ mm 以上时,$x = 0.6t$。

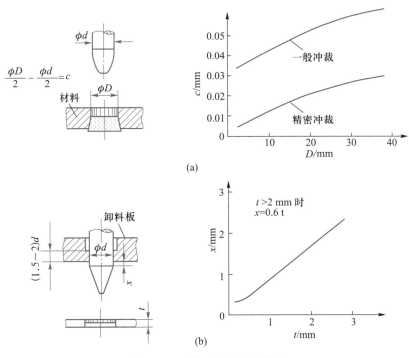

图 7.3.28　导正销的使用条件

导正销在一副模具中多处使用时,其突出长度 x、直径尺寸和头部形状必须保持一致,以使所有导正销承受基本相等的载荷。

3. 导正销的头部形状

导正销的头部形状从工作要求来看分为引导和导正部分,根据几何形状可分为圆弧和圆锥头部。如图 7.3.29a 所示为常见的圆弧头部,如图 7.3.29b 所示为圆锥头部。

4. 导正销的结构与装配方式

如图 7.3.30 所示为导正销结构及装配方式,图 7.3.30a、b 是标准的独立导正销,其形状除了头部导正部分为曲面外,其余部分和冲孔凸模结构相似,固定部分与凸模固定板配合,一般按 H7/m6 过渡配合。图 7.3.30c 是带有弹压卸料块的导正销,用于薄料及较大型制件,在导正销未插入导正孔之前,先由弹压卸料块将料带压住再由导正销导正。这种结构能防止导正销与导正孔之间因间隙小而把材料带在导正销上。图 7.3.30e 与图 7.3.30a 形式相同,但图 7.3.30e 的装配和调整都比较方便。图 7.3.30d 是活动型导正销,图 7.3.30f 是活动型导正销与其他零件的配合关系和装配要求。图 7.3.30g、h 是导正销直接固定在卸料板上,用于卸料板厚度比较大、模具行

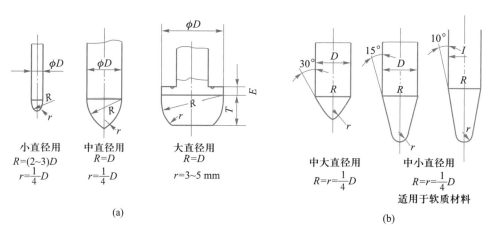

小直径用
$R=(2\sim3)D$
$r=\frac{1}{4}D$

中直径用
$R=D$
$r=\frac{1}{4}D$

大直径用
$R=D$
$r=3\sim5$ mm

(a)

中大直径用
$R=r=\frac{1}{4}D$

中小直径用
$R=r=\frac{1}{4}D$
适用于软质材料

(b)

图 7.3.29　导正销的头部形状

程较大时,可以采用的结构。该结构可以减小导正销的长度和行程。采用该结构,卸料板必须要装有辅助导向卸料板导柱导套。

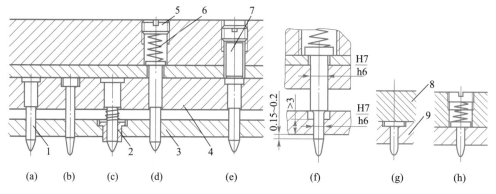

(a)　(b)　(c)　(d)　(e)　(f)　(g)　(h)

图 7.3.30　导正销的结构及装配方式

1—导正销;2—弹压卸料块;3—卸料板;4—凸模固定板;5—螺母;
6—弹簧;7—销;8—卸料板背板;9—卸料板镶块

如图 7.3.31 所示是导正销直接固定在落料凸模上。该导正方式要求制件上要有满足导正条件的孔,能很好地保证孔与落料外形同轴度的要求。

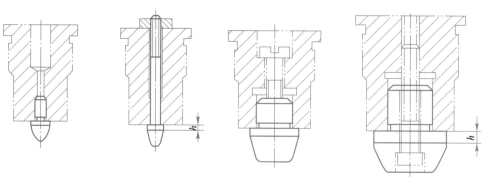

图 7.3.31　导正销直接固定在落料凸模上

导正销导入材料,其导正部分的工作尺寸不能少于材料厚度的 50%,否则起不到导正的作用,当导入部分较大,达到 $(1.5\sim2)t$ 时,在上模回程的过程中,料带的轻微串动都有可能卡在导正销上,料带与上模一起回升,不能可靠地将料带卸下,甚至卸料时将料带拉变形。特别是料薄时,这种现象较为突出,解决的办法是在导正销周围安装小弹顶器,如图 7.3.32 所示。

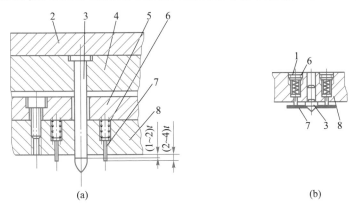

图 7.3.32 带弹顶器的导正销

1—螺塞;2—垫板;3—导正销;4—固定板;5—限位板;6—弹簧;7—卸料杆;8—卸料板

7.3.4 料带的导向和托料装置

多工位级进模依靠送料装置的机械动作,把料带按规定的尺寸间歇送进,实现自动冲压。由于料带经过冲裁、弯曲和拉深等变形后,在料带厚度方向上会有不同高度的弯曲和突起,若弯曲,凸起的方向向下,为了顺利送进,必须将料带托起,使突起和弯曲的部位离开凹模工作表面。这种使料带托起的特殊结构称为浮动托料装置。该装置往往和料带的导向零件共同使用。

1. 浮动托料装置

如图 7.3.33 所示,是常用的浮动托料装置,结构有托料钉、托料管和托料块三种。托起的高度一定应使料带最低部位高出凹模表面 $1.5\sim2$ mm,同时应使被托起的料带上平面低于导料板下平面 $(2\sim3)t$ 左右,这样才能使料带送进顺利。托料钉的优点是可以根据托料具体情况布置,托料效果好,凡是托料力不大的情况都可采用压缩弹簧作托料力源。托料钉通常用圆柱形,但也可用方形(在送料方向带有斜度)。托料钉经常以偶数使用,其正确位置应设置在料带上没有较大的孔和成形部位的下方。对于刚性差的料带应采用托料块托料,以免料带变形。图 7.3.34c 采用托料块托料,托料块的斜面方向应迎着送料方向。图 7.3.34b 采用托料管,常用在有导正孔的位置进行托料,它与导正销配合 (H7/h6),管孔起导正孔作用,适用于薄料。

使用托料装置时,为了保证料带的正确导向,常与导料板结合使用,如图 7.3.34 所示是常用料带的导料方式。

2. 有导向功能的浮动托料装置

托料导向装置是具有托料和导料双重作用的重要模具部件,在级进模中应用广泛。它分为浮动托料导向钉和浮动托料导轨两种。

1) 浮动托料导向钉

浮动托料导向装置设计如图 7.3.35 所示,在设计中最重要的是导向钉的导料槽和卸料板凹坑深度的确定。如图 7.3.35a 所示是料带送进的工作位置,当送料结束,上模下行时,卸料板凹坑

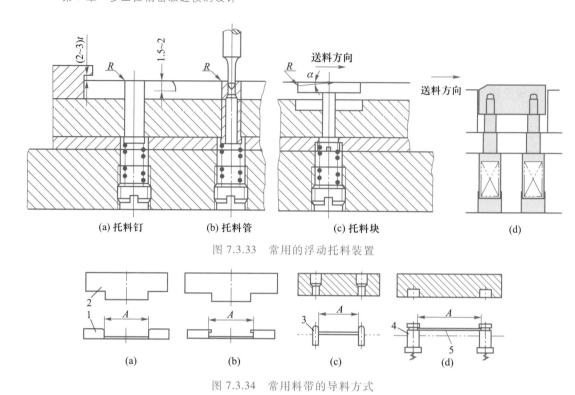

(a) 托料钉　　(b) 托料管　　(c) 托料块　　(d)

图 7.3.33　常用的浮动托料装置

(a)　　　　(b)　　　　(c)　　　　(d)

图 7.3.34　常用料带的导料方式

1—导料板；2—卸料板；3—导料销；4—浮动托料导向钉；5—料带

底面首先压缩托料导向钉,使料带与凹模面平齐并开始冲压。当上模回升时,弹簧将浮动托料导向钉推至最高位置后,送料机构进行下一次的送料,料带的导向依靠两侧托料钉的侧表面导向送进。在一些结构设计中,浮动托料导向钉对应的上模没有卸料板,此时应在上模相对应的位置设计相应的压杆,驱动托料钉下方弹簧被压缩。如图 7.3.35b、c、d 所示是常用的托料钉结构,也可用方形结构,设计时可参考有关设计标准。

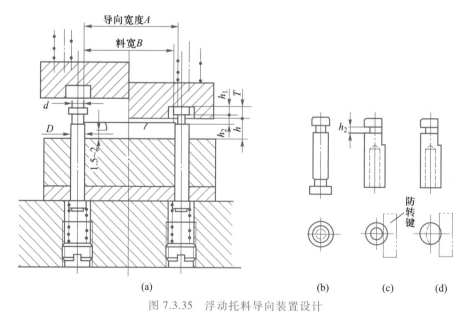

(a)　　　　　　　(b)　　(c)　　(d)

图 7.3.35　浮动托料导向装置设计

在设计托料导向装置时,要防止如图 7.3.36 所示的托料钉头部尺寸与卸料板沉孔尺寸不匹配的设计错误。如图 7.3.36a 所示的卸料板凹坑过浅,使带料被向下挤入与托料钉配合的孔内;如图 7.3.36b 所示的凹坑过深,造成带料被推入卸料板凹坑内。因此,设计时必须注意尺寸的协调,其协调尺寸推荐值为:

槽宽:$h_2 = (1.5 \sim 2)t$

头高:$h_1 = (1.5 \sim 3)$ mm

坑深:$T = h_1 + (0.3 \sim 0.5)$ mm

槽深:$(D - d)/2 = (3 \sim 5)t$

浮动高度:$h =$ 材料向下成形的最大高度 $+ (1.5 \sim 2)$ mm

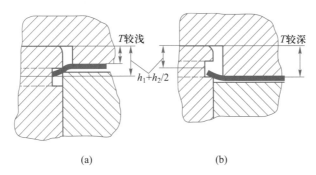

图 7.3.36 托料钉头部尺寸与卸料板沉孔尺寸不匹配的设计错误

其中,尺寸 D 和 d 可根据料带宽度、厚度和模具的结构尺寸确定。托料钉常选用合金工具钢,淬硬到 58~62HRC,并与凹模孔成 H7/h6 配合。托料钉的下端台阶可做成可装拆式结构,在装拆面上加垫片可调整材料托起位置的高度,以保证送料平面与凹模平面平行。

2)浮动托料导轨导向装置

如图 7.3.37 所示为浮动托料导轨式的结构图,由 4 根浮动导销与 2 条导轨托板所组成,适用于薄料和要求较大托料范围的材料托起。设计托料导轨导向时,应将导轨分为导轨托板和盖板上下两件组合,当冲压出现故障时,拆下盖板可取出带料。常用的浮动导向托料装置典型结构扫描二维码进行阅读。

拓展知识
浮动导向托料装置

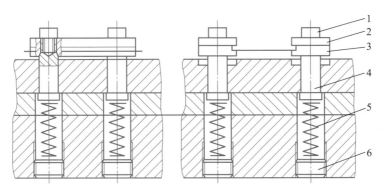

图 7.3.37 浮动托料导轨式的结构图
1—螺钉;2—盖板;3—导轨托板;4—托料钉;5—弹簧;6—螺塞

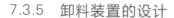

7.3.5 卸料装置的设计

卸料装置是多工位级进模结构中的重要部件。它的作用除冲压开始前压紧料带,防止各凸模冲压时由于先后次序的不同或受力不均而引起料带窜动,保证冲压结束后及时平稳地卸料外,更重要的是在多工位级进模中卸料板还将对各工位上的凸模,特别是细小凸模在受到侧向作用力时,起到精确导向和有效的保护作用。卸料装置主要由卸料板,弹性元件,卸料螺钉和辅助导向零件组成。如图 7.3.38 所示,卸料板 12、卸料板背板 11、弹簧 5、组合卸料螺钉 3 和辅助导向零件 7、8。

1. 多工位级进模卸料板的结构

多工位级进模的弹压卸料板,由于型孔多,形状复杂,为保证型孔的尺寸精度,位置精度和配合间隙,极少采用整体结构,一般多采用组合式结构,目前常用的有如下两种:

(1) 两板式组合结构

由卸料板与卸料板背板组合构成,如图 7.3.38 和图 7.3.39 所示。卸料板背板的作用是固定卸料镶件,承受安装在卸料板中的成形镶件在生产过程中产生的集中应力,并与卸料板共同固定小导柱、压卸料、折弯镶件和导正销等,防止零件向上退出卸料板。卸料板的主要作用是固定卸料镶块、折弯镶件等,并保证各凸模位置的精确度和对凸模的导向;当模具下行,卸料板首先预压冲压材料,所有凸模完成冲压后,借由卸料弹簧提供的力将凸模与冲压材料分离。

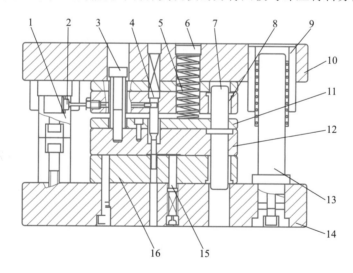

图 7.3.38 卸料装置

1—限位柱;2—微动开关;3—组合卸料螺钉;4—误送检测组件;5—弹簧;6—螺塞;
7—卸料板导柱;8—卸料板导套;9—模架导套;10—上模座;11—卸料板背板;
12—卸料板;13—模架导柱;14—下模座;15—托料钉;16—凹模

(2) 分段拼装结构

分段拼装结构是将分解后的卸料板固定在一块刚度较大的基体上,它的拼装原则与凹模相同。如图 7.3.40 所示是弹压卸料板,由 5 个拼块组合而成。基体按基孔制配合关系加工出拼块安装槽,两端的两块按位置精度的要求压入基体通槽后,分别用螺钉、销钉定位和固定。中间三块拼块经磨削加工后直接压入通槽内,仅用螺钉与基体连接。安装位置尺寸采用对各分段的结

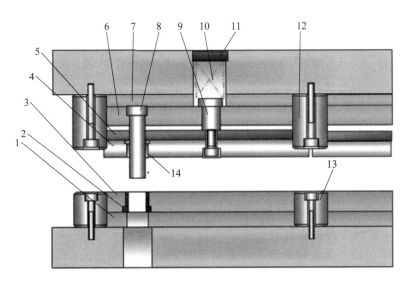

图 7.3.39　带有辅助导向卸料板

1—凹模垫板；2—凹模嵌块；3—凹模板；4—弹压卸料板；5—卸料板背板；6—凸模固定板；7—垫板；8—小导柱；
9—卸料组合螺钉；10—螺塞；11—强力弹簧；12—上限位柱；13—下限位柱；14—小导套

合面进行研磨加工来调整，从而控制各型孔的尺寸精度和位置精度。卸料板采用高速钢或合金工具钢制造。淬火硬度为 56~58 HRC，其型孔的工作面表面粗糙度值 $Ra = 0.4 \sim 0.1\ \mu m$。凸模与卸料板的配合间隙只有凸模和凹模冲裁间隙的 1/4~1/3。

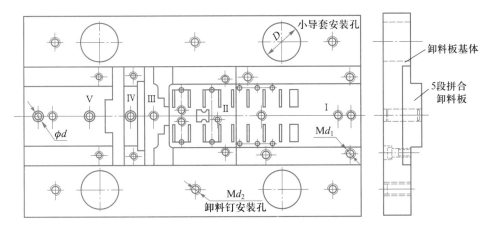

图 7.3.40　弹压卸料板

2. 卸料板的导向形式

由于多工位级进模的卸料板有保护精密小凸模的作用，要求卸料板有很高的运动精度，为此要在卸料板与上模座之间增设辅助导向机构——小导柱和小导套，其配合间隙一般为凸模与卸料板配合间隙的 1/2，如图 7.3.39 所示。当冲压的材料比较薄，模具的精度要求较高，工位数又比较多时，辅助导向机构应选用滚珠式导柱导套。

3. 卸料板组件的安装

卸料板组件采用卸料螺钉吊装在上模上。卸料螺钉应对称分布，工作长度要严格一致。吊装后的卸料板下平面要与凹模板上平面平行。如图 7.3.41 所示是多工位级进模使用的卸料螺钉。外螺纹式,轴长 L 的精度应控制在±0.1 mm。不能保证精密级进模使用时,能保证卸料板与凹模板上平面平行的精度要求,常使用在少工位的普通级进模中;内螺纹式,轴长精度为±0.02 mm,通过磨削轴端面可使一组卸料螺钉工作长度保持一致;组合式,由套管、螺栓和垫圈组合而成,它的轴长精度可控制为±0.01 mm。内螺纹和组合式有一个很重要的特点,当冲裁凸模经过一定冲压次数后进行刃磨,刃磨后对卸料螺钉工作段的长度必须磨去同样的量值,才能保证卸料板的压料面与冲裁凸模端面的相对位置。

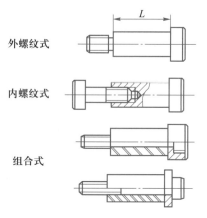

图 7.3.41　多工位级进模
使用的卸料螺钉

如图 7.3.42 所示为卸料螺钉在卸料板中的安装形式。卸料板的压料力、卸料力都是由卸料板上面安装的均匀分布的弹簧受压而产生的。由于精密级进模卸料板与各凸模的配合间隙仅有 0.005 mm 左右,所以安装卸料板比较麻烦,在不十分必要时,尽可能不把卸料板从凸模上卸下。考虑到刃磨时既不需把卸料板从凸模上取下,又要使卸料板低于凸模刃口端面以刃磨凸模,常把弹簧与卸料螺钉分开布置,弹簧用螺塞限位,刃磨时只要旋出螺塞,弹簧即可取出,不受弹簧作用力作用的卸料板随之可以向上模座方向移动,露出凸模刃口端面,即可重磨刃口,同时更换弹簧也十分方便,卸料螺钉若采用套管组合式,修磨套管尺寸可调整卸料板相对凸模的位置,修磨垫片可调整卸料板使其达到理想的动态平行度(相对于上、下模)要求,如图 7.3.42a 所示采用套管式卸料螺钉,弹簧和套管卸料螺钉分别装在模具的不同位置;图 7.3.42b 采用的是内螺纹式卸料螺钉,弹簧压力通过卸料螺钉传至卸料板,这种结构卸料板的行程受到弹簧长度的限制。磨削图 7.3.42c 中垫块,可调节卸料板与凹模的平行度。

装配后的卸料板必须保持和上、下模平行,运动平衡,卸料力足够大。卸料过程中,卸料板始终保持良好的刚性,不允许变形。但是当料带的料头或料尾处于凹模与卸料板之间的一侧时,由于卸料板和凸模之间,卸料板和辅助的小导柱、小导套之间存在一定间隙(虽然间隙很小),会引起卸料板的不稳而倾斜,如图 7.3.43a 所示。凸模受侧向力影响,导致凸、凹模啃刀口。为防止这种现象,在卸料板的适当位置设置平衡钉(如图 7.3.43b 所示)等方法,来保持卸料板在运动时的平衡。平衡钉在卸料板的两端均应设置,每端两个,它们伸出卸料板底平面的高度应调整在同一水平面内。

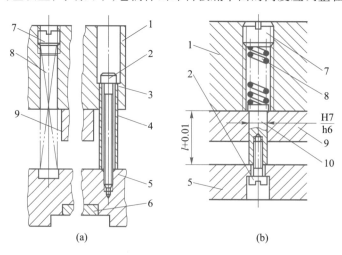

(a)　　　　　　　　　　(b)

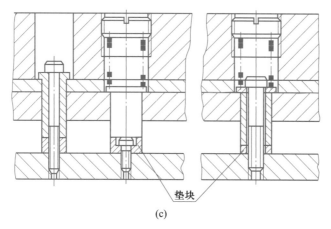

图 7.3.42　卸料螺钉在卸料板中的安装形式

1—上模座；2—螺钉；3—垫片；4—管套；5—卸料板；6—卸料板拼块；7—螺塞；
8—弹簧；9—固定板；10—卸料销

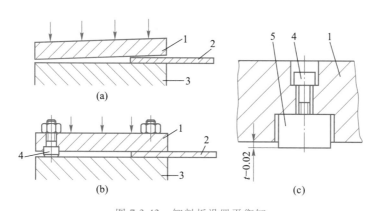

图 7.3.43　卸料板设置平衡钉

1—卸料板；2—材料；3—凹模；4—螺钉；5—压块

在卸料板上加多个压块,如图 7.3.43c 所示。不仅可以控制卸料板的水平,而且可用于控制料带的压紧程度。图中限压块高出卸料板底平面一定尺寸,实际尺寸比料厚小 0.02 mm,即($t-$0.02)mm,这样能保持卸料板既压平料带又避免将料带压坏。

7.3.6　限位装置

多工位级进模结构复杂,凸模较多,在存放、搬运、试模和冲压生产过程中,若凸模过多地进入凹模,会对模具造成较大的磨损,为此在设计多工位级进模时应考虑安装限位装置。限位柱的主要作用是防止合模高度设置错误而损坏模具,对模具和内部镶件起保护作用。

如图 7.3.44 所示的对模深度限位装置由限位柱与限位垫块或限位套等零件组成。限位装置的总高度正是模具在镦压状态下的高度加上工件的料厚,这样安装调试模具时只要将限位垫块放在两限位柱之间即可,模具对好后取下限位垫块即可冲压。当完成冲压后,可将限位套套在限位柱上,使上下模保持开启状态,便于搬运和存放,如图 7.3.44b 所示;图 7.3.44c 是限位柱标准件,设计时可按标准选择。

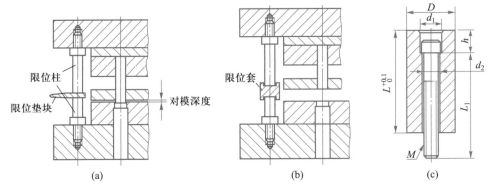

图 7.3.44　对模深度限位装置

当模具的精度要求较高,且模具有较多的小凸模,又有镦压要求的制件成形时,可在弹压卸料板和凸模固定板之间设计一限位垫板(镦压板),能起到较准确地控制凸模进入凹模深度和镦压的作用,如图 7.3.45 所示。

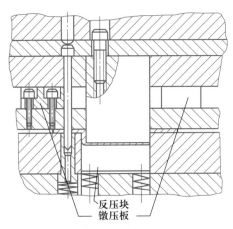

图 7.3.45　镦压板的使用

7.3.7　加工方向的转换机构

在级进弯曲或其他成形工序冲压时,往往需要从不同方向进行加工。因此需将压力机滑块的垂直向下运动,转化成凸模(或凹模)向上或水平等不同方向的运动,实现不同方向的成形。完成这种加工方向转换的装置通常采用斜楔滑块机构或杠杆机构。

1. 反向(倒冲)冲压机构

反向冲压机构多由杠杆机构、摆块机构实现,也可采用两段斜楔滑块机构来实现。它是多工位级进模中特殊的冲压机构,设计该机构时主要要求机构可靠性高,并具有足够的强度和刚度,还应考虑便于维修、更换和安装。

杠杆倒冲机构如图 7.3.46 所示,主动杆 4 随上模下行,通过从动杆 3 使杠杆绕轴 13 向上摆动,推动凸模 7 向上运动实现冲切材料。上模回程时,通过复位弹簧 9 使杠杆逆时针摆动,轴 11 拉动凸模 7 复位。如图 7.3.47 所示为杠杆摆块倒冲机构,冲压过程与杠杆倒冲机构相同。当倒冲的压力较大时,杠杆截面可做成半圆状,以整个圆弧面作为支承,如摆块 2。垫板 15 内可装入淬火处理的圆弧垫板 1 内,以增大与摆块的耐磨性。

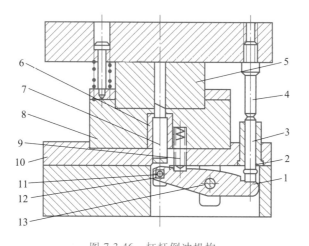

动画
斜楔滑块
倒冲机构

动画
杠杆倒冲
机构

图 7.3.46　杠杆倒冲机构

1—梭形杠杆;2—导向套;3—从动杆;4—主动杆;5—上模;6—护套;7—凸模;
8—凹模;9—复位弹簧;10—垫板;11、13—轴;12—轴套

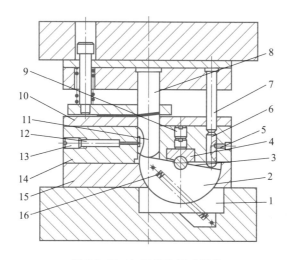

动画
摆块倒冲
机构

图 7.3.47　杠杆摆块倒冲机构

1—圆弧垫板;2—摆块;3—轴;4—压块;5—限位螺钉;6—从动杆;7—主动杆;8—弯曲上模;
9、13—螺塞;10—盖板;11—弯曲模;12—限位杆;14—下模套;15—垫板;16—复位拉簧

反向冲压凸模必须有良好的导向机构、复位机构。

2. 侧向冲压机构

典型侧向冲压机构如图 7.3.48 所示,结构的主要零件是斜楔和滑块,常配对使用。斜楔一般装在上模,滑块装于下模内。上模在压力机带动下垂直向下运动,安装在上模的斜楔驱动下模中的滑块(结合面为斜面,斜角为 α)变成水平运动(也可以逆冲压方向运动),实现横向(或反向)冲压(冲孔、成形、压包、压筋等)。斜楔与滑块在使用中,斜楔为主动件,滑块是被动件。

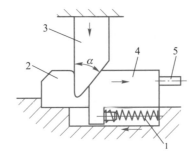

图 7.3.48　典型侧向冲压机构

1—弹簧；2—挡块；3—斜楔；4—滑块；5—侧冲凸模

如图 7.3.49 所示为常用的侧冲凸模安装结构。图 7.3.49a 适用于圆凸模，图 7.3.49b 不仅适用于圆凸模，也适用于各种异形凸模的安装。

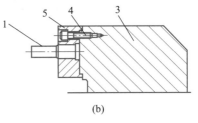

圆柱面配合

(a)　　　　　　　　　(b)

图 7.3.49　常用的侧冲凸模安装结构

1—凸模；2—螺母；3—滑块；4—螺钉；5—固定板

3. 方向转换机构的应用

扫描二维码进行阅读。

7.3.8　成形件尺寸精度微量调节机构

模具在成形时，有时需要在校正和整形过程中，微量地调节成形凸模的位置保证成形件尺寸精度。调节量太小则达不到成形件的质量要求，调节量太大成形时易使凸模折断。如图 7.3.50 所示是常用的微量调节机构。图 7.3.50a 通过调节螺钉 1 推动调节滑块 2，即可调节凸模 3 伸出的长度。图 7.3.50b 是调节滑块的结构；图 7.3.50c 是一种可方便地调整压弯凸模的位置的结构，特别是由于板厚误差变化造成制件误差时，可通过调整凸模上下位置来保证成形件的尺寸。

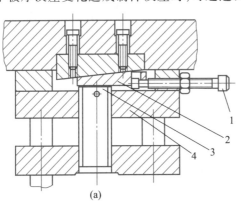

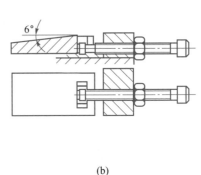

(a)　　　　　　　　　　　　　　　　(b)

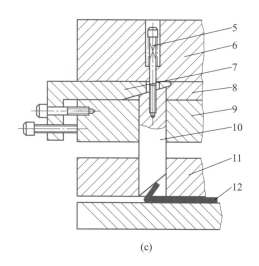

(c)

图 7.3.50　常用的微量调节机构

1、5—螺钉；2、7—调节滑块；3—凸模；4、9—凸模固定板；6—模座；

8—垫板；10—弯曲凸模；11—卸料板；12—制件

如图 7.3.51a 所示为调节弯曲度的微量调节机构。利用它在图 7.3.51b 所示冲裁后的坯料上两个不同地点压印，可以校正因冲裁引起的成形料带弯曲变形。当向下弯曲时，在 A 处压印；当向上弯曲时，在 B 处压印，以消除不同的弯曲度。在何处压印必须根据成形后料带的弯曲情况来确定，从而调整凸模的工作尺寸。

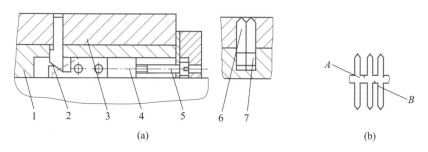

图 7.3.51　成形凸模工作高度的微量调节机构

1—导轨板；2、4—滑块；3—凸模导板；5—调节螺钉；6、7—压印凸模

工作时，拧紧调节螺钉 5，滑块（由斜度方向不同的滑块 2、4 通过圆柱销固定在一起）右移，压印凸模 7 上升压印，此时压印凸模 6 不起作用，并在卸料板的作用下回位。当拧松调节螺钉 5 时，滑块左移，压印凸模 6 上升压印，压印凸模 7 不起作用。

7.3.9　间歇切断（定尺寸切断）装置

扫描二维码进行阅读。

拓展知识

间歇切断装置

7.3.10　级进模模架

模架是连接级进模所有零部件的主要基础部件，同时承载冲压过程中的全部载荷。上下模的相对位置通过模架的导向装置保持,并使其精度稳定,引导凸模正确运动,保证凸模与凹模的冲裁间隙均匀。

　　级进模模架要求刚性好、精度高。因此,通常上下模座都选择厚度较厚的钢模架,比 GB/T 2852—2008 标准中的加厚 20%~30%。同时,为了满足刚性和导向精度的要求,精密级进模的模架,一般采用滚动型(滚柱或滚球)导柱导套(模具尺寸较大时选多导柱导套结构)(GB/T 2861—2008),如图 7.3.52 所示。

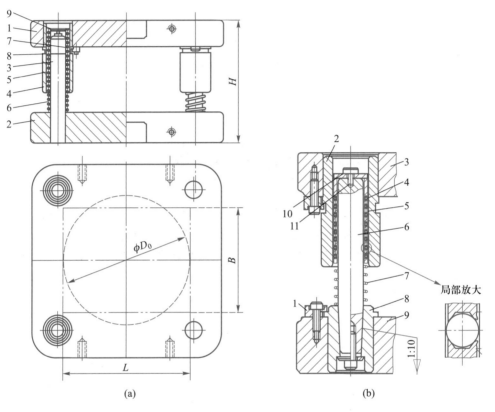

1—上模座;2—下模座;3—导柱;4—导套;
5—钢球保持圈;6—弹簧;7—压板;8—螺钉;
9—保持器限程挡板

1—压块;2—导套;3—上模座;4—钢球;5—保持圈;
6—导柱;7—弹簧;8—压套;9—下模座;
10—保持器限程挡板;11—螺钉

图 7.3.52　滚动型导柱导套

　　为了方便刃磨和装拆,常将导柱做成可卸式,即锥度固定式(其锥度为 1:10)或压板固定式(配合部分长度为 4~5 mm,按 T7/h6 或 P7/h6 配合,让位部分比固定部分小 0.04 mm 左右,如图 7.3.53 所示)。导柱材料常用 GGr15 淬硬 60~62 HRC,粗糙度最好能达到 0.1 μm,此时磨损最小,润滑作用最佳。为了更换方便,导套也采用压板固定式,如图 7.3.53d、e 所示。

　　如图 7.3.54 所示是滚动型独立导柱导套组件,该组件的特点是装配简单,同时能保证上下模较高的导向精度。独立导柱导套组件的装配只需钳工在模具装配时,在模板上加工销孔和螺钉孔,就可实现导柱导套的装配。该类组件目前在精密级进模中使用广泛。

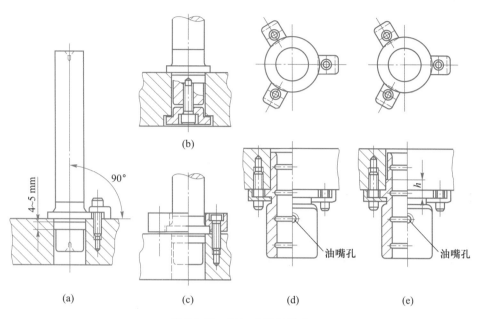

图 7.3.53　可卸式导柱导套

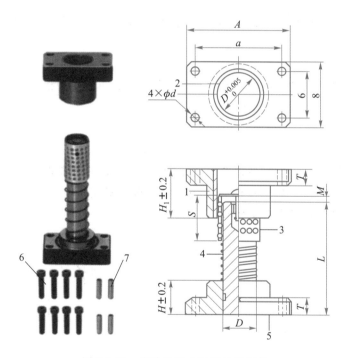

图 7.3.54　滚动型独立导柱导套组件
1—上基座；2—导套；3—滚珠保持器；
4—支撑弹簧；5—下基座；6—螺钉；7—销钉

271

7.4　多工位精密级进模的安全保护

7.4.1　防止制件或废料的回升和堵塞

1. 制件或废料回升的原因

1）冲裁件形状

冲裁件形状简单且材料薄、软质易回升。轮廓形状复杂的制件或废料,因其轮廓凸凹部分较多,凸部收缩,凹部扩大,角部在凹模壁内有较大的阻力,所以不易回升。

2）冲裁速度

当冲裁速度较高时,制件或废料在凹模内被高速工作的凸模吸附作用大（真空作用）,因此容易回升。特别是在冲裁速度超过 500 次/min 时,这种现象更为明显。

3）凸模和凹模刃口的利钝程度

锋利刃口冲裁时,材料阻力小、制件或废料容易回升。相反,钝刃口冲裁阻力大,制件或废料受凹模壁阻力也增大,所以不易回升。

4）润滑油

高速冲压时,为了延长模具寿命,一般要在被加工材料表面涂润滑油,润滑油不仅容易使制件或废料黏附在凸模上,而且使凹模壁的阻力也相应减小,所以容易回升。

5）间隙

冲裁间隙小时,冲裁剪切面(光亮带)大,制件或废料受凹模壁的挤压力和阻力大,故不易回升。相反,间隙大,制件或废料容易回升。

2. 防止制件或废料回升的措施

利用内装顶料销的凸模可防止制件或废料回升,如图 7.4.1a 所示;图 7.4.1b 是利用压缩空气防止废料回升,它主要用于不能安装顶料销的小断面凸模,尤其是在拉深件上冲底孔凸模,其气孔直径一般为 0.3～0.8 mm。较大型凸模可将凸模下断面制成凹坑,坑内装弹簧片,利用弹簧片的作用力防止废料上浮,如图 7.4.1c 所示。

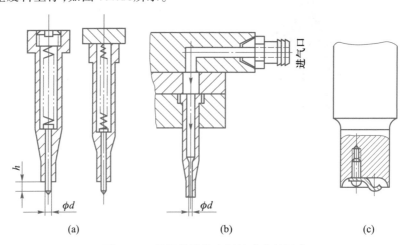

图 7.4.1　利用凸模防止制件或废料回升

3. 制件或废料的堵塞

制件或废料如果在凹模内积存过多,一方面容易损坏凸模,另一方面会胀裂凹模。因此不能让制件或废料在凹模内积存过多。造成堵塞的原因主要是由凹模漏料孔所引起的,可采取如下措施改善。

1) 合理设计漏料孔

对于薄料小孔冲裁($d<1.5$ mm),因废料重量轻又被润滑油黏在一起,所以最容易堵塞。在不影响刃口重磨的情况下,应尽量减小凹模刃口直筒部分的高度 h,使 $h=1.5$ mm。对于精密制件,在刃口部分制成 $\alpha=3'\sim10'$ 的锥角孔口,漏料孔壁制成 $\alpha=1°\sim2°$ 的锥角,如图7.4.2所示。

2) 利用压缩空气防止废料堵塞

采用如图7.4.3所示的方法,利用压缩空气使凹模漏料孔产生负压,迫使制件或废料漏出凹模,既可防止制件或废料回升,又可防止堵塞凹模。

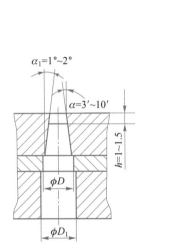

图7.4.2　带锥度的凹模漏料孔

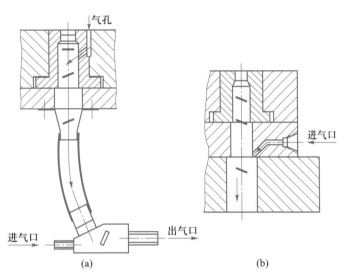

图7.4.3　利用压缩空气防止废料堵塞

7.4.2　模面制件或废料的清理

冲模在工作时,决不允许有制件或废料停留在模具表面。尤其是级进模要在多个不同的工位上完成制件的不同成形工序,更不能忽视其模面制件和废料的清理,而且清理时必须自动进行才能满足高速生产的要求。生产中常用压缩空气清理制件或废料离开模面,形式有以下几种:

1. 利用凸模气孔吹离制件

当制件成形后从料带上分离时,若采用一次分离几件的方法切离的制件,基本都不能从凹模漏料孔中漏下,只能从模面清理。清理这类制件,可用如图7.4.4所示方法。凸模上钻的气孔位置及大小按清理制件不同而异,其直径一般以 $0.8\sim1.2$ mm 为宜。凸模中间气孔防止废料回升,两侧斜孔($\alpha=45°\sim50°$)用以吹离被切离的制件,使制件向模面两边离开。

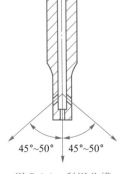

图7.4.4　利用凸模
气孔吹离制件

2. 从模具端面吹离制件

在最后工位切离的制件,可利用增设的气孔从模具端面吹离,如图 7.4.5a 所示。压缩空气经下模座 4 和凹模板 2 进入导料板 5 中的斜气孔,当工件切离料带后,压缩空气从导料板的气孔把工件从模具端面吹离。

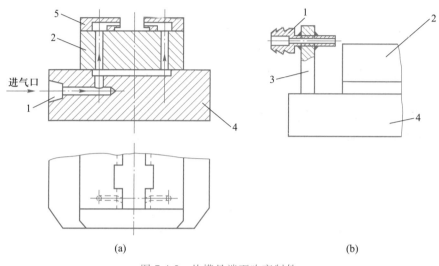

(a)   (b)

图 7.4.5　从模具端面吹离制件

1—气嘴;2—凹模板;3—支架;4—下模座;5—导料板

对于一些小型模具,在模内设置气孔有困难时,可把软管的气嘴架安装在模具需要清理的任何外侧,以清理模面的制件或废料,如图 7.4.5b 所示,它的结构简单,固定方便灵活,使用广泛。利用压缩空气清理模面的制件或废料,应正确设计气嘴位置、方向和所用气压的大小,同时要注意不要损伤制件(用软质袋承接制件)。

3. 气嘴关闭式吹离制件

如图 7.4.6 所示,把气嘴 2 装在凹模板 1 中,压缩空气经固定板进入气嘴,为防止压缩空气损失,它们之间的配合间隙不能太大,或者增设密封圈,气嘴与凸模保持 10~15 mm 的距离。当上模下行时,气嘴被压入在凸模板内,气孔被堵塞。上模回升时,压缩空气把气嘴推出并从气嘴侧气孔中喷出气流把制件吹离模面。这种形式在复合模(或复合工位)中经常用到。

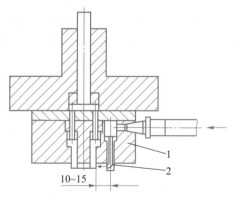

图 7.4.6　气嘴关闭式吹离制件

1—凹模板;2—气嘴

7.4.3 模具的安全检测装置

模具在工作中,经常会因一次失误(误送、凸模折断、废料或制件回升与堵塞等)而使精密模具损坏,甚至造成压力机的损坏。因此,在生产过程中必须有制止失误的安全检测装置。检测装置可设在模具内,也可安装在模具外。冲压时,因某种原因影响到模具正常工作时,检测的传感元件能迅速地把信号反馈给压力机的制动部位,实现自动保护。目前常用的是光电传感检测和接触传感检测。如图7.4.7所示为在自动板料冲压时,具有各种监视功能的检测装置。在模具设计中,主要考虑模内检测系统的设计,以预防误送造成模具和设备损坏。

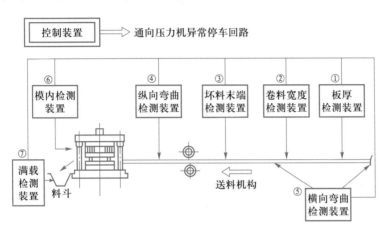

图 7.4.7　自动板料冲压时的检测装置示意图

1. 送料步距失误检测

在级进冲压时,材料的自动送料装置有时会因生产环境的微小变化而使送进步距失准,若不及时排除,就会损坏制件或造成凸模的折断。为了防止级进模连续冲压加工出现的送料步距失误,在多工位级进模内装入误送检测销。当检测销发现误送时,检测销的动作将推动顶杆使其触动微动开关,从而通过控制电路达到使冲床急速停止的目的。如图7.4.8a~c所示为利用导正孔检测的几种安装形式。当误送检测销3因送料失误不能进入料带的导正孔时,便被料带推动向上移动,同时推动关联销4使微动开关7闭合,因微动开关同压力机控制装置是同步的,所以控制装置立刻使压力机滑块停止运动。

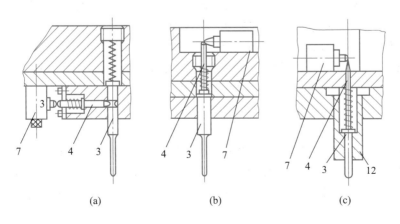

(a)　　　　　　(b)　　　　　　(c)

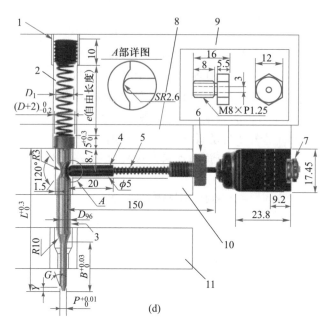

图 7.4.8　误送检测销安装形式及结构

1—螺塞;2—弹簧;3—误送检测销;4—关联销;5—关联销用弹簧;6—螺塞;7—微动开关;
8—垫板;9—上模座;10—凸模固定板;11—卸料板;12—凸模

冲孔导正孔凸模、导正销和误送检测销在冲压时,接触材料的先后次序如图 7.3.26 所示。如图 7.4.8d 所示为孔加工型微动开关误送检测组件检测销结构及装配关系。误送检测销的结构形状与尺寸见表 7.4.1。

2. 废料回升和堵塞检测

如图 7.4.9 所示为废料回升和堵塞检测装置。废料回升检测,一般都采用模具闭合高度的下止点检测,如图 7.4.9a 所示。微动开关 2 安装在上模座 1 上,当卸料板 3 和凹模 4 表面无废料和其他异物时,微动开关始终保持断开状态。如有废料或异物在凹模表面上,在压力机滑块下行到下止点时,废料或异物把卸料板垫起并与微动开关接触,使微动开关闭合,压力机滑块停止运动。这种形式适用于厚料冲裁,灵敏度为 0.1~0.15 mm。对于薄料和下止点高度要求严格的制件,可使用接近传感器来控制模具下止点高度。用接近传感器(如舌簧接点型、高频振荡型等)代替微动开关并装在下模座上,传感件装在卸料板上,调整好它们之间的距离,可把灵敏度控制在 0.01 mm 左右。如图 7.4.9b 所示为废料堵塞的检测。在下模中装有同下模座绝缘的检测销,当冲裁废料或制件靠自重自由下落时,如果每块废料都能与检测销接触,压力机就连续工作。如果废料堵塞在凹模内,压力机的某一冲程没有废料通过检测销,与检测销同步的压力机电磁离合器脱开,滑块就停止运动。

3. 出件检测

如图 7.4.10 所示为出件检测。在正常工作时,顶板 4 和传感器 2 间有不小于 d 的间隙,此时线路不通。如果顶板卸件时,工件未能顶出,则在下一冲程中,模内又多积一工件,此时顶板 4 和传感器 2 接触,导通线路来控制冲床停止。间隙 d 可预先根据材料厚度来设定。

表 7.4.1 误送检测销的结构形状与尺寸

B	类型	D	L							P 指定单位 0.01mm
10	SMAS	4	50	60	70	80				1.00~3.97
		5	50	60	70	80	90	100		2.00~4.97
		6	50	60	70	80	90	100		2.00~5.97
16		8	50	60	70	80	90	100		3.00~7.97
15	SMAL	4		60						1.00~3.97
		5		60	70	80	90	100		2.00~4.97
		6		60	70	80	90	100		2.00~5.97
21		8		60	70	80	90	100		3.00~7.97
		10		60	70	80	90	100	110	3.00~9.97
21	SMAX	4		60	70	80				1.20~3.97
27		5		60	70	80	90	100		2.00~4.97
		6		60	70	80	90	100		2.00~5.97
32		8			70	80	90	100		3.00~7.97
		10			70	80	90	100	110	3.00~9.97

（左图标注：$(D+2)_{-0.2}^{\ 0}$；$5_{\ 0}^{+0.3}$；A部详图 $R0.3\sim0.5$，$R2.5$，3.1，$SR1.0$，1.0；A；D_{96}；$L_{\ 0}^{+0.3}$；$R10$；$B_{\ 0}^{+0.3}$；G；Y；$P_{\ 0}^{+0.01}$）

P	$P\geqslant200$	$1.00\leqslant P<200$	$P<1.00$
Y	3	2	1
G	15°	10°	10°

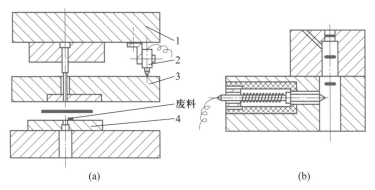

图 7.4.9 废料回升和堵塞检测装置

1—上模座；2—微动开关；3—卸料板；4—凹模

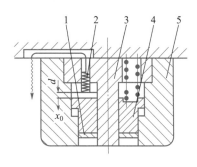

图 7.4.10 出件检测

1—工件；2—传感器；3—冲孔凸模；

4—顶板；5—落料凸模

4. 模外常用检测

扫描二维码进行阅读。

拓展知识

模外常用检测

7.5　多工位精密级进模自动送料装置

实现冲压生产的自动化,是提高冲压生产率、保证冲压安全生产的根本途径和措施。自动送料装置则是实现多工位级进模自动冲压生产的基本机构。

拓展知识
送料装置

动画
钩式自动
送料机构

在级进模中使用的送料装置,是将原材料(钢带或线材)按生产规定的步距,将材料正确地送入到模具工作位置,在各个不同的冲压工位完成预先设定的冲压工序。级进模中常用的自动送料装置有:钩式送料装置、辊式送料装置、夹持式送料装置等。目前辊式送料装置和夹持式送料装置已经成为一种标准化的冲压自动化生产专用配套设备。本节简单介绍夹持式送料装置的特点及其应用,其他两种扫描二维码进行阅读。

夹持式送料装置在多工位级进冲压中,广泛应用于带料和线料的自动冲压送料。它利用送料装置中滑块机构的往复运动来达到送料目的。夹持式送料装置可分为夹钳式、夹刃式和夹滚式。根据驱动力选用的不同,又分为机械式、气动式、液压式。下面主要介绍常应用在多工位精密级进模送料中的气动夹持式送料装置。

1. 气动夹持送料装置的特点

气动夹持送料装置是自动冲压生产中应用最为广泛的一种送料装置,如图 7.5.1 所示。该装置一般安装在模具下模座或专用机架上。以压缩空气为动力,利用压力机滑块下降时安装在上模或滑块上的压杆撞击送料器控制阀,控制整个压缩空气回路的导通和关闭,气缸驱动固定夹板和移动夹板的夹紧和放松,并由送料气缸推动移动夹板的前后移动来完成间歇送料。当固定夹板夹紧时,移动夹板处于放松状态,这时送料气缸推动移动夹板后退到送料的起始位置,此时移动夹板夹紧材料,固定夹板放松;在下一个工作行程中,移动夹板运动并送料,实现冲压;冲压结束后,二者夹紧和放松状态再次切换,开始下一个送料循环。该送料机构,在导正销导入材料实现冲压的瞬间,两个夹板都处于放松状态,放松后实现冲压。

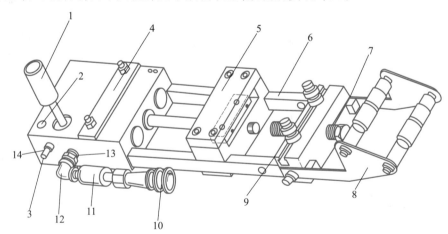

图 7.5.1　气动夹持送料装置

1—控制阀;2—固定孔;3—速度调整螺丝;4—固定夹板;5—移动夹板;6—方柱形导轨;7—送料长度微调螺丝;
8—送料滚筒支架;9—导轮;10—快速接头;11—空气阀;12—弯头;13—螺纹接头;14—排气孔

气动送料装置的最大特点是送料步距精度较高、稳定可靠、一致性好。对于带导正销的高精度多工位级进模,冲压时刻要保证无约束,保证导正销的导入。经导正后,送料重复精度高达±0.003 mm,对于一般无导正销的级进模,依靠送料装置本身的精度,也能获得±0.02 mm 的送料进距精度。

在使用气动送料装置时,压缩空气必须经过滤水器、调压器、油雾器的过滤,滤掉空气的水分和杂质,使气压调整到规定的范围内,喷入一定数量的油雾,以保证零件润滑。

由于气动送料装置采用压差式气动原理,送料动作灵活,反应迅速,且调整方便,但也因此产生一定的噪声。为减小冲压时气体的噪声,在本装置阀体上可安装消声装置。

2. 典型的气动送料装置结构

如图 7.5.2 所示是气动送料装置安装示意图。该送料装置的分解动作说明见表 7.5.1,该类送料装置的规格和性能扫描二维码进行阅读。

拓展知识
气动送料装
置参数

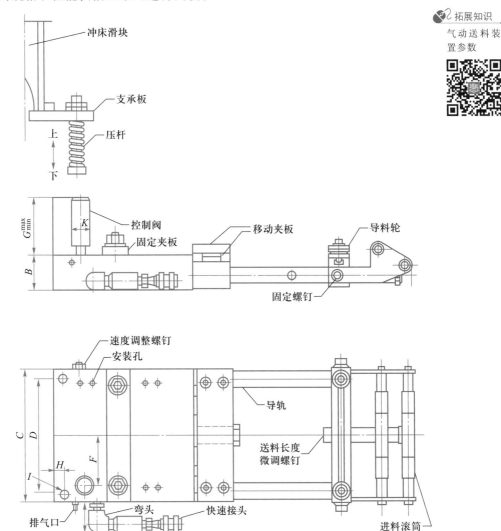

图 7.5.2　气动送料装置安装示意图

表 7.5.1　气动送料装置的分解动作说明

步骤	直动控制阀状态	固定夹板状态	移动夹板状态	滑块状态	简图
1	压缩空气进入直动控制阀，阀在初始位置	向上（打开）	向下（夹料）	送料到位状态	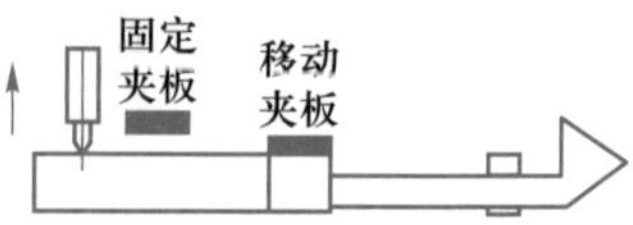
2	压杆向下压直动控制阀	向下（夹料）	向上（打开）	准备后移	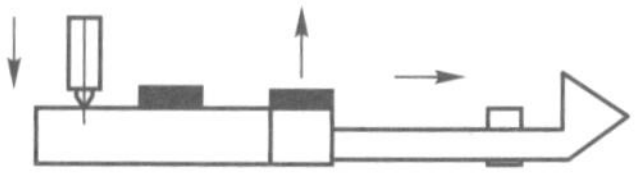
3	向下	向下（夹料）	向上（打开）	后移到送料初始位置	
4	向上	向上（打开）	向下（夹料）	准备向前送料	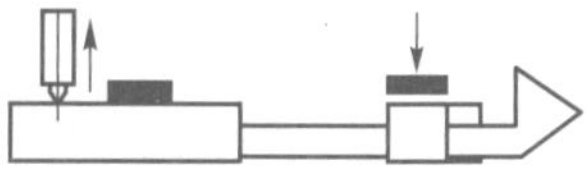
5	向上	向上（打开）	向下（夹料）	送料	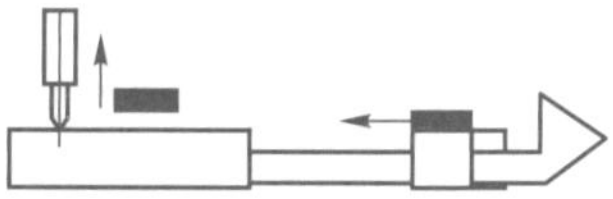
6	向上直动控制阀最高位置	向上（打开）	向上（打开）	冲压	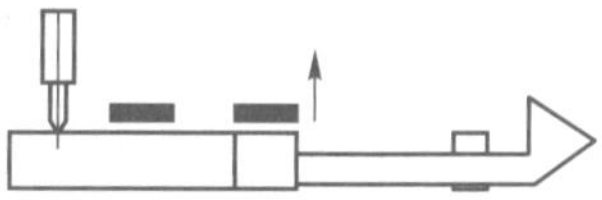
7					循环到第 2 步骤

7.6　多工位精密级进模的典型结构

多工位精密级进模是针对复杂、精密、产量高的中小型冲压零件而设计。因此在模具设计中考虑的因素较多，如高速冲压、自动送料、模具内的各种成形机构、安全保护装置、高寿命和高耐磨的材料、快换快修模具零件、在线维修保养等。要掌握多工位精密级进模设计和制造的方法，必须要到生产一线多看、多实践、多学习案例。如图 7.6.1 所示，目前常用的典型结构，采用 8 板结构，其中 15 是上模座；16 是上模垫板；17 是凸模固定板；18 是卸料板背板；19 是卸料板；21 是凹模板；22 是下模座；23 是下垫板，但有时会根据实际生产情况，在上模座的上方再增加一块盖板，用来弥补冲床的行程不足，再通过压板螺钉将盖板与冲床固定。如图 7.6.2 所示介绍了各板的主要功能。

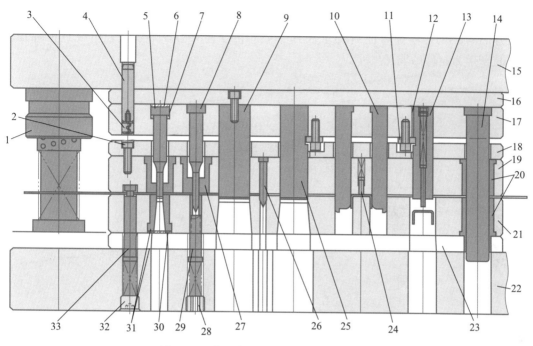

图 7.6.1 典型多工位精密级进模 8 板结构

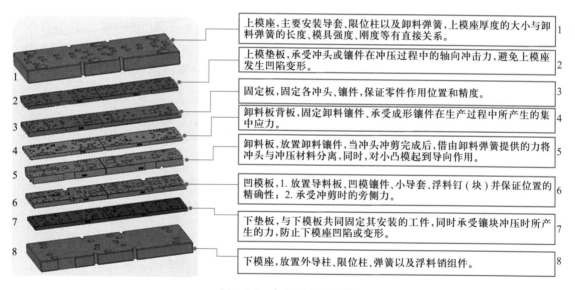

1	上模座,主要安装导套、限位柱以及卸料弹簧,上模座厚度的大小与卸料弹簧的长度、模具强度、刚度等有直接关系。
2	上模垫板,承受冲头或镶件在冲压过程中的轴向冲击力,避免上模座发生凹陷变形。
3	固定板,固定各冲头、镶件,保证零件作用位置和精度。
4	卸料板背板,固定卸料镶件、承受成形镶件在生产过程中所产生的集中应力。
5	卸料板,放置卸料镶件,当冲头冲剪完成后,借由卸料弹簧提供的力将冲头与冲压材料分离,同时,对小凸模起到导向作用。
6	凹模板,1. 放置导料板、凹模镶件、小导套、浮料钉(块)并保证位置的精确性;2. 承受冲剪时的旁侧力。
7	下垫板,与下模板共同固定其安装的工件,同时承受镶块冲压时所产生的力,防止下模座凹陷或变形。
8	下模座,放置外导柱、限位柱、弹簧以及浮料销组件。

图 7.6.2 各板的主要功能

为了使大家熟悉多工位精密级进模的结构设计,本节选择了三个不同成形工艺组合的案例,希望能对学习者有所帮助。

7.6.1 多工位级进弯曲模具设计案例

本案例选用如图 7.6.3a 所示的 U 形支架弯曲件,零件材料为 1Cr18N9Ti,大批量生产。

1. 零件工艺性分析与排样

图示 U 形支架弯曲件的结构形状简单,没有特殊的形位公差要求,3 个孔有尺寸公差的要求,尺寸精度为 IT11 级;尺寸 12±0.02 为 IT9 级;其余都为自由尺寸,设计时按 IT14 级处理。冲压材料为 1Cr18N9Ti,零件弯曲后要求底部平整。由于生产量大,考虑采用级进模冲压。如图 7.6.3b 所示为制件的展开尺寸。

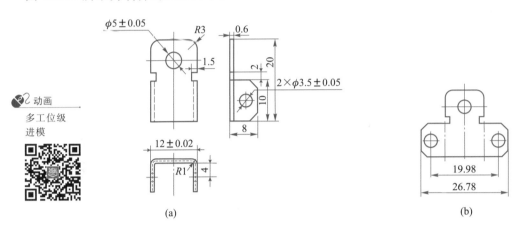

动画
多工位级
进模

图 7.6.3　U 形支架弯曲件

该 U 形支架零件成形的基本冲压工序有冲孔、落料、切断、弯曲。成形方案有:

方案一:落料冲孔(复合模)+弯曲模;

方案二:级进模(在一副模具中完成所有的冲压工序)。

根据制件的生产批量和零件结构特点、成形特点,选择采用级进模冲压的方案二,向下弯曲,U 形支架零件冲压成形排样设计如图 7.6.4 所示,图 7.6.4a 为单边载体,采用单排的方案;图 7.6.4b 为中间载体,采用双排的方案。两种方案都设计了 9 个工位。本设计案例选用单排方案。

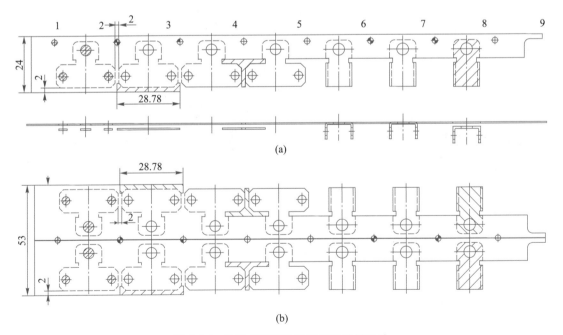

图 7.6.4　U 形支架零件冲压成形排样设计

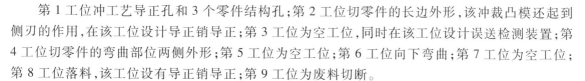

第 1 工位冲工艺导正孔和 3 个零件结构孔;第 2 工位切零件的长边外形,该冲裁凸模还起到侧刃的作用,在该工位设计导正销导正;第 3 工位为空工位,同时在该工位设计误送检测装置;第 4 工位切零件的弯曲部位两侧外形;第 5 工位为空工位;第 6 工位向下弯曲;第 7 工位为空工位;第 8 工位落料,该工位设有导正销导正;第 9 工位为废料切断。

2. 模具结构设计

模具用在 SP-15CS 高速压力机上,公称压力为 150 kN,每分钟的行程次数为 80~850 次。U 形支架模具装配图如图 7.6.5 所示。该模具具有如下特点:

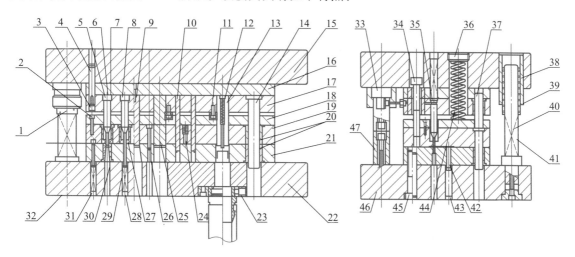

图 7.6.5 U 形支架模具装配图

1—导套;2—螺钉;3—螺塞;4—定位销;5—凸模;6—垫片;7—衬垫;8—导正销;9—方形凸模;
10—弯曲凸模;11—压板;12—弹簧;13—落料凸模;14—卸料板导柱;15—上模座;16—垫板;
17—凸模固定板;18—卸料垫板;19—卸料板;20—导套;21—凹模板;22—下模座;
23—产品收集组件;24—顶出销;25—凸模;26—导正销;27—保护套;28—托料销;29—导正托料销;
30—凹模镶块;31—导料销;32—托料销;33—微动开关组件;34—卸料螺栓;35—误送检测部件;
36—螺塞;37—导柱;38—导套;39—滚针衬套;40—弹簧;41—导柱;42—托料销;43—螺塞;44—弹簧;
45—螺钉;46—下模座;47—限位柱

(1)模架采用 4 导柱滚动模架由件 1、37、38、39、40 等零件组成,在固定板、卸料板、凹模之间还安装 4 组小导柱、导套作辅助导向,由件 14、20 等零件组成。

(2)模具冲压时采用气动送料装置自动送料,送料时,料带在两侧带有导料槽的浮动导料销(件 31)的导料槽中送进,自动送料装置可以控制送料步距,实现料带的初始定位。

(3)由于制件向下弯曲,为了实现料带与凹模表面始终保持平行,在整个送料过程中料带都是由浮动钉托起。该模具的托料钉选用了三种形式,在送料的前端选用了 3 组带有导料槽的浮动导料销(件 31);在需要导正的位置处设计了 3 组带导正销孔的托料销(件 29),便于导正销对材料的导正;另外设计了 3 组仅起托料作用的托料销(件 42)。托料销的托起高度>制件高度+(1.5~2)mm。

(4)模具的卸料装置由套管式卸料螺钉组件、卸料垫板 18、卸料板 19 等零件组成。卸料螺钉和弹簧安装在不同的位置,有利于模具的保养和维修。为了保证料带不黏附在卸料板下表面(如润滑油的黏度造成附着),模具中还设计了数根顶出销(件 24),模具开模后,顶出销将料带推下。

（5）落料后制件的顶出是利用带顶出销的落料凸模,制件沿产品收集组件(件 23)落入产品收集装置中。生产中通过在产品收集组件下端通入压缩空气,可吸附制件到产品收集箱中。

（6）送料误送检测销安装在第 3 工位,选用的是孔加工型微动开关误送检测组件。

（7）该模具卸料板、凸模、凹模均采用 Cr12MoV（SKD11、D2）钢制造。热处理:凸模硬度为 58~62HRC,卸料板、凹模硬度为 60~64HRC。凹模、卸料板、固定板型孔用慢走丝线切割分别割出,4 个小导柱孔也一同割出,然后利用 4 个小导柱导正,固定。螺孔、销孔由钳工配作。

7.6.2　带拉深成形的精密零件多工位级进模设计案例

1. 产品技术要求

该膜片制件年产量在百万件以上,材料为不锈钢,厚度为 0.33 mm,用于某电子仪器,其形状和主要尺寸如图 7.6.6 所示。制件主要技术要求如下:

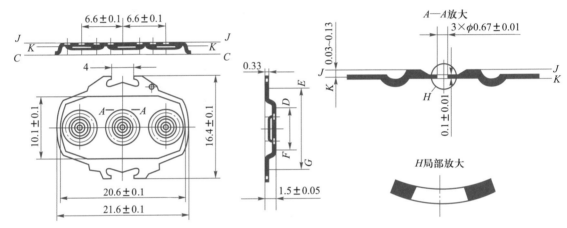

图 7.6.6　膜片制件形状和主要尺寸

（1）图中 3×ϕ0.67 的孔径误差为±0.01 mm,椭圆度小于 0.01 mm,在显微镜下放大 15 倍观察,不应看到毛刺和毛边;中间孔中心应在两旁孔中心的连线上,其偏差小于 0.01 mm。

（2）孔 ϕ0.67 周围板厚从 0.33 mm 镦压为 0.1 mm 后,误差在±0.01 mm 之内。

（3）E 和 D 之间平面、G 和 F 之间平面及 C—C 平面的平面度小于 0.03 mm。

（4）孔 ϕ0.67 附近只准有如 H 局部放大所示的弯曲。

（5）J—J 面的中间部位相对于连接两端所组成的平面,应向 C—C 面下凹 0.005~0.02 mm。

2. 带料工序排样

根据工艺分析与计算,膜片工序排样如图 7.6.7 所示,带料宽度为 27 mm,步距为 26 mm。冲压工序布置如下:

（1）切槽:裁切出拉深毛坯,并利用双侧搭边为载体。

（2）拉深:成形出制件 1.5 mm 的深度及外形轮廓形状。

（3）定位:由于拉深时毛坯收缩变形,步距会变小,采用拉深后的外形轮廓定位,就能确保制件在定位以后的成形工序中步距的控制精度。

（4）整形:将拉深件外形整形到制件要求的尺寸,考虑到镦压工序中制件底部挠曲,预整形到工序 4 图示尺寸,以保证工序 7 加工后底面平整。

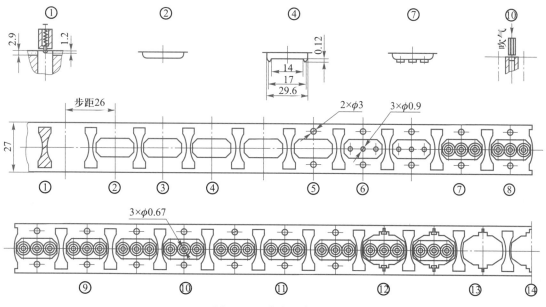

图 7.6.7　膜片工序排样

（5）冲导正孔：从这道工序开始，以后的各工位不允许制件位置偏移。由于拉深件深度太浅，靠工序 3 和拉深件外形定位，无法保证后续工序要求的料带定位精度，故此时必须考虑冲导正孔，通过导正销导正定位料带，保证制件在以后各工位的定位精度。

（6）冲底孔：冲 $3×\phi0.9$ 的底孔，该孔为工艺孔，冲制的目的是减小镦压面积和镦压载荷，保证镦压成形时金属材料变薄延展。

（7）、（8）镦压：通过两次镦压工序，将孔 $3×\phi0.9$ 周围的材料厚度由 0.33 mm 压薄到 0.11 mm，为保证制件表面获得较高平面度和厚度精度，应设计二次镦压，变薄分布在两次成形中。

（9）镦压整形：为满足制件技术要求 5 而设计。

（10）精冲孔：加工制件所要求的精密孔，将 $3×\phi0.9$ 变形后的孔整修到制件要求的精密孔的尺寸 $3×\phi0.67±0.01$。

（11）切蝶形缺口：冲裁与膜片边缘相配合的支架杆的蝶形缺口，目的是减小落料复位工序的凸模和凹模轮廓形状复杂度。

（12）落料复位：分离膜片制件外形轮廓，同时采用落料复位机构将制件压回到料带中，并保证制件凸缘平整度要求。

（13）推料：将制件从料带上推离，落在传送带上，随传送带进入制件箱。

（14）废料切断：将废料切断，有益于安全和废料收集。

3. 模具结构

膜片制件数量大、精度高，因而要求模具效率高、精度高、寿命高。如图 7.6.8 所示为膜片级进模总装图。该模具有下列特点：

（1）模具易损件具有互换性，拆装方便。

（2）模架刚性好、精度高。主模架采用四导柱滚动导向模架，模座采用厚度较大的 45 钢板，并经调质处理，上模座上平面与下模座下平面的平行度为 0.04 mm。

285

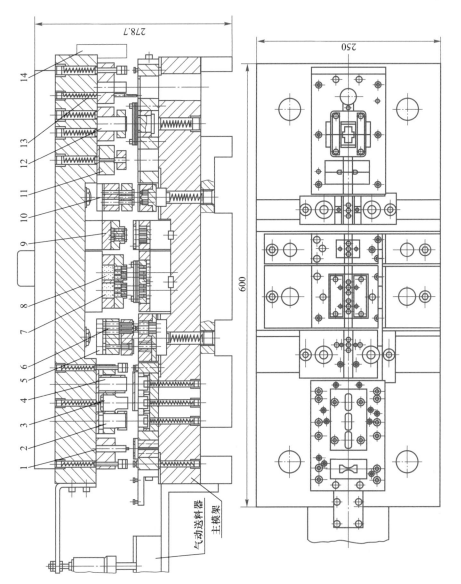

图 7.6.8 膜片级进模总装图

1—切槽;2—拉深;3—定位;4—整形;5—冲导正孔;6—冲孔;7—第一次局部镦压;8—第二次局部镦压;9—整形压标记;10—精冲孔;11—切边;12—落料复位;13—推料;14—废料切断

（3）模具材料好。凸模和凹模用硬质合金或 Cr12MoV（或 SKD11）钢制造，卸料板、固定板用 CrWMn 制造，并淬硬到 50 HRC 左右。

（4）模具结构采用分段式和子模拼装结构。

（5）送料采用气动送料装置，模具中设有安全检测装置，并采用防止废料回升和堵塞的结构。

（6）固定件采用高强度螺钉和销钉，弹性件采用高强度弹簧。

（7）料带送进时采用浮动导料销和浮动导料板托料导向。

（8）拉深工位采用单独的压边圈。

（9）模具结构采用子模模块结构，可根据变形性质来划分模块，该模具分为：切槽；拉深、定位和整形；冲导正孔和冲底孔；镦压；精修孔；切边、落料复位和推料等模块。

4. 模具设计要点

1）切槽、冲导正孔、切边、落料

这些工序均属冲裁工序，冲裁间隙取料厚的 5% ~ 10%，各凹模结构形式相同。以切槽为例，凹模镶块选用硬质合金，银焊在凹模板上，凹模板材料为 CrWMn，并淬硬到 55~60 HRC，硬质合金为 YG15，厚度为 3 mm，刃口有效高度为 1.2 mm，废料漏料孔比凹模孔均匀扩大 0.2 mm。切槽凸模上设计有防止废料回升的顶出销，卸料采用固定卸料。

2）切槽、拉深、定位和整形子模

这 4 道工序组合为一个模块，并作为一副子模具装配在主模架上，该子模如图 7.6.9 所示。

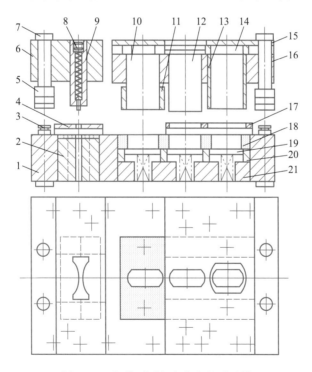

图 7.6.9　切槽、拉深、定位和整形子模

1—凹模固定板；2—切口拼块镶件；3—浮动导料销；4—固定卸料板；5—压料板；6—凸模固定板；7—卸料螺钉；
8—推废料装置；9—切槽凸模；10—拉深凸模；11—拉深压边圈；12—定位凸模；13、14—整形凸模；
15—垫板；16—凸模固定板；17—固定卸料板；18—凹模镶件；19—顶杆；20—垫块；21—垫板

4 道工序的凹模均为拼装结构,切槽为拉深工序作毛坯准备,切槽凹模拼块与凹模固定板压配固定,卸料方式为固定卸料,切槽凸模中设计有防止废料回升的顶出销;拉深、定位和整形凹模做成整体硬质合金镶件,嵌入凹模固定板内,再用螺钉紧固。工序步距精度由凹模拼块、镶件和凹模固定板的加工精度保证,凹模固定板作为这 4 道工序的凹模整体,用键和销钉与主模架下模座定位,用螺钉紧固。

切槽上模与拉深、定位、整形的上模各自独立,分别固定在主模架的上模座上。这两种加工性质不同的上模独立组合成子模,便于实现模具零件的互换、刃口重磨和模具维护。拉深工序使用的压料板为单独设计,整形凸模与顶杆工作端面尺寸,应按图 7.6.7 中的工序 4 设计。

3)冲导正孔和冲底孔子模

冲导正孔和冲底孔子模如图 7.6.10 所示。这两道工序因工序性质相同,设计为一子模结构,该子模本身具有良好的导向装置,导柱固定在凸模固定板 13 上,导套分别固定在卸料板 14 和凹模固定板 3 上,冲底孔凸模 6 和冲导正孔凸模 7 是细小凸模,该模具采用了卸料板 14 导向,保证凸模和凹模冲裁间隙均匀,对凸模进行保护。上模冲程靠固定在主模架上模座的压块推动垫板 8 下降,冲压后靠下模座内强力弹簧推动件导柱推杆上升复位。

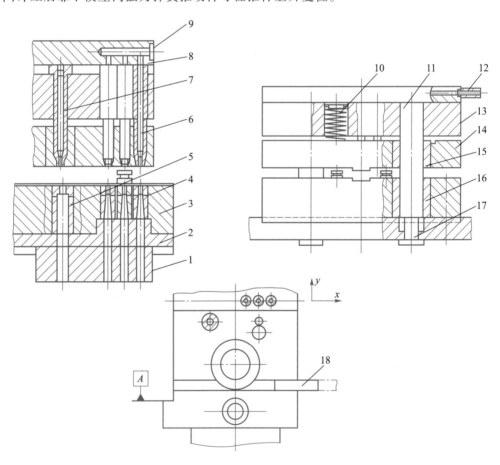

图 7.6.10　冲导正孔和冲底孔子模

1,18—定位键;2—垫板;3—凹模固定板;4—冲底孔凹模嵌块;5—冲导正孔凹模嵌块;
6—冲底孔凸模;7—冲导正孔凸模;8—垫板;9—堵头;10—弹簧;11—导柱;12—气嘴;
13—凸模固定板;14—卸料板;15、16—导套;17—导柱推杆

子模的加工精度要求严格,凹模嵌块、凸模、导柱和导套配合孔的孔距误差均为±0.002 mm,均由坐标磨削加工来保证。为防止废料回升,冲导正孔凸模内装有推废料装置,而冲底孔凸模由于直径很小,加工 φ0.26 的吹气孔清除废料,气嘴 12 为接通压缩空气的气嘴,保证废料不黏附在凸模上。

子模在主模架上的位置,x 方向由定位键 1 与主模架下模座上键槽配合定位,y 方向由凹模固定板基面 A 与上道工序的凹模固定板侧面靠紧后固定,定位键 18 是下道工序的 y 方向定位键。

4）镦压子模

镦压子模如图 7.6.11 所示。模具采用滚动导向的标准子模模架,用定位键 1 和 13 把子模定位在主模架上,再用螺钉固定。子模的上模与主模架的上模座用螺钉刚性连接。此处采用浮动托料导向板托起料带并导向。

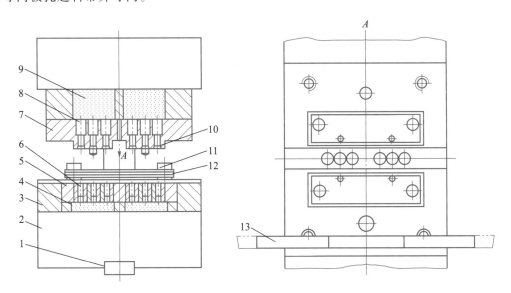

图 7.6.11　镦压子模

1、13—定位键；2—子模架；3—凹模固定板；4—垫板；5—凹模板；6—嵌块凹模；
7—凸模固定板；8—凸模；9—垫板；10—导正销；11—浮动螺钉；12—浮动导料板

第一次镦压后,板厚由 0.33 mm 压薄到 0.11 mm,第二次镦压压薄至 0.1 mm。镦压凸模和凹模均使用含镍和铌的细粒度硬质合金材料制造,工作面要进行镜面加工,其尺寸精度为 0.002～0.005 mm。镦压凸模和凹模的垫板也用硬质合金制作。

第一次镦压的单位压力为 978 MPa,第二次镦压的单位压力为 1 430 MPa。第一次镦压工位的压力约需 30 000 N。因此,镦压凸模的长度要考虑材料弹性变形的影响,比设计值加长 0.1 mm 才能加工出合格的制件。二次镦压总压力达180 000 N,相当于该模具总冲压力的 50%,为防止载荷偏心,尽量把镦压工序放在模具的中间部位。

镦压整形压标记模具为一独立子模结构,如图 7.6.8 中的序号 9,其结构与第一、第二次镦压模具基本相同。

5）精冲孔子模

该工序是将镦压整形后的不规则孔进行重新精冲,如图 7.6.8 序号 10。其模具结构与冲导

正孔和冲底孔模具结构基本相同,由于是冲小孔模具,要对小凸模进行保护。

6）切蝶形缺口、落料复位和推件子模

这三道工序的子模如图 7.6.12 所示。子模是用键和销钉定位后,用螺钉直接固定在主模架上。凹模拼块 2 和 6 是硬质合金与合金工具钢采用银焊焊接的拼块结构,拼块压配嵌入凹模固定板内,不再用螺钉固定,但是为了拆装方便,必须在主模架下模座上开孔,便于将凹模镶件用顶杆推出。

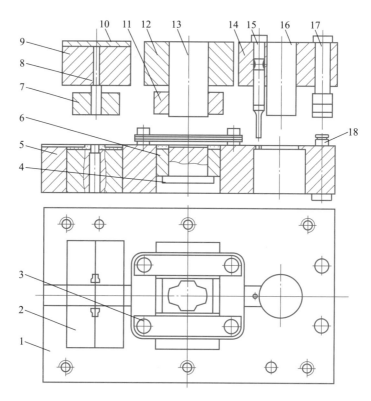

图 7.6.12　切蝶形缺口、落料复位和推料子模

1—定位键；2—切边凹模拼块；3—浮动卸料板；4—顶杆；5—凹模固定板；6—落料凹模拼块；

7、11—卸料板；8—切边凸模；9、12、14—凸模固定板；10—垫板；13—落料复位凸模；

15—检测销；16—推件凸模；17—压料部件；18—浮动导料销

落料复位工序的顶杆 4 下面,必须使用强力弹簧,以使制件平整和复位牢固,为防止制件从料带上脱落,用浮动导料板将料带提升并导向,这样制件两侧受力均匀。

在落料复位与推件工位间的空工位上安装一检测销 15,利用检测销插入工艺导正孔检测送料是否到位,防止误送造成质量问题甚至事故。推料工序的推料孔由于不受力的作用,所以直接加工在凹模固定板上,孔与制件间有较大的间隙。

切边上模、落料复位上模和推料上模各自独立,分别固定在主模架的上模座上。

7）模具有关零部件尺寸的协调

膜片多工位级进模结构复杂,仅非标准件就有 250 余种,模具各工位要完成各自的功能,除各零部件尺寸精度和位置精度严格要求外,各相关零部件的尺寸也必须协调,才能保证整体模具的动作协调,相关零部件协调尺寸如图 7.6.13 所示。

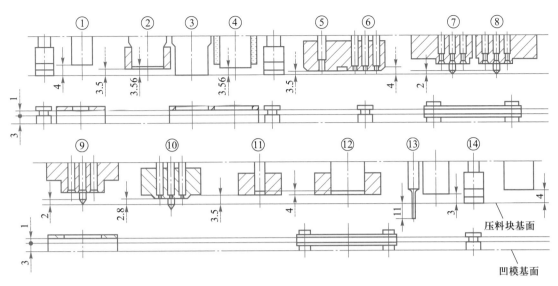

图 7.6.13　模具零部件协调尺寸

　　图中各尺寸基准为:下模取凹模上平面为基准面,上模取压料块下平面为基准面。模具各零部件尺寸是由模具各零部件的功能所决定的,工序 13 中的检测销的下端面在冲压过程中首先下降到送料平面的料带位置,检测送进步距是否正确;在压料块压住料带的同时,工序 10 的导正销紧跟着伸入导正销导正孔将料带定位,这是因为工序 10 是精冲孔,是制件精度要求最高的部位,此部位的导正销较其他工序长,提前导正料带,以保证小孔加工精度。

　　浮动导料销、浮动导料板和刚性导料板的位置尺寸必须一致,导料槽的宽度也必须一致,以保证料带送进顺利。各工作凸模长度尺寸也要协调,并严格控制长度尺寸误差,冲孔凸模在±0.1 mm以内,镦压凸模不超过±0.005 mm。

拓展知识

三极管管脚引线框架精密级进模

7.6.3　三极管管脚引线框架精密级进模

扫描二维码进行阅读。

习题与思考题

7.1　什么是载体、搭接? 它们的作用是什么? 试述常见的载体种类和应用范围。

7.2　试简述级进冲裁、级进弯曲和级进拉深工艺设计的要点。

7.3　常用的导向和托料装置有哪些? 设计托料装置时要注意哪些问题? 采用什么样的托料装置能调整材料与凹模表面的平行?

7.4　为什么要对精密级进模进行安全保护? 简述常用的保护措施。

7.5　常用的自动送料装置有哪些种类? 试说明辊式、气动夹持式送料装置的原理及主要特点。

7.6　作出如图题 7.6 所示零件的多工位级进模排样图。

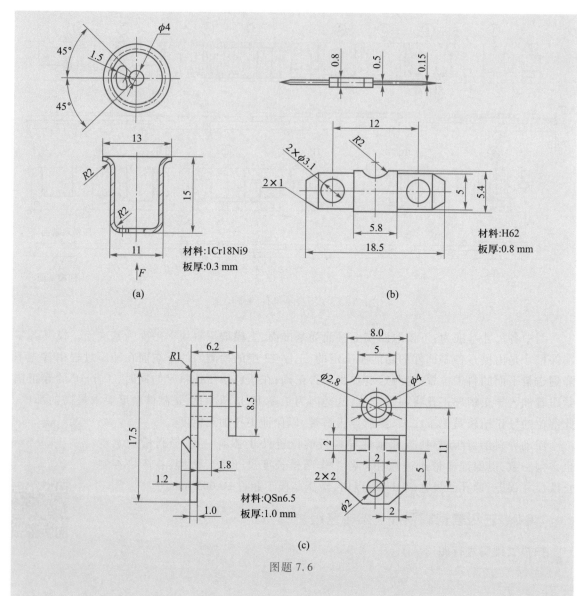

材料:1Cr18Ni9
板厚:0.3 mm

(a)

材料:H62
板厚:0.8 mm

(b)

材料:QSn6.5
板厚:1.0 mm

(c)

图题 7.6

7.7　在学习国外先进技术时,如何理解引进国外先进技术与自主创新间的关系?

第8章

冲压工艺规程的编制

学习目标

通过本章的学习,培养学生辩证的认识问题的能力。在工艺分析过程中要具有绿色发展和可持续发展的视野,具备开拓创新的意识。了解冲压工艺规程编制的主要内容和步骤;熟悉冲压件工艺分析及方案制定过程;掌握冲压工艺过程卡的制定。

8.1 冲压工艺规程编制的主要内容和步骤

冲压工艺规程是指导冲压件生产过程的工艺技术文件。编制冲压工艺规程通常是针对某一具体的冲压零件,根据其结构特点、尺寸精度要求以及生产批量,按照现有生产设备和生产能力,拟定出最为经济合理,技术上切实可行的生产工艺方案。方案包括模具结构形式、使用设备、检验要求、工艺定额等内容。

为了能编制出合理的冲压工艺规程,不仅要求工艺设计人员本身应具备丰富的冲压工艺设计知识和冲压实践经验,而且还要在实际工作中,与产品设计、模具设计人员以及模具制造、冲压生产人员密切配合,及时采用先进经验和合理建议,将其融会贯穿到工艺规程的编制中。

冲压工艺规程一经确定,就以正式的冲压工艺文件形式固定下来。冲压工艺文件一般指冲压工艺过程卡片,是模具设计以及指导冲压生产工艺过程的依据。冲压工艺规程的编制,对于提高生产效率和产品质量,降低损耗和成本,以及保证安全生产等具有重要的意义。冲压工艺规程的制定主要有以下步骤:

8.1.1 分析冲压件的工艺性

冲压件的工艺性是指冲压件对冲压工艺的适应性,即设计的冲压件在结构、形状、尺寸及公差以及尺寸基准等各方面是否符合冲压加工的工艺要求。冲压件的工艺性好坏,直接影响到冲压加工的难易程度。工艺性差的冲压件,材料损耗和废品率会大大增加,甚至无法设计出合理的模具,无法生产出合格的产品。

产品零件图是编制和分析冲压工艺方案的重要依据。首先可以根据产品的零件图,分析研究冲压件的形状特点、尺寸大小、精度要求以及所用材料的机械性能、冲压成形性能、使用性能和对冲压加工难易程度的影响;分析产生回弹、畸变、翘曲、歪扭、偏移等质量问题的可能性。特别要注意零件的极限尺寸(如最小孔间距和孔边距、窄槽的最小宽度、冲孔最小尺寸、最小弯曲半径、最小拉深圆角半径)以及尺寸公差、设计基准等是否适合冲压工艺的要求。若发现冲压件的工艺性很差,则应同产品的设计人员进行协商,提出建议。在不影响产品使用要求的前提下,对产品图样作出适合冲压工艺性的修改。

8.1.2　确定冲压件的成形工艺方案

在对冲压件进行工艺分析的基础上,拟定出几套可能的冲压工艺方案。通过对各种方案综合分析和相对比较,从企业现有的生产技术条件出发,确定出经济上合理、技术上切实可行的最佳工艺方案。确定冲压件的工艺方案时需要考虑冲压工序的性质、数量、顺序、组合方式以及其他辅助工序的安排。

1. 工序性质的确定

工序性质是指冲压件所需的工序种类。如分离工序中的冲孔、落料、切边;成形工序中的弯曲、翻边、拉深等。工序性质的确定主要取决于冲压件的结构形状、尺寸精度,同时需考虑工件的变形性质和具体的生产技术条件。

在一般情况下,可以从工件图上直观地确定出冲压工序的性质。如平板状零件的冲压加工,通常采用冲孔、落料等冲裁工序;弯曲零件的冲压加工,常采用落料、弯曲工序;拉深件的冲压加工,常采用落料、拉深、切边等工序。

但在某些情况下,需要对工件图进行计算、分析比较后才能确定其工序性质。如图 8.1.1a 和 b 所示分别为油封内夹圈和油封外夹圈,两个冲压件的形状类似,但高度不同,分别为 8.5 mm 和 13.5 mm。经计算分析,油封内夹圈翻边系数为 0.83,可以采用落料冲孔复合和翻边两道冲压工序完成。若油封外夹圈也采用同样的冲压工序,则因翻边高度较大,翻边系数超出了圆孔翻边系数的允许值,一次翻边成形难以保证工件质量。因此考虑改用落料、拉深、冲孔和翻边 4 道工序,利用拉深工序弥补一部分翻边高度的不足。

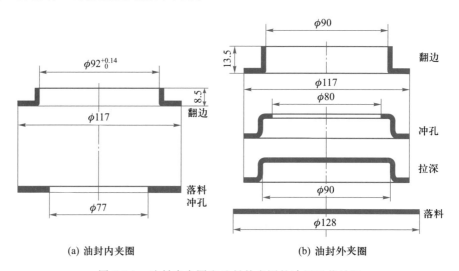

(a) 油封内夹圈　　　　　　　　　(b) 油封外夹圈

图 8.1.1　油封内夹圈和油封外夹圈的冲压工艺过程
材料:08 钢,厚度:0.8 mm

2. 工序数量的确定

工序数量是指冲压件加工整个过程中所需要的工序数目(包括辅助工序数目)的总和。冲压工序的数量主要根据工件几何形状的复杂程度、尺寸精度和材料性质确定,在具体情况下还应考虑生产批量、实际制造模具的能力、冲压设备条件以及工艺稳定性等多种因素的影响。在保证冲压件质量的前提下,为提高经济效益和生产效率,工序数量应尽可能少些。

工序数量的确定,应遵循以下原则:

(1) 冲裁形状简单的工件,采用单工序模具完成。冲裁形状复杂的工件,由于模具的结构或强度受到限制,其内外轮廓应分成几部分冲裁,需采用多道冲压工序。对于平面度要求较高的工件,可在冲裁工序后再增加一道校平工序。

(2) 弯曲零件的工序数量主要取决于其结构形状的复杂程度,根据弯曲角的数目、相对位置和弯曲方向而定。当弯曲零件的弯曲半径小于允许值时,则在弯曲后应增加一道整形工序。

(3) 拉深件的工序数量与材料性质、拉深高度、拉深阶梯数以及拉深直径、材料厚度等条件有关,须经拉深工艺计算才能确定。当拉深件圆角半径较小或尺寸精度要求较高时,则需在拉深后增加一道整形工序。

(4) 当工件的断面质量和尺寸精度要求较高时,可以考虑在冲裁工序后再增加整修工序,或者直接采用精密冲裁工序。

(5) 工序数量的确定还应符合企业现有制模能力和冲压设备的状况。制模能力应能保证模具加工、装配精度相应提高的要求,否则只能增加工序数目。

(6) 为了提高冲压工艺的稳定性有时需要增加工序数目,以保证冲压件的质量。例如弯曲零件的附加定位工艺孔冲制、成形工艺中的增加变形减轻孔冲裁以转移变形区等。

3. 工序顺序的安排

工序顺序是指冲压加工过程中各道工序进行的先后次序。冲压工序的顺序应根据工件的形状、尺寸精度要求、工序的性质以及材料变形的规律进行安排,一般遵循以下原则:

(1) 对于带孔或有缺口的冲压件,选用单工序模时,通常先落料再冲孔或缺口。选用级进模时,则落料安排为最后工序。

(2) 如果工件上存在位置靠近、大小不一的两个孔,则应先冲大孔后冲小孔,以免大孔冲裁时的材料变形引起小孔的变形。

(3) 对于带孔的弯曲零件,在一般情况下,可以先冲孔后弯曲,以简化模具结构。当孔位位于弯曲变形区或接近变形区,以及孔与基准面有较高要求时,则应先弯曲后冲孔。

(4) 对于带孔的拉深件,一般先拉深后冲孔。当孔的位置在工件底部、且孔的尺寸精度要求不高时,可以先冲孔再拉深,这样有助于拉深变形,减少拉深次数。

(5) 多角弯曲零件应从材料变形影响和弯曲时材料的偏移趋势安排弯曲的顺序,一般应先弯外角后弯内角。

(6) 对于复杂的旋转体拉深件,一般先拉深大尺寸的外形,后拉深小尺寸的内形。对于复杂的非旋转体拉深件,应先拉深小尺寸的内形,后拉深大尺寸的外形。

(7) 整形工序、校平工序、切边工序,应安排在产品基本成形以后。

4. 冲压工序间半成品形状与尺寸的确定

正确地制定冲压工序间半成品形状与尺寸可以提高冲压件的质量和精度,制定时应注意下述几点:

(1) 对某些工序的半成品尺寸,应根据该道工序的极限变形参数计算求得。如多次拉深时各道工序的半成品直径、拉深件底部的翻边预冲孔直径等,都应根据各自的极限拉深系数或极限翻边系数计算确定。如图 8.1.2 所示为出气阀罩盖的冲压过程。该冲压件需分 6 道工序进行,第一道工序为落料拉深,该道工序拉深后的半成品直径 $\phi22$ 是根据极限拉深系数计算出来的结果。

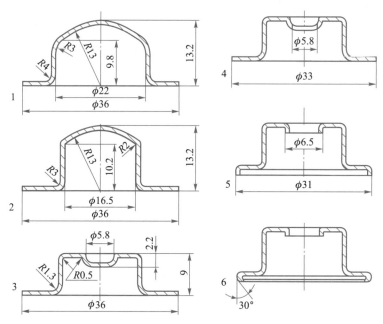

图 8.1.2 出气阀罩盖的冲压过程

1—落料拉深;2—再拉深;3—成形;4—冲孔切边;5—内孔、外缘翻边;

6—折边 材料:H62,厚度:0.3 mm

（2）确定半成品尺寸时,应保证已成形的部分在以后各道工序中不再产生任何变形,而待成形部分必须留有适当的材料余料,以保证以后各道工序中形成工件相应部分的需要。例如,图 8.1.2 中第二道工序为再次拉深,拉深直径为 $\phi16.5$,该成形部分的形状尺寸与工件相应部分相同,所以在以后各道工序中必须保持不变。假如第二道工序中拉深底部为平底,而第三道工序成形凹坑直径为 $\phi5.8$,拉深系数（$m = 5.8/16.5 = 0.35$）过小,周边材料不能对成形部分进行补充,导致第三道工序无法正常成形。因此,只有按面积相等的计算原则,储存必需的待成形材料,把半成品工件的底部拉深成球形,才能保证第三道工序成形凹坑时顺利进行。

（3）半成品的过渡形状,应具有较强的抗失稳能力。如图 8.1.3 所示为第一道拉深后的半成品形状,其底部不是一般的平底形状,而是外凸的曲面。在第二道工序反拉深时,当半成品的曲面和凸模曲面逐渐贴合时,半成品底部所形成的曲面形状具有较高的抗失稳能力,从而有利于第二道拉深工序。

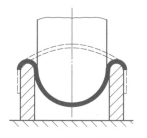

图 8.1.3 第一道拉深后的半成品形状

（4）确定半成品的过渡形状与尺寸时,应考虑其对工件质量的影响。如多次拉深工序中,凸模的圆角半径或宽凸缘边工件多次拉深时的凸模与凹模圆角半径都不宜过小,否则会在成形后的零件表面残留下经圆角部位弯曲变薄的痕迹使表面质量下降。

8.1.3 确定冲压模具的结构形式

在制定冲压工艺规程时,可以根据确定的冲压工艺方案和冲压件的生产批量、形状特点、尺寸精度以及模具的制造能力、现有冲压设备、操作安全方便的要求,来选择模具的结构形式。模具的类型主要取决于生产批量,冲压生产批量的划分与模具类型的关系见表 8.1.1。

表 8.1.1　冲压生产批量的划分与模具类型的关系　　　　千件

项目	生产批量				
	单件	小批	中批	大批	大量
大型件	<1	1~2	2~20	20~300	>300
中型件		1~5	5~50	50~1 000	>1 000
小型件		1~10	10~100	100~5 000	>5 000
模具类型	单工序模 组合模 简易模	单工序模 组合模 简易模	级进模、复合模 单工序模 半自动模	单工序模 级进模、复合模 自动模	级进模 复合模 自动模
设备类型	通用压力机	通用压力机	通用压力机 高速压力机	通用压力机 高速压力机 专用压力机	通用压力机 高速压力机 专用压力机

注:表内数字为每年班产量数值。

如果冲压件的生产批量很小,可以考虑单工序的简单模具,按冲压工序逐步来完成,以降低冲压件生产成本。若生产批量很大,应尽量考虑将几道工序组合在一起的工序集中的方案,采用一副模具可以完成多道冲压工序的复合模或级进模结构。如图 8.1.1a 所示的油封内夹圈零件,在大量生产时,可以把落料、冲孔、翻边三个工序合并成一道工序,用一副复合模具冲压完成。如果为小批量生产,则可分为三道工序或二道工序冲压完成。

值得注意的是,在使用复合模完成类似零件的冲压时,必须考虑复合模结构中的凸凹模壁厚的强度问题。当强度不够时,应根据实际情况改选级进模结构或者考虑其他模具结构。

级进模的连续冲压可以完成冲裁、弯曲、拉深以及成形等多种性质工序的组合加工,但是工位数越多,可能产生的累积误差越大,因而对模具的制造精度和维修提出了较高的要求。

模具类型确定后,还要确定模具的具体结构形式。主要包括送料与定位方式的确定、卸料与出件方式的确定、工作零件的结构及其固定方式的确定、模具精度及导向形式的确定等。对于复杂的弯曲模及其他需要改变冲压力方向和工作零件运动方向的模具,还要确定传力和运动的机构。

冲模的结构形式很多,设计中要将各种结构形式的特点及适用场合与所设计的工艺方案及模具类型的实际情况做全面的比较分析,在满足质量与工艺要求的前提下,还应考虑模具的维护、操作方便与安全性,最终选用最合适的结构形式。

8.1.4 选择冲压设备

冲压设备的选择直接关系到设备的安全以及生产效率、产品质量、模具寿命和生产成本等一

系列重要问题。冲压设备的选择主要包括设备的类型和规格参数两个方面。

1. 冲压设备类型的选择

主要根据所要完成的冲压工序性质、生产批量的大小、冲压件的几何尺寸和精度要求等来选择冲压设备的类型：

（1）对于中小型冲裁件、弯曲零件或浅拉深件的冲压生产，常采用开式曲柄压力机。虽然 C 形床身的开式压力机刚度不够好，冲压力过大会引起床身变形导致冲模间隙分布不均，但是它具有三面敞开的空间，操作方便并且容易安装机械化的附属装置，且价格低廉。目前仍然是中小型冲压件生产的主要设备。

（2）对于大中型和精度要求高的冲压件，多采用闭式曲柄压力机。这类压力机两侧封闭，刚度好、精度较高，但是操作不如开式压力机方便。

（3）对于大型或较复杂的拉深件，常采用上传动的闭式双动拉深压力机。对于中小型的拉深件（尤其是搪瓷制品、铝制品的拉深件），常采用底传动式的双动拉深压力机。闭式双动拉深压力机有两个滑块，压边用的外滑块和拉深用的内滑块。压边力可靠、易调，模具结构简单，适合于大批量的生产。

（4）对于大批量生产的形状复杂、批量很大的中小型冲压件，应优先选用自动高速压力机或者多工位自动压力机。

（5）对于批量小、材料厚的冲压件，常采用液压机。液压机的合模行程可调，尤其是施力行程较大的冲压加工，与机械压力机相比具有明显的优点，而且不会因为板料厚度超差而过载。但生产速度慢，效率较低。可以用于弯曲、拉深、成形、校平等工序。

（6）对于精冲零件，最好选择专用的精冲压力机。否则要利用精度和刚度较高的普通曲柄压力机或液压机，添置压边系统和反压系统后才能进行精冲。

2. 冲压设备规格的选择

在冲压设备类型选定以后，应进一步根据冲压加工中所需要的冲压力（包括卸料力、压料力等）、变形功以及模具的结构形式和闭合高度、外形轮廓尺寸等选择冲压设备的规格。

1）公称压力

压力机的公称压力，是指压力机滑块离下止点前某一特定距离，即压力机的曲轴旋转至离下止点前某一特定角度（称为公称压力角，约为 $30°$）时，滑块上所容许的最大工作压力。按照曲柄连杆机构的工作原理可以得知，压力机滑块的压力在全行程中不是常数，而是随曲轴转角的变化而变化的。因此选用压力机时，不仅要考虑公称压力的大小，而且还要保证完成冲压件加工时的冲压工艺力曲线必须在压力机滑块的许用负荷曲线之下。如图 8.1.4 所示，图中 F 为压力，α 为压力机的曲轴转角。

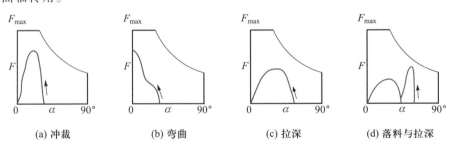

图 8.1.4 曲柄压力机许用负荷曲线与不同的冲压工艺力曲线的比较

一般情况下,压力机的公称压力应大于或等于冲压总工艺力的 1.3 倍。在开式压力机上进行精密冲裁时,压力机的公称压力应大于冲压总工艺力的 2 倍。对于拉深工序,为了选取方便,并使压力机能安全地工作,可以考虑适当的安全系数,近似地取为:

浅拉深时,最大拉深力≤(0.7~0.8)压力机公称压力;

深拉深时,最大拉深力≤(0.5~0.6)压力机公称压力;

高速冲压时,最大拉深力≤(0.1~0.15)压力机公称压力。

2)滑块行程

压力机的滑块行程是指滑块从上止点到下止点所经过的距离。压机行程的大小应能保证毛坯或半成品的放入以及成形零件的取出。一般冲裁、整形、压印工序所需行程较小;弯曲、拉深工序则需要较大的行程。拉深件所用的压机,其行程至少应大于或者等于成品零件高度的 2.5 倍以上。

3)闭合高度

压力机的闭合高度是指滑块在下止点时,滑块底平面到工作台面之间的高度。调节压力机连杆的长度就可以调整闭合高度的大小。当压力机连杆调节至最上位置时,闭合高度达到最大值,称为最大闭合高度。当压力机连杆调节至最下位置时,闭合高度达到最小值,称为最小闭合高度。模具的闭合高度必须适合于压力机闭合高度范围的要求,如图 8.1.5 所示,它们之间的关系一般为:

$$H_{\max}-h_1-5\geqslant h\geqslant H_{\min}-h_1+10 \qquad (8.1.1)$$

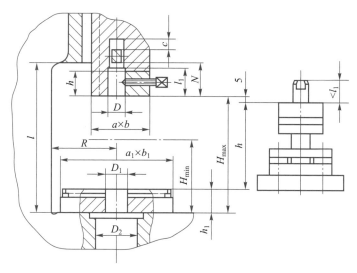

图 8.1.5　模具闭合高度与压力机闭合高度的配合关系

4)其他参数

① 压力机工作台尺寸:压力机工作台上垫板的平面尺寸应大于模具下模的平面尺寸,并留有固定模具的余地,一般每边留 50~70 mm。

② 压力机工作台孔尺寸:模具底部设置的漏料孔或弹顶装置尺寸必须小于压力机的工作台孔尺寸。

③ 压力机模柄孔尺寸:模具的模柄直径必须和压力机滑块内模柄安装用孔的直径相一致,模柄的高度应小于模柄安装孔的深度。

8.1.5　冲压工艺文件的编写

冲压工艺文件一般以工艺过程卡的形式表示,综合地表达了冲压工艺设计的具体内容,包括工序序号、工序名称或工序说明、加工工序草图(半成品形状和尺寸)、模具的结构形式和种类、选定的冲压设备、工序检验要求、工时定额、板料的规格以及毛坯的形状尺寸等。

冲压件的批量生产中,冲压工艺过程卡是指导冲压生产正常进行的重要技术文件,起着生产的组织管理、调度、工序间的协调以及工时定额核算等作用。工艺卡片尚未有统一的格式,一般按照既简明扼要又有利于生产管理的原则进行制定。冲压工艺卡片的格式可参考冲压工艺设计实例中的表 8.2.1。

设计计算说明书是编写冲压工艺卡及指导生产的主要依据,对一些重要冲压件的工艺制定和模具设计,应在设计的最后阶段编写设计计算说明书,以供今后审阅备查。其主要内容有:冲压件的工艺分析;毛坯展开尺寸计算;排样方式及其经济性分析;工艺方案的技术和经济综合分析比较;工序性质和冲压次数的确定;半成品过渡形状和尺寸计算;模具结构形式分析;模具主要零件的材料选择、技术要求及强度计算;凸模和凹模工作部分尺寸与公差确定;冲压力计算与压力中心位置的确定;冲压设备的选用以及弹性元件的选取和校核等。

冲压工艺规程的编制流程图如图 8.1.6 所示。

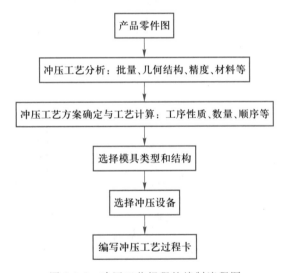

大国重器
赶超之路

图 8.1.6　冲压工艺规程的编制流程图

8.2　典型冲压件冲压工艺设计实例

如图 8.2.1 所示的托架,材料为 08F,年产 8 万件,要求表面不允许有明显的划痕,孔不允许变形,试设计该零件的冲压工艺方案。

8.2.1 冲压件的工艺分析

1. 零件的结构工艺性分析

该零件是某机械产品上的一件支撑托架,托架的中心孔为$\phi 10$,用于安装心轴,通过 4 个 $\phi 5$ 的孔与机身连接,5 个孔的精度均为 IT9 级,其余可考虑 IT13 级,表面不允许有明显的划痕。制件弯曲半径 $R1.5$,均大于材料的最小弯曲半径,制件精度没有特殊要求,不需要整形。制件年产 8 万件,属于中批量生产,外形简单对称,材料冲压性能好,因此零件可采用冲压方法进行加工。

零件尺寸精度较高的部位是 5 个孔,其孔径均大于允许的最小孔径,因此可以进行冲裁。由于 4 个 $\phi 5$ 孔的孔边距离弯曲变形区较近,弯曲时容易使孔变形,因此这 4 个孔应在弯曲后进行加工。$\phi 10$ 孔离圆角变形区较远,为简化模具结构同时也利于弯曲时坯料的定位,考虑在弯曲前进行加工。

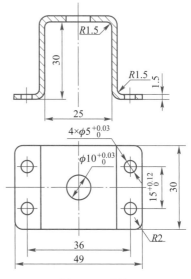

图 8.2.1 托架

2. 工艺方案的确定

通过冲压工艺性分析,托架零件从结构形状、技术要求来看,所需的基本冲压工序为落料、冲孔、弯曲三种,托架冲压成形可用采用如图 8.2.2 所示的四种工艺方案实现。

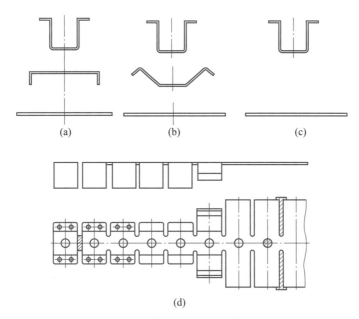

图 8.2.2 托架冲压成形工艺方案

方案一: 将弯曲工序分两次完成,如图 8.2.2a 所示,第一次将零件两端弯曲成 90°,第二次再将零件中间部分弯曲成 90°。该弯曲方案的弯曲变形程度较小,弯曲力也较小,有效提高了模具的使用寿命,缺点是回弹不易控制。

　　方案二：弯曲工序也分两次，如图 8.2.2b 所示，先将中间与两端材料预弯成 45°，再用一副弯曲模将其弯曲成 90°。此方式采用了校正弯曲，因此可得到精确尺寸的零件。模具工作条件也较好，可有效提高其寿命，也可防止零件表面产生划伤。

　　方案三：用一副弯曲模一次完成弯曲成形，如图 8.2.2c 所示。此方案优点是少投入一副弯曲模，生产效率较高；缺点是弯曲半径较小($R=1.5$ mm)，导致材料在凹模口容易被划伤，凹模口也容易磨损，降低模具的使用寿命，零件的回弹和畸变也较严重。

　　方案四：采用级进模在两个不同的工位上级进弯曲，生产效率高，排样图如图 8.2.2d 所示。

　　结合弯曲的前工序和后工序，该零件的冲压工艺过程如下：

　　方案一如图 8.2.3 所示，冲 φ10 孔与弯曲毛坯落料复合(图 8.2.3a)→弯曲两端成 90°(图 8.2.3b)→弯曲中间成 90°(图 8.2.3c)→冲 4×φ5 孔(图 8.2.3d)。需要一副复合模、两副弯曲模具、一副冲孔模。此方案的优点是模具结构简单，使用寿命长，制造周期短，投产快；缺点是工序较分散，需用的模具、设备和操作人员较多，劳动强度也大。

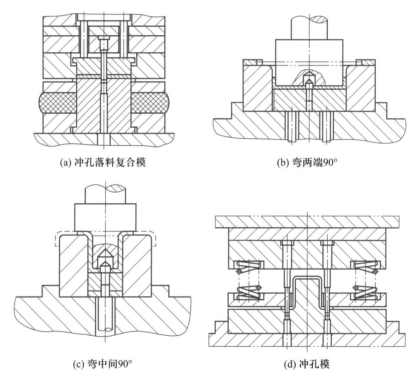

(a) 冲孔落料复合模　　　　　　　(b) 弯两端90°

(c) 弯中间90°　　　　　　　(d) 冲孔模

图 8.2.3　方案一

　　方案二，冲 φ10 孔与落料复合(图 8.2.3a)→同时弯曲两端与中间，中间成 45°(图 8.2.4a)→校正弯曲中间成 90°(图 8.2.4b)→冲 4×φ5 孔(图 8.2.3d)。该方案与方案一同样需要一副复合模、两副弯曲模具、一副冲孔模。区别在于弯曲部位的冲压分两次成形，一次预弯，第二次校正弯曲，零件的弯曲能有效控制回弹，保证弯曲尺寸精确，表面质量也能得到保证。

　　方案三，冲 φ10 孔与落料复合(图 8.2.3a)→四角同时弯曲成 90°(图 8.2.5a)→冲 4×φ5 孔(图 8.3.3d)。此方案工序集中，可减少模具、设备及操作人员，但弯曲摩擦较大，模具寿命短，零件弯曲过程中的摩擦产生的畸变等质量问题较难控制。

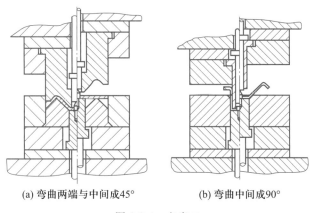

(a) 弯曲两端与中间成45°　　　(b) 弯曲中间成90°

图 8.2.4　方案二

方案四,全部工序组合,采用料带级进冲压,排样图如图 8.2.6 所示。方案的优点是工序集中,生产效率高,操作安全,适用于大批量生产,但模具结构相对复杂,安装、调试与维修比前三种方案困难。

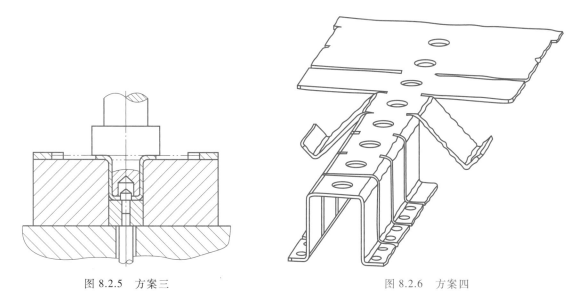

图 8.2.5　方案三　　　　　　　　图 8.2.6　方案四

综合上述分析,如果零件的生产批量为中批量生产,选择方案二能获得较高的弯曲精度。如果零件的生产批量是大批量生产,选择方案四能获得较高的生产效率和较低的人工成本,具有较好的经济效益。

8.2.2　编制冲压工艺卡片

拓展知识
托架冲压工艺卡

根据方案二编制的托架冲压工艺文件(工艺卡)见表 8.2.1。
根据方案四编制的托架冲压工艺文件(工艺卡)扫描二维码进行阅读。

表 8.2.1　托架冲压工艺文件（工艺卡）

（厂名）	冲压工艺 文件	产品型号	ZJ006	零（部）件名称	托架	共　　页
		产品名称	支架	零（部）件型号	TJ002	第　　页

材料牌号及规格/mm	材料技术 要求	坯料尺寸/mm	每条坯料可 生产件数	坯料质量	辅助材料
08F 1.5±0.11×1 800×900		料带 1.5×1 800×108	57 件		

工序 号	工序 名称	工序内容	加工简图	设备	工艺装备	工时
10	备料					
20	下料	剪床上裁板 1 800×108		剪板机		
30	冲孔 落料	冲 $\phi 10$ 孔与 落料复合		J23—25	冲孔落料 复合模	
40	弯曲	弯两端并使 两内角预弯 成 45°		J23—16	弯曲模	

工序号	工序名称	工序内容	加工简图	设备	工艺装备	工时
50	弯曲	弯两内角成90°		J23—16	弯曲模	
60	冲孔	冲 4×ϕ5 孔		J23—16	冲孔模	
6	检验	按零件图样检验				

							编制（日期）	审核（日期）	会签（日期）	
标记	处数	更改文件号	签字	日期	标记	处数	更改文件号	签字	日期	

习题与思考题

8.1 冲压工艺过程制定的一般步骤有哪些?

8.2 确定冲压工序的性质、数目与顺序的原则是什么?

8.3 确定冲压模具的结构形式的原则是什么?

8.4 怎样确定工序件的形状和尺寸?

8.5 怎样选择冲压设备?

8.6 汽车车门玻璃升降器外壳件的形状、尺寸如图题 8.6 所示,材料为 08 钢,年产量 50 000 件,要求无严重划伤、无冲压毛刺、孔不允许变形。试编制该制件的冲压工艺方案。

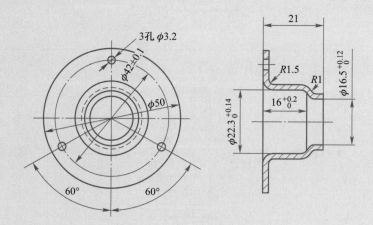

图题 8.6 车门玻璃升降器外壳

8.7 什么是可持续发展? 简述工业生产中如何实现可持续发展?

附　　录

1. 几种常用的冲压设备规格。

2. 冲压模具零件的常用公差配合及表面粗糙度。

3. 中外主要模具用材料对照表。

4. 冲压工艺与模具设计课程教学指南。

参 考 文 献

[1] 李硕本.冲压工艺学[M].北京:机械工业出版社,1982.

[2] 日本塑性加工学会.压力加工手册[M].北京:机械工业出版社,1983.

[3] 日本材料学会.塑性加工[M].北京:机械工业出版社,1983.

[4] 肖景容,姜奎华.冲压工艺学[M].北京:机械工业出版社,1990.

[5] 周开华等.简明精冲手册[M].北京:国防工业出版社,1993.

[6] 张均.冷冲压模具设计与制造[M].西安:西北工业大学出版社,1993.

[7] 肖景容,周士能,肖祥芷.板料冲压[M].武汉:华中理工大学出版社,1985.

[8] 成虹.冲压机械化与自动化[M].南京:江苏科学技术出版社,1992.

[9] 卢险峰.冲压工艺模具学[M].北京:机械工业出版社,1997.

[10] 杨玉英.大型薄板成形技术[M].北京:国防工业出版社,1996.

[11] 许发越.模具标准应用手册[M].北京:机械工业出版社,1997.

[12] 邓涉,王先进,陈鹤峥.金属薄板成形技术[M].北京:兵器工业出版社,1993.

[13] 王孝培.冲压设计资料[M].修订本.北京:机械工业出版社,1990.

[14] 张春水,祝俊.高效精密冲模设计与制造[M].西安:西安电子科技大学出版社,1989.

[15] 中国机械工程学会锻压学会.锻压手册:第2卷冲压[M].北京:机械工业出版社,1993.

[16] 万胜狄.金属塑性成形原理[M].北京:机械工业出版社,1994.

[17] 吴诗淳,何声健.冲压工艺学[M].西安:西北工业大学出版社,1994.

[18] 现代模具技术编委会.汽车覆盖件模具设计与制造[M].北京:国防工业出版社,1998.

[19] 模具实用技术丛书编委会.冲模设计应用实例[M].北京:机械工业出版社,1999.

[20] 成虹.冲压工艺与模具设计[M].成都:电子科技大学出版社,2000.

[21] 胡成武.可编程控制器在多工位级进模上的应用[J].模具工业,2002(5).

郑重声明

高等教育出版社依法对本书享有专有出版权。任何未经许可的复制、销售行为均违反《中华人民共和国著作权法》,其行为人将承担相应的民事责任和行政责任;构成犯罪的,将被依法追究刑事责任。为了维护市场秩序,保护读者的合法权益,避免读者误用盗版书造成不良后果,我社将配合行政执法部门和司法机关对违法犯罪的单位和个人进行严厉打击。社会各界人士如发现上述侵权行为,希望及时举报,我社将奖励举报有功人员。

反盗版举报电话　　(010)58581999　58582371

反盗版举报邮箱　　dd@ hep. com. cn

通信地址　　北京市西城区德外大街 4 号
　　　　　　高等教育出版社法律事务部

邮政编码　　100120

读者意见反馈

为收集对教材的意见建议,进一步完善教材编写并做好服务工作,读者可将对本教材的意见建议通过如下渠道反馈至我社。

咨询电话　　400-810-0598

反馈邮箱　　gjdzfwb@ pub. hep. cn

通信地址　　北京市朝阳区惠新东街 4 号富盛大厦 1 座
　　　　　　高等教育出版社总编辑办公室

邮政编码　　100029